家装设计攻略

家装设计师核心能力解密

（第二版）

○ 刘超英 著

中国电力出版社
www.cepp.sgcc.com.cn

内容提要

本书与大家分享了作者30多年的从业经验，其中不少是成功家装设计师不愿披露的"商业机密"。本书运用社会学、心理学、市场学、营销学、管理学、法学、设计艺术学、建筑学、工学等多学科原理，从家装设计师的职业特点及执业要点，家装业主的类型和心理、家装房屋的特点及优劣、家装市场的格局和竞争，家装设计师如何进行平面规划与设计创意，如何运用多种多样的艺术及技术要素进行家装设计等四个方面，论述了家装设计师必须掌握的核心知识。既有完整的理论解析，又有丰富案例解剖。可作为高校《住宅室内设计》和职业学院《住宅空间设计》课程的教材，也可作为想成为家装设计师、关心家装业、家装市场和需要家装的各类人士的理想读物。

图书在版编目（CIP）数据

家装设计攻略 / 刘超英著. —2版. —北京：中国电力出版社，2016.8
ISBN 978-7-5123-9372-1

Ⅰ.①家… Ⅱ.①刘… Ⅲ.①住宅 - 室内装饰设计 Ⅳ.①TU241

中国版本图书馆CIP数据核字（2016）第111196号

中国电力出版社出版发行
北京市东城区北京站西街19号 100005 http://www.cepp.sgcc.com.cn
责任编辑：王晓蕾 责任印制：蔺义舟 责任校对：郝军燕
北京盛通印刷股份有限公司印刷 • 各地新华书店经售
2007年9月第1版
2016年8月第2版 • 第4次印刷
889mm×1194mm 1/16 • 13印张 • 450千字
定价：78.00元

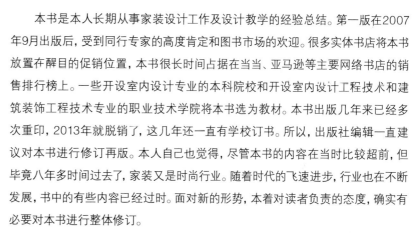

PREFACE

前 言

　　本书是本人长期从事家装设计工作及设计教学的经验总结。第一版在2007年9月出版后，受到同行专家的高度肯定和图书市场的欢迎。很多实体书店将本书放置在醒目的促销位置，本书很长时间占据在当当、亚马逊等主要网络书店的销售排行榜上。一些开设室内设计专业的本科院校和开设室内设计工程技术和建筑装饰工程技术专业的职业技术学院将本书选为教材。本书出版几年来已经多次重印，2013年就脱销了，这几年还一直有学校订书。所以，出版社编辑一直建议对本书进行修订再版。本人自己也觉得，尽管本书的内容在当时比较超前，但毕竟八年多时间过去了，家装又是时尚行业。随着时代的飞速进步，行业也在不断发展，书中的有些内容已经过时。面对新的形势，本着对读者负责的态度，确实有必要对本书进行整体修订。

　　从2015年开始，本人对第一版书稿进行了全面的审读和修改。主要工作之一是除旧更新，删除过时的内容，增补最新的知识，许多章节几乎重写。例如，第2章"家装设计师的执业程序"增加了16张家装设计的工程图例；第3章"家装设计师的法制意识"对过时的法规进行更新；对第4章"家装业主的密码"中4.2.3观察业主的车子——什么人开什么车，第6章"家装市场的密码"中6.1家装的市场格局、6.3.3设计师需要特别关注的流行信息等涉及市场流行的内容进行了重写。全书替换和增加了130个新设计案例，其他改写的内容限于篇幅不一一例举了。主要工作之二是对原来表述不够统一、不够严谨的内容，逐字逐句进行了修正；对有些表述过于繁杂的内容进行了精简。同时，考虑到许多读者是在校学生，所以对原纸张浪费较大的版式进行了调整，使出版社能在用纸和印刷质量保持不变的情况下，将书的定价从88元降低到78元。要知道这几年纸张和印刷工价都大幅度上涨，出版社能让利读者，确实值得点赞。

　　与第一版一样，本书引用了很多优秀设计师的设计作品，在此要向这些作者表示由衷的感谢和敬意。这些作品能够很好地配合作者想要表达的观点，解释抽象的原理。对这些图片作者已尽可能标注了出处。对于从网络上引用的案例，也注明了引用的网址。但因为互联网的内容变化很快，很可能有些网站会消失，有些内容会失效，是否是一手文献也实在也难于考证。所以，不周、不到之处敬请原作者谅解。在这里还要感谢广大读者多年来的支持，希望大家一如既往地提出宝贵意见，使《家装设计攻略》通过不断修改更加臻于完善。

作者

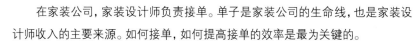

PREFACE

第一版前言

在家装公司，家装设计师负责接单。单子是家装公司的生命线，也是家装设计师收入的主要来源。如何接单，如何提高接单的效率是最为关键的。

在家装公司有这样一个现象：有的设计师忙得连喝水的功夫都没有，而有的设计师一天到晚无所事事，百无聊赖。两者的收入差距很大，在公司中的地位也有天壤之别。

那么，忙的设计师为什么会这样忙？为什么他会有做不完的业务？为什么他说的话业主愿意听？他出的方案业主愿意接受？其中一定有他的道理！

现代社会有一个赢家通吃的现象。忙的家装设计师为什么会成为赢家？其实这是设计师个人的"商业秘密"。笔者长期从事家装设计及设计教学，也曾经是一个忙碌的设计师，对其中的道理有一定的感悟，现愿意将其与大家一起分享。

设计师的"商业秘密"其实只有两个字——理解！

赢在理解！"理解"就是家装设计师的接单之道！

理解什么？四个方面——职业及执业、沟通及接单、创意与规划、艺术及技术，这些都是成为一个成功的家装设计师必备的核心能力。

家装设计师是一个有魅力的职业，有人将其称为"金色的灰领"。对这个职业及其执业的相关知识是想成为家装设计师的人必须了解的。一个好的家装设计师必须明白自己的职业特点、执业流程，同时还要强化自己的法规意识。

家装客户、业主房屋、家装市场形形色色，乱象纷呈，它们是家装设计师必须面对的三个对象。要学会透过现象看本质，善于从各个方面了解相关信息，由表及里、去伪存真，从而对自己的设计方向做出正确的判断。

家装规划和创意是家装设计师的核心工作，这是在深刻理解自己设计对象的基础上，确立设计理念、规划平面、配置功能、确定风格、营造特色，从而做出业主喜爱的设计作品。

艺术和技术是家装设计必然需要运用的设计元素，对这些设计元素理解越深，越能进行独到的运用，就越可以创造出迷人、高雅、适用、舒适、艺术、科学的家居效果。

正确理解这四个家装设计之道，就能执家装设计之"牛耳"，成为理解家装设计职业秘密，为家装业所认可，为家装公司创造效益的设计师。

作者

CONTENTS

目录

▶ **图片来源**

4、5欧美居室装饰设计资料集编委会. 欧美居室装饰设计资料集.哈尔滨: 黑龙江科学技术出版社.1992

6　http://zhuangxiu.pchouse.com.cn/xiaoguotu/1207/218127_1.html

7　http://home.sh.fang.com/zhuangxiu/caseinfo1354996_1_1_1_0/

第**1**篇　探究家装设计师的职业秘密 >>>

　　家装设计师这个职业被人们称之为"金色的灰领"，无疑是一个被很多人羡慕的"钱"景很好的职业。这个职业的文化艺术和科学技术的知识含量也很高，是一个被现代社会所推崇的含知量高，含金量高的职业。正因为如此，从事这个职业的人需要丰富的专业知识、良好的职业素养、强烈的创新意识和崇高的职业道德。有志于成为家装设计师的朋友一定很想知道这个职业的许多职业或执业的情况，那就让我们从探究家装设计师的职业秘密开始——

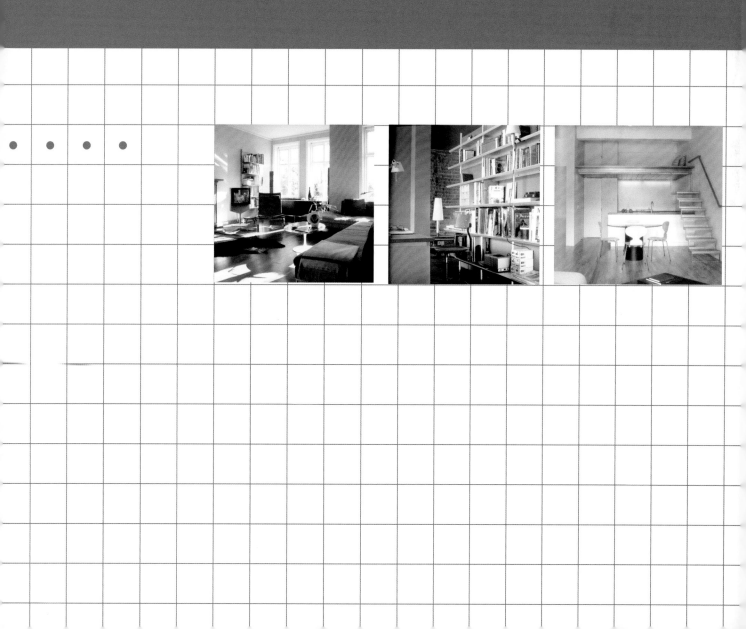

第 1 章
家装设计师的职业秘密

　　家装设计是家装的关键，这项工作理所当然由家装设计师来承担。在家装过程中家装设计师毫无疑问处于龙头地位，他的素质、能力、水平、信誉、职业道德尤其被家装业主和全社会所重视。作为一个专业性很强的职业，其工作方式、内容、收益、职业前景也被愿意投身这个行业的人士普遍关心——

1.1　家装设计师的工作方式和内容

1.1.1　工作方式

　　家装设计师在家装设计行业执业主要有以下三种工作方式：

1. 纯设计

　　单纯地接受业主的设计委托，不涉及设计以外的事项，只收设计费。

　　家装设计师经常遇到这样的工作委托，尤其是独立家装设计师、专营设计的家装设计师和知名的家装设计师。这种工作方式要求设计完美、周全。因为不涉及施工，所以每个设计细节都要表达清楚。

　　纯设计项目交付时，设计师要向业主和其委托的施工负责人进行一次综合技术交底，把一切需要说明的问题交代清楚。事实上，由于家装工程程序复杂，细节繁多，一次交底不可能解决问题，被交底的对象也记不住家装设计师的所有技术交代。因此，若遇到问题在施工阶段，业主和施工人员还会经常来向家装设计师咨询相关设计问题。

　　纯设计项目由于只收取设计费，所以设计师一般不会到施工现场查看设计的执行情况。也由于这个原因，家装设计师的设计意图常常被曲解，造成设计的走样。最后的施工效果往往不能达到家装设计师的要求。

2. 设计并指导施工

　　这种工作方式把设计与施工连成一体，能够保障设计的顺利实施，达到设计师的理想效果。

　　这是家装设计师常常遇到并乐于接受的工作方式，但这种方式对家装设计师的精力牵制很大，家装设计师在施工阶段也要投入相当的时间。因此，在收取设计费的同时，还要向业主收取一笔施工指导费。

3. 家装设计师＝项目经理

　　许多家装公司采用"设计师负责制"。这样，家装设计师就成为项目经理，他不但要负责设计，还要保证设计的实现。预算员、材料员、施工员都要服从家装设计师的领导，在工程实施时就不会有扯皮推诿的现象发生，设计效果也能得到完整地实施。这种工作方式现在已被越来越多的家装公司所采用。

　　独立的家装设计师也有采用这样的方式开展工作的。这时家装设计师等于包工头。有的家装设计师还有自己的施工班子，有配合密切的各路施工人员。当然，这样的工作模式家装设计师承担的责任多了，得到的利益也就大大高于前两种工作方式。

1.1.2　工作内容

1. 客户咨询

　　解答家装业主的各种疑问，争取与之达成设计意向，签订设计合同，并收取设计定金。

2. 分析需求

　　从功能、经济、美学等方面分析家装业主的各种需求，制作业主基本情况分析表和需求表。

3. 初步设计

提出符合业主需求的设计理念、功能安排、风格构思、主材、家具、设备选择、造价水平等建议；制作平面图、主要部位效果图、材料推荐表、设备、家具推荐表意见。

4. 客户交流

将初步设计提交业主，并进行解释。就分歧达成共识，确定设计理念、功能安排、设计风格、主材、设备、家具及造价范围，并请客户签字确认。

5. 深入设计

制作装修施工图设计说明。水电、智能、空调等专项设计与专门的技术人员配合，并打印制作全套设计文本。

6. 设计交付

将设计文本提交客户签署，确认全部设计文件并交付设计，收取设计费。

7. 后期服务

向业主和施工负责人进行设计技术交底，解答业主和施工人员的疑问。

8. 施工指导

分项技术交底、各工种放样确认、各工种框架确认、饰面收口确认、设备安装确认。

9. 参与验收

参与分项验收和综合验收。

10. 软装指导

家具、织物、植物、艺术品等选购及摆放指导。

11. 项目交付

提交竣工图、收取后期服务费、成果摄影、工作总结。

12. 客户回访

定期回访客户，征求他们的意见。

1.2　家装设计师的收益

1.2.1　工资制度

家装公司给予家装设计师的劳动报酬主要有下列三种方式。

1. 工资制

根据家装设计师的工作水平、资历、公司经营状况、市场供求关系决定其工资水平，每月固定。

2. 提成制

由公司和设计师双方根据公司和设计师的综合情况，确定一个提成的比例，然后根据工作业绩，进行考核兑现。每月按效益浮动，上不封顶，下不包底。

3. 工资加提成

是上两种薪酬方式的结合。家装设计师有若干固定工资，同时还有业绩考核。

根据目前长三角地区多数公司的运行来看，家装设计师的工资主要采用后两种方式。它们能比较好地激励家装设计师的工作热情，提高工作责任心。

1.2.2　设计费标准

家装设计师的收入主要靠设计费。设计收费按市场调节，没有统一的规定，家装设计师的收费主要根据家装设计师的水平和名气随行就市。一般按"平方米/元"为单位收取。

设计费收取标准各地、各公司不同。实际的设计费在每平方米20～500元。刚刚工作的家装设计师收费在每平方米20元左右。一般工作3～5年的家装设计师在比较知名的家装公司收费约为每平方米50～100元。资深家装设计师收费可达每平方米100～300元。知名的家装设计师收费可以在每平方米300～500元，甚至更高。

许多家装公司的设计费与签订施工合同挂钩。如果与公司签订施工合同，可以折让部分甚至全部设计费。

当然这是一种促销手段，公司付给家装设计师的工资是不会打折扣的，甚至还会奖励。如果不与公司签订施工合同，纯设计的收费不但没有优惠，而且还要提高一个档次。

1.2.3　其他渠道的收益

家装设计师除了正常的设计费收入之外，还有其他渠道的收入。如向业主推荐装饰材料、推荐家居产品和家具。因为这给材料商和家具商带来了收入，因此，这些商人或明或暗会给挂钩的家装设计师一定的"佣金"或"回扣"。

"佣金"与"回扣"是有本质区别的："佣金"是劳动所得，"回扣"是商业贿赂。"佣金"是明的，"回扣"是暗的。家装设计师获得"佣金"是正常的，因为他使买者获得了家装设计师的专业指导，使卖者获得了客户来源。而回扣是要靠欺骗获得的，需要设计师与商家唱双簧。一旦被业主知道，业主就会心理失衡，就会在心里骂设计师，这必然影响设计师的社会声誉。因此,家装设计师不能暗取"回扣",而是要明拿"佣金"。

1.3 家装设计师的地位和作用

在家装行业里,家装设计师的地位和作用是十分突出的。

1.3.1 龙头地位

家装设计师在家装的运作中起着关键作用,在家装行业里处于龙头地位。

因为,一项工程要有好的效果,首先必须有好的设计。试想,一个家装项目如果没有好的设计效果,怎么可能会有好的工程效果呢?家装设计师决定家装工程的形式、空间布局、功能配置、大小尺度、艺术效果、施工技术和工艺、材料等。家装设计师水平高,家装的效果就好,这是成正比的。

在家装工程中家装设计师决定的设计事项,他人无权改变。即使一项设计在施工过程中被发现有某些缺陷,也需要设计人员自己修改设计方案,然后再由施工人员变更施工。他人不会也无法为家装设计师承担设计责任。

结构设计师、建造师、材料制造商等专业人员都是设计的执行者。家装设计师有了新的创造、新的构想,相关人员要千方百计地去实现。没有的材料,要开发;没有的构造,要创造,所有的人都围绕着设计在运转。当然,其他专业人员、其他因素也会影响或启发家装设计师,他也可以从其他人员所创造的新技术、新事物中汲取设计灵感。但这种汲取只有被家装设计师纳入设计文件,才会产生效力。

1.3.2 关键作用

家装设计师在家装工程中有以下四方面的作用。

1. 美化家居环境,提高使用效能

家装设计师最主要的工作就是美化家居环境,提高家居环境的文明程度。家装设计师在美化内部空间形式的同时,还要对业主的生活空间进行合理的功能配置,使家居环境同时具有美观的视觉效果和良好的使用效果。

2. 加快理念创新,推动技术进步

设计理念是家装设计的灵魂。理念不同的家装设计师对同样的设计项目会有不同的设计思路。

好的家装设计师能够不断地进行理念创新,不断地给世人以惊喜。许多新技术、新工艺就是因为家装设计师有了新的理念和构想,才不断涌现出来。这样也就推动了设计的进步。

可以毫不夸张地说,在家装设计领域里,最重要的竞争就是理念的竞争,它是推动这个行业进步的主要动力。

3. 指导施工技术,确保工程质量

任何一个现实的家装工程都有施工环节。要使设计具有好的施工效果,离不开家装设计师。因为,只有设计者才最理解自己的意图。

有的施工人员可能会看不明白家装设计师的设计表达;有的设计构想可能很难用图纸来表达;有的设计图里可能存在没有表达清楚的细节;有的设计款式以前没有出现过,施工人员不知道如何进行施工;有的设计图纸出现了错误和纰漏……凡此种种在施工环节都会经常遇到。因此,设计人员要经常下工地,对施工人员进行具体指导。及时发现问题,及时修改设计失误。

4. 优化工程设计,降低整体造价

要降低工程的造价,首先应该在设计环节做好工作。因为,同样的项目、同样的设计,可以造价很高,也可以造价很低。我们不能一概地说,造价高的工程设计品位就高,造价低的工程设计品位就低。

一个高档的家装并不是所有的部位都采用高档的材料。相反,所有部位都用高档材料的设计一定不是好的设计。一个设计优劣与否,关键看它是不是优化了设计,是不是用了恰当的装饰材料和恰当的施工工艺。可以说,一个高品位的设计就是一个恰当的设计。

从上述四个方面看,每个环节都对家装的质量有直接的影响,可见家装设计师的作用是多么的关键。

1.4 家装设计师的理想与现实

家装设计师最大的心愿莫过于实现自己的设计理想。没有一个家装设计师不想充分发挥自己的想象力和创造力,没有一个家装设计师会说他没有设计理想。但是理想与现实毕竟不是一回事,这里有许多主客观的因素。有许多"门槛"阻拦着设计师,看他有没有足够的能力跨过去。

1. 与业主的想法是否重合

家装设计师与业主的关系是委托与被委托的关系。家装设计师在工作中要尽量满足业主的要求。要做到这一点,设计师必须与业主有很好的沟通。

很多情况是设计者知道业主需要什么,他拿出了比业主的需求更好的设计方案。而业主因为专业能力的限制想象不出设计的精彩,对设计者的设计用心不理解、不欣赏。这时,设计者最痛苦,"怀才不遇"的感觉就会油然而生。有的设计者会在心里抱怨业主"老土"。资浅的设计师不满可能就直接表现出来了,导致设计师与业主发生冲突。但这却是残酷的现实,因为,业主不认可,再好的设计也等于零,纸上的线条和色彩就失去了意义。

2. 与施工技术是否适应

有好的设计构想却无法施工,这样的设计无法实现,只能放弃。因为家装设计在经过业主认可之后要马上实施,没有时间和经费去研发新的施工技术。一般都应采取成熟的施工技术。

3. 是否有理想的建筑材料

有时家装设计师设想的设计效果找不到理想的装饰材料。解决的途径只有两条:一条路是扩大找的范围,本地没有或许外地就有;本国没有,或许外国就有。另一条路是与材料商合作,制造出新的材料,否则设计效果就无法实现。

4. 与经济基础是否吻合

有时设计虽好,但造价太高,业主不能承受过高的造价。这样的设计也不现实。所以设计者在进行设计时,必须控制造价。如果事先知道造价标准,设计师还要"大胆"突破,那么,就自己承担后果吧。

5. 与复杂的社会因素是否抵触

家装设计具有一定的精神和文化的属性,这就必然与社会、政治、法律、民族、宗教、文化、时尚、风俗、习惯等复杂的社会因素有千丝万缕的联系。家装设计师不要与主流价值观相抵触,否则就会招来许多争议。所以在设计时就要考虑这些因素。

以上五道"门槛"最重要的是第一道。因为与业主的想法不一致,就迈不过第一道门槛,也就没有机会迈以后的门槛了。所以,要实现自己的设计理想,首先必须与业主有很好的沟通。要知道理想与现实虽然有时只有一步之遥,但却可能是永远也迈不过的门槛,它阻挡着家装设计师实现自己的设计理想。

1.5 家装设计师的知识、能力和素养

家装设计师作为一个人数众多又备受关注的职业,必然要求其具有相应的能力和素质。

1.5.1 知识和能力

家装设计师为了胜任自己的专业工作,应该具备一定的知识结构。一个优秀的家装设计师应该拥有较全面的专业知识和完备的专业知识结构。不仅要有出色的设计能力,而且在沟通交际、工程实施及质量把握、造价控制、甚至在经营策划等方面均要有相当的知识和能力。因为在实际工作中,项目和业主都是不容家装设计师自己选择的。只有家装设计师有较充分的知识准备,才能适应各种项目和各种设计,并使业主满意。

一个出色的家装设计师应该具有以下七个方面的知识与能力。

1. 基本知识与能力

德、智、体、美等各类基本素质与其他各类专业技术人员要求是一样的。人文、艺术、计算机能力更加要被强调,除此之外还要特别强调思想品德、文明礼貌和职业道德。

2. 工程制图知识与能力

具备阅读和绘制装饰工程图和专业施工图的知识与能力。

3. 美术造型知识和审美能力

有扎实的造型和色彩基本功,有良好的美感修养和审美能力。

4. 家装设计知识与能力

掌握家装设计的原理,具有家装设计的能力。

5. 家装工程管理知识与能力

能够在设计中正确运用材料,在工程现场解决施工技术问题。

6. 经营管理知识与能力

能够掌控家装项目的全过程,能够把握项目运作中关键环节;能够参与工程项目的管理。

7. 设计创新知识与能力

思维活跃,有设计创新的冲动和激情。

1.5.2 家装设计师的修养

一个家装设计师除了有完备的知识结构和具体的技能以外,还应该有良好的个人素养和职业素养。

1. 良好的个人素养

良好的个人素养是家装设计师获得声誉的重要保证。只有专业知识,没有相关的知识修养不可能成为一个优秀的家装设计师。个人素养是区别匠人还是艺术家的标志。家装设计师需要具备多方面的个人素养。

2. 历史文化的素养

家装设计具有较强的文化性,设计师如果没有较深厚的历史文化素养,在设计构思过程中肯定会缺少许多精彩的想象和创意,因而使自己的设计缺少文化的力量。

现在的不少业主本身在这方面就具有较高的素养,这就更需要家装设计师用相当的历史文化修养对设计作品进行精彩的文化演绎。一个有成就的家装设计师对历史文化的理解一定具有自己独到的见解,并能把文脉很好地伸展在自己的作品中,使自己的设计成为经典作品,见图1-1。

3. 民俗文化的素养

家装设计具有较强的民俗性,每一个地区都有自己的特色和特有的民俗文化。在设计中展现有特色的、精彩的民俗文化是成功设计师的一个标志,

这样的作品也特别能够引起人们内心的共鸣。越是民族的，就越是世界的；越是民族的，就越是有特色。设计师要特别善于在民俗文化的海洋中采风，把其中一些特别有特色的东西发掘、提炼出来，将其作为设计元素和符号运用在自己的作品中，使自己的作品具有鲜明的特色，见图1-2。

4. 时尚文化素养

家装设计具有较强的时尚性，在很多情况下设计思想是时尚文化的折射。流行是家装设计的一个必然属性，也是我们这个社会的一个重要特征。设计师能不能紧随时代的脚步、紧扣流行的节拍是设计能否取得成功的关键。社会的发展一刻也不会停止，人们思想观念的变化永远不会停息。追求新的东西是人的本能，设计师必须紧跟时尚，向业主展现最新的设计时尚，见图1-3。

■ 图1-1　充满中国文化韵味的家居

■ 图1-2　以民俗文化为特色的家装效果

■ 图1-3　时尚色彩鲜明的家装

5. 艺术品鉴赏的素养

当今时代，艺术品鉴赏与家装设计行业的关系越来越密切了。在一个家装项目接近完成的时候，都要进行陈设的布置。以前家装设计师大都不承担这个环节的任务，一般都由业主自己完成。但现在业主的要求越来越高了，为了保证一个项目的完美，要求家装设计师对陈设也进行整体的规划设计，这就要求家装设计师具有相当的艺术品鉴赏的知识和水平。向业主推荐艺术价值高的陈设艺术，见图1-4。

■图1-4　用艺术品精心点缀的空间

6. 良好的职业素养

不管人们从事什么行业，都应该有这个行业的职业素养。职业素养有时候可以等同于职业道德，但它比职业道德更广泛、更需要养成。

（1）诚信。家装设计师的诚信是这个职业重要的职业素养。它在现在这大力呼唤诚信的社会显得尤为重要。在长期的实践中养成要坚持诚信这一良好个人素质。

家装设计师缺乏诚信的表现有：抄袭别人的设计；把别人的成果说成是自己的；推卸设计责任；大量地克隆自己的设计；故意误导客户；为了自己的利益而损害客户的利益；不设身处地地为客户考虑，等等。

这样的行为在不少家装设计师中或多或少地存在着。例如，在自己业务繁忙的情况下，为了不失去眼前的业务，而在设计中大量克隆自己的设计，大量运用图库中的素材，而不进行艰苦的创意；有时为了提高自己的设计费，故意提高设计的造价，等等。这样做其实是十分短视的行为，设计师一旦失去了诚信就很难再挽回来。

家装设计师应该有一诺千金的品质。如一定要在答应客户的时间里完成设计；施工过程中产生了问题，一定要及时去现场解决，等等。

（2）责任感。家装设计师必须为自己的设计负责。设计作品直接的物质成本远远低于设计导致的工程成本。一条线画出去，可能意味着成千上万的制造成本，有时甚至关系着人的生命。所以家装设计师在安全问题上，来不得半点马虎。国家没有赋予家装设计师进行建筑结构设计的权限，因此涉及建筑结构的改变必须让具备资质的结构设计师承担。一定要严格按照设计规范和设计标准办事，千万不要不懂装懂。自己不懂的要提出来，让行家来处理。不要为了暂时的面子而埋下设计的安全隐患。对自己的设计一定要深思熟虑，对自己吃不准的造型要从各个角度画一画效果图，也可以请同行加以品评、论证。对于水电、消防、设备、环保等事关生命安全的设计问题一定要慎之又慎。

（3）执著。家装设计师要有自己的设计理想，敢于追求，敢于坚持，敢于负责。在业主面前解说自己的设计作品一定要理直气壮，把自己的设计理想和追求表达出来。遇到不同意见，要善于倾听，平心静气地判断别人的意见。对于业主的意见不管是外行的，还是平庸的，都不要嘲笑他们。相反，应该争取有礼貌地说服他们。对于业主提出的有价值的意见，一定要当场吸收。有时也要考虑到出钱人或上级领导为了自己的面子而发表的意见，要善于给对方下台的台阶。对自己认定是对的、好的设计就应该想方设法加以坚持。

（4）不断完善自己。我们面临的社会是一个终身学习的社会，知识更新速度之快使我们诚惶诚恐，稍不留神，才学会的东西就要淘汰了。一个行业只要你离开了半年，可能一切东西都发生了变化。一个家装设计师如果几个月不去材料市场，可能会找不到市场的大门；一个设计软件才刚刚学会，可能它又升级了。墨守成规在这个社会里是无法生存的。所以，家装设计师在处理自己繁忙的设计业务的同时，要眼观六路，耳听八方，留意各方面的新动向。只有不断地学习，才能跟上时代的步伐。

1.6　家装设计师的职业前景

家装设计师的职业是一个"金色的灰领"，是一个被很多从事其他职业的人所羡慕的职业，有很好的职业前景。

首先，这个职业事关许多业主的人生大事，因为解决好住的问题是一个人、一个家一辈子的事情。其次，这个职业的文化艺术和科学技术的知识含量较高，是一个艺术型、智力型的职业。这些都是被这个社会所推崇的。第三，这个职业本身需要不断地创新，没有机械化的重复劳动。每天与艺术、与新技术打交道，所以这个职业本身充满了挑战和趣味。第四，在真心诚意地为业主花钱打造自己的生活空间的同时也帮助设计师打造自己的设计作品，这是一件双赢的工作。第五，这个职业不是吃青春饭的，这是一个需要一辈子提高的职业。设计师随着年龄的增长，设计资历、经验、成果也不断增加，是个越老越吃香的职业。第六，这个职业的收入水平也是相当可观的。因此无论从哪个方面看，这都是一个很好的职业。

家装设计师一定要有职业理想，要不断地追求，要不断地提高自己的水平，积累自己的声誉，这样就会有好的职业前景。

1.6.1　水平和声誉

家装设计师在持续不断的工作中设计水平和声誉也在不断提高，成果越来越多，年资越来越深，名气越来越大。当然家装设计师水平的提高和成长道路是各不相同的：有的业务饱满，接单量大，成为公司的红人；有的进步很快，频频有作品获奖，渐渐地成为知名的家装设计师，成为业主追捧的目标。公众对设计师水平和声誉的判断不是听设计师自己的标榜，而是来自众多综合的信息判断。

1. 社会公众判断

主要从名气、职称、学历、国别、口碑、费用、媒体介绍等角度对设计师进行评价。

2. 家装公司判断

除了从设计师的一般资历情况判断设计师水平外，更多的是从其为公司的接单数量、获奖数量、获利水平等现实要素进行判断。

3. 业内专家判断

主要从作品的艺术品位、文化内涵、创意水平、获奖等级等对设计师的水平进行判断。

4. 权威机构判断

主要从学历、业绩、年资对设计师的水平作出考核和评定。

5. 综合判断

根据上述因素综合权衡设计师的水平。

1.6.2　称谓和职称

在现实社会中业主其实并不计较家装设计师是否被国家纳入正式的职称范畴。主要还是认同其综合声誉和名气。

家装设计师是社会对家装设计人员约定俗成的一种称谓，并不是法定的"职称"。法定职称是国家劳动人事部门正式颁布的，是一种国家认可的职业技术资格。申请人需要通过具有职称认定资格的权威部门的资历、业务水平、相关能力的综合考核和评定，被认定具有某一个层次的专业技术水平，获得相应的职称证书并享受相应的精神和物质待遇。但到今天为止，国家还没有正式出台家装设计师的职称考核和评定办法，职称的名称也没有确定。在现实中这类人员的职称按"工艺美术师"的职称系列进行资格考核和评定。显然这已经不能满足时代的需要。针对这一情况，建筑行业内部正在探索符合行业发展需要的职称评定办法，中国建筑装饰协会发布了"中国建筑装饰协会全国室内建筑师技术岗位能力评审认证办法"，中国建筑学会室内设计分会组成的室内建筑师资格评审工作领导小组发布了"全国室内建筑师资格评审暂行办法"。社会上家装设计师有很多是根据这两个渠道获得室内建筑师的"职称"。需要指出的是，这两个办法目前还是由民间的机构发布的，并没有得到劳动部、人事部以及建设部的批准，但在行业内部这样的"职称"还是得到了一定的认可。

▶ **图片来源**

1-1　http://tuku.51hejia.com/zhuangxiu/tuku-548192
1-2　http://pinge.focus.cn/z/66493
1-3　http://www.jia.com/zx/shanghai/anli/23779_xiaoguo/
1-4　http://www.at3d.com/sj/shineijiaju/1429.html

第2章
家装设计师的执业程序 >>>

　　凡是经过家装的人都觉得这是件极为复杂的事情，不仅过程复杂，而且需要考虑的因素也相当复杂，因此需要科学而艺术地规划和平衡。这就体现了家装设计的重要性。要有一个好的家装结果，首先需要一个好的家装设计，家装设计的成功是家装成功的基础。为了使家装设计成功，必须按家装设计的流程一步一步做好相应的设计工作。

2.1　什么是家装设计

2.1.1　家装设计的概念

　　对业主委托的原始家居空间进行整体项目或部分项目的生活方式、艺术效果和技术保障的设计。

2.1.2　关键词的意义

1. 原始家居空间

　　包含一手房，即从开发商购买的毛坯商品房；二手房，即从其他业主手上购得的住宅，二手房需要进行拆改。

2. 整体项目和部分项目

　　家装的过程比较复杂，它的整体项目是由若干个专业项目组成的。一个整体的家装由下列专业项目构成：

　　（1）装修设计。主要包括功能设计、空间设计、固定家具设计、色彩和采光设计、水电气及智能等技术设计等。

　　（2）装饰设计。主要包括软装饰设计，如家具设计、陈设设计、艺术品设计等。

　　（3）施工组织设计。主要包括施工工艺、施工技术、施工过程的设计等。

　　（4）整体厨具设计。包括厨具及相关设备及配件的设计。厨房的给排水、供电、供气及墙面、地面、顶面的装修并不包括在内，它们包含在装修设计之中。

　　（5）整体卫生间设计。包括卫生间的墙、顶、地面设计和卫生间设备设施的设计。

　　（6）楼梯设计。包括楼梯的形式设计、构造设计。

　　（7）布艺设计。包括窗帘、床上用品及布艺家具的设计。

　　（8）阳台庭院绿化设计。包括植物设计、造景小品设计。

3. 生活方式设计

　　包括下列内容：

　　（1）功能设计。决定家的各项使用功能。

　　（2）房间分配设计。决定房间的功能组合。

　　（3）套型改进设计。发扬套型的优点，改掉套型的缺点。

　　（4）设备配置设计。决定采用什么家用设备。

4. 艺术效果设计

　　包括下列内容：

　　（1）空间设计。确定室内的空间效果。

　　（2）界面设计。确定室内的界面形式和材料。

　　（3）构造设计。确定装修的具体构造。

　　（4）色彩设计。确定家的色彩氛围。

　　（5）材料设计。确定装修的具体材料。

　　（6）家具设计。确定采用什么类型、材料、色彩、风格的家具的摆放。

　　（7）采光设计。确定采用什么照明形式和灯具。

　　（8）陈设设计。确定家庭的各类陈设的配置。

5. 技术保障设计

包括下列内容：

(1)给排水设计。确定家庭的供水和排水。

(2)暖通设计。确定家庭空调设备。

(3)强电设计。确定家庭电路及开关插座的位置。

(4)弱电设计(智能布线设计)。确定家庭电话、有线电视、网络、报警防盗系统等。

(5)环境设计。家庭的环境、安全、健康设计。

家装设计可以是上述全部项目的设计，也可以是上面某几个项目的设计。通常人们理解的家装其实并不是家装的全部，而是以装修设计为主的部分项目的设计，实际操作也是这样的。业主只要求家装公司进行家装主要部分的设计和施工。有些家装项目的设计和施工由专门的公司打理，如厨具设计。专业公司有专门的技术和加工设备，由他们承接的专项施工水平比一般的家装公司更加专业。这些项目的施工一般在他们自己的工厂进行，在家装现场只要安装就可以了。

2.1.3 设计文件的概念

反映设计师设计思想和设计意图的规范的技术图纸、设计说明、材料和设备清单、设计概算、设计合同、设计变更通知书、图纸会审记录、技术交底记录等，这些都是设计文件。

2.1.4 关键词的意义

1. 技术图纸

包括方案图、效果图、施工图、竣工图。技术图纸的表达必须符合国家的制图技术标准。

2. 设计说明

是技术图纸的补充。主要是向业主和施工人员说明工程概况、施工图设计的技术依据、采用的材料、设备、设计构造、施工方法的技术要点以及免责声明等。

3. 材料和设备清单

设计师推荐给业主的家装材料和拟用设备的清单。

4. 设计估算

在初步设计阶段，由设计师根据初步设计的图纸，对各项费用的定额和取费标准作一个工程造价的估算。它能大体反映这个工程的造价水平，给业主提供参考。但设计估算不是施工预算更不是决算。

5. 设计合同

是家装公司或独立设计师与业主就委托和受托事项的权利与义务达成的一个具有法律约束力的经济合同。

6. 设计变更通知书

设计师在设计完成后，因种种原因需要对原设计进行部分的更改，把这种设计更改以通知书的形式告知业主和施工单位的文件，这也是设计文件的组成部分。

7. 图纸会审记录

设计图纸完成之后，设计方需要组织相关技术人员对设计图纸进行会审，对设计中存在的问题提出意见，互相进行技术协调。对这个过程进行记录的文件叫图纸会审记录。这也是设计文件的组成部分。

8. 技术交底记录

技术交底是设计师对自己的设计文件中的设计要求和施工应重点注意的技术问题向施工方进行交代。这个过程也需要书面记录，以防日后产生责任纠纷。

2.2 家装设计的流程

家装设计的流程看上去有很多环节，但归纳起来有设计准备、初步设计、确定方案、施工图设计、设计交付、后期服务六个环节，每个环节都有自己的核心任务，详见图2-1。

2.3 设计准备

2.3.1 核心任务

设计准备阶段的核心任务是：客户与设计师的互动交流。

业主向设计师咨询，通过咨询对家装公司和设计师建立信任。

设计师通过交流观察，了解业主的意向、愿望、要求，以便在初步设计时提出一系列的设计主张。

设计师和业主互动交流的要求越充分越好，双方都能了解到各自需要的信息。

2.3.2 工作内容

1. 设计咨询

严格地说是对设计问题的咨询，但实际上设计师是业主最先接触的家装公司的员工，也是公司具体洽谈业务的业务员。业主在进行咨询时会对所有他感兴趣的问题发问，如公司资质、公司信誉、设计水平、施工水平、获得荣誉、操作办法、家装流程、取费办法、优惠措施、预算水平、付款办法、保修年限等。设计师要如实地向业主讲解自己

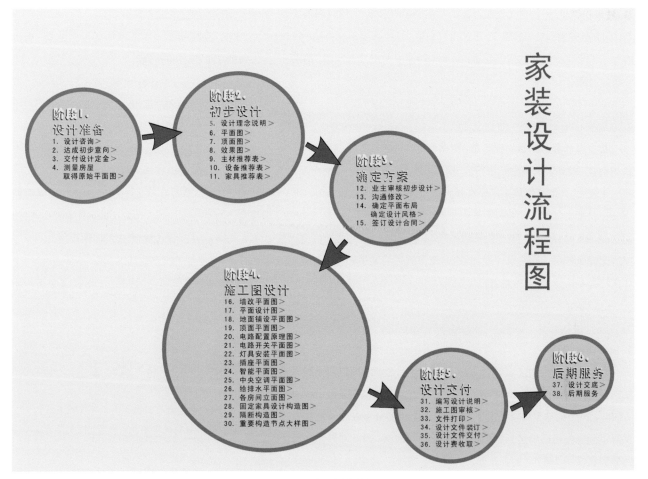

■图2-1 家装设计流程图

公司的操作办法、惯例和规定，同时也要讲究讲解方法和技巧，重点宣讲自己的设计理念和业绩。详细的方法在第4章第7节论述。

2. 达成初步意向

业主对设计咨询满意之后，设计师要不失时机地与业主达成设计意向，劝说业主支付设计定金。有的公司会承诺：设计不满意，全额退还已付费用，以消除业主对公司设计水平的顾虑。

3. 收取设计定金

设计定金一般是设计费的5%～30%，各公司不等。例如，设计费是5000元，则先收250～1500元。收取定金的目的主要是为了"勾"住业主。因为在这个阶段，业主对设计师及公司还未完全信任。象征性地收取一点费用是为了让业主表示一点诚意。先让业主付少量的钱，可以让业主觉得数额不大，即使损失了也无所谓，这样可以解除业主的戒心。

小贴士

消费心理学表明：业主在支付了少量费用之后，绝大多数还是希望设计能够进行下去。很少有业主会不在乎自己已经付出的费用。如果设计不满意，还可以不断修改，直至满意。收取设计定金实际上是为了保证家装公司和设计师的利益。

4. 测量房屋

收取设计定金之后，设计师就要立刻安排对业主的房屋进行测量。业主会非常配合设计师的测量活动。测量的具体要求会在第5章第4节详细论述。

2.4　初步设计

在经过了设计准备阶段之后，设计师就进入了初步设计阶段。这个阶段的时间长短是由设计师与业主双方协商的，具体根据业主的装修紧迫程度和设计师的繁忙程度而定。一般在两周左右。这段时间不要太长，抓业务都要"趁热打铁"。在这段时间里，设计师要根据自己了解到的业主信息和测量到的房屋数据，对业主的要求做出综合判断，提出一个设计方案。

2.4.1　核心任务

初步设计环节的核心任务是：根据业主的情况和要求，确定设计理念和设计，对业主家庭生活进行合理科学的功能安排——平面布局，也叫平面设计。同时还要确定整个家装工程大致的造价水平。

2.4.2　设计要求

充分反映设计师的设计理念，符合业主的生活理想和生活状态，设计文件图面漂亮，有艺术魅力。

2.4.3　设计内容

1. 设计理念说明

设计师在进行初步设计时，首先要确定设计理念。确定设计理念不能由设计师单方面拍脑袋，相反设计师要在业主的众多要求中提炼出核心要求，再根据这个要求提出适当的设计想法。如业主在设计交流阶段反复提到怎样价廉物美，说明这个业主对价格敏感。因此在设计时设计师要尝试采用"简约"的设计理念，可以用"简约不简单"这样的文字来表达自己的设计理念。因为在众多的家装风格中，简约风格是比较省钱的。简约的设计不是设计的简单化，更不是效果的简单化。所以，这是一个业主接受度很高的设计理念。又如业主在交流阶段特别关心装修污染的问题，设计师就可以尝试"绿色设计"的设计理念。在向业主介绍设计时最好对自己的设计理念进行重点说明。这个说明可以放在设计文件的封面或扉页上。说明要简明扼要、醒目突出，能够引起业主的注意。这个举动可以充分表明设计师对业主的重视，使业主备感欣慰。

2. 平面图

是初步设计中的核心图纸，也是业主最关心的图纸。在这张图里表明设计师对业主家庭的空间格局的布置、房间的分配、生活设施的配置、家具的平面形态和布局、陈设的点缀等家装的关键信息。它可以决定业主家庭的生活状态、生活水平、生活重心。在平面图里可以充分体现设计师的设计功力。平面图在技术上要包含下列信息：

（1）经过设计改造的建筑平面的形状和尺寸。

（2）房屋的朝向方位，如果没有说明就是默认的上北下南。

（3）房间的入口和与入口相关的公共部位的形状和尺度。

（4）多层的房屋要表明楼层信息和标高。

（5）交通的组织和楼梯上下的位置。

（6）房间的分割和尺寸。

（7）房间功能的分配。

（8）功能区域及空间分割。

（9）家具和其他生活设施如卫生洁具、厨房设备的平面形态和布局。

（10）门窗的大小和开启方向。

（11）地面标高的变化。

（12）地面材料的名称和规格。

（13）相关的色彩。

（14）强、弱电控制盒的位置。

（15）如果有效果图的还需要表明效果图的视角。

（16）与打印图面相适应的比例尺度。

（17）必要的文字说明。

（18）带有公司名、会签栏、版权及免责声明的图签。

小贴士

初步设计的平面图与施工平面图是有区别的。初步设计的平面图主要是向业主说明设计师的总体意图，因此对施工人员说明的技术符号不必出现在上面。

平面图的表现在艺术上要注意线形的层次，房屋建筑的轮廓和内部家具陈设等要有明显的区别，线条上要注意疏密变化。

平面图一般用AutoCad来绘制，当然有个性的设计师也有用手绘的。

3. 效果图

许多业主希望设计师在设计方案时提供几张效果图，装修公司一般也会满足业主的要求，提供1~3张主要部位的效果图。

效果图一般比施工图更容易被业主理解，当然绘制效果图比施工图更费时间和心血。但是为了与业主顺利签单，设计师也不得不费心、费力绘制效果图。所以绘制效果图是优秀家装设计师应有的能力。设计师一般选择业主最关心的部位和自己的设计亮点部位绘制效果图。效果图可以手绘，也可以用电脑设计程序制作。

手绘效果图一般采用马克笔或钢笔淡彩、彩色铅笔等快速表现工具来表现，在艺术上重点表现亮点部位的设计构造、家具陈设形态、色彩关系、宜人的家庭氛围及设计师洋洋洒洒的笔法。手绘效果图要重点营造虚实结合、收放自如、一气呵成的效果，见图2-2。

■图2-2　手绘效果图

绘制电脑效果图有专用的软件，如3Dmax和Photoshop。电脑效果图可以表现逼真的空间效果和材质，模拟家装完成以后的真实效果，很受业主的喜欢。

效果图的角度选取非常重要，一定要把设计的亮点表达出来。

4. 主材推荐表

除了平面图和效果图以外，在初步设计文件中最好还要向业主提供一份材料清单，其中包含本套设计中使用的主要家装材料，使业主对自己家装的主要材料有个直观的认识。材料清单要表明材料的品牌、名称、规格、价位、主要性能。这个清单被业主确认之后，就成为今后业主验收材料的一个依据，见表2-1。

表2-1　某公馆家装主要材料建议清单（部分）

序号	材料名称	数量	市场价格	品牌及规格	备注
1	木材	约2m³	*	樟子松	东北产
2	地板	约80m²	*	大自然	国产名牌
3	大芯板	约60张	*	莫干山	国产名牌
4	纸面石膏板	约38张	*	龙牌	国产名牌
5	装饰面板	约30张	*	莫干山	国产名牌
6	电线	另见清单		东方	国产名牌
7	水管	另见清单		皮尔萨	国产名牌
8	五金	另见清单		汇泰龙	国产名牌
9	洁具	另见清单		TOTO	合资名牌
10	瓷砖	约35 m²	*	诺贝尔	国产名牌

注：*价格根据市场的时价填写。

5. 设备推荐表

家装的很多部位都要牵涉到设备的安装。有些设备与界面和构造设计有尺寸的配合，这些设备的品种和型号必须在设计施工图之前确定，取得这些设备的颜色、尺寸、安装方法等信息，以便进行设计配合。

许多业主在设计阶段并不关心这个问题，设计师必须提醒业主，预先确定好与装修相关的设备。最好是先买好设备，否则就容易出现装修以后设备安装不上、设备拿不进门、设备安装效果差、设备使用不方便等问题。

许多家装设备涉及专业技术问题，除此之外还涉及造型、色彩、风格等方面的问题。因此，设计师要指导业主选购家用设备。设计师可以根据业主对设备的要求，向业主提供一份设备建议清单，以便在设计时进行尺寸、色彩、质感、构造等方面的配合，见表2-2。

表2-2　某公馆家装主要设备建议清单（部分）

序号	设备名称	品牌与规格	市场价格/元	使用场合	安装尺寸及安装要求/mm
1	电视机	小米/60′	*	起居室	离地高700(插座800)
2	电视机	小米/42′	*	主卧室	离地高700(插座800)
3	电视机	小米/60′	*	次卧室	离地高700(插座800)
4	热水器	老板/13L天然气	*	厨房	离地高1700(插座1700)
5	抽油烟机	老板	*	厨房	与厨具组合(插座厨具内)
6	灶具	老板	*	厨房	与厨具组合
7	消毒柜	老板	*	厨房	与厨具组合
8	水斗	欧林	*	厨房	与厨具组合
9	换气扇	奥普	*	厨房	吊顶安装,靠近内侧
10	冰箱	LG/双开门	*	厨房	四周留100(插座300)
11	浴霸	奥普	*	卫生间	吊顶安装,浴缸中心
12	空调	美的/3匹	*	起居室	离地高2100(插座2200)
13	空调	美的/1.5匹	*	主卧室	离地高2100(插座2200)
14	空调	美的/1匹	*	次卧室	离地高2100(插座2200)
15	洗衣机	西门子/5公斤	*	阳台	600×560×600

注：*价格根据市场的时价填写。

6. 家具推荐表

家具也要事先确定。因为家具是房间里的主角，所以家具的风格、色彩、尺寸要先考察,看看市场上究竟能够买到什么样的家具。挑选到自己喜欢的合适的家具,要取得家具的准确尺度,然后根据家具的数据决定设计的风格。家具推荐表详见表2-3。

表2-3   家具购买建议清单

序号	家具名称	数量和单位	限制尺寸/mm	材料风格和色彩说明
1	沙发	1/组	3500×3000	真皮/欧式/栗壳色
2	单椅	2/把	中型	三防布面/欧式/栗壳色
3	茶几	2/个	1200×1200×360	木+玻璃/欧式/栗壳色
4	电视柜	1/个	3500×600×300	木/欧式/栗壳色
5	主卧床	1/张	2000×2200×500	织物/欧式/栗壳色
6	衣柜	1/组	4500×2200×600	木/欧式/栗壳色
7	床前几	2/组	600×500×500	欧式/栗壳色
8	次卧床	1/张	2500×2000×500	织物/欧式/栗壳色
9	鞋柜	1/个	1200×1100×300	木/欧式/栗壳色
10	写字台	1/张	1700×800×780	木/欧式/栗壳色
11	餐桌	1/张	1600×1000×780	木/欧式/栗壳色
12	餐椅	1/组	中型	三防布面/欧式/栗壳色

在一切准备完成后,就可以通知业主前来公司审查初步设计了。

小贴士

上述设计文件完成后,还要打印成册。初步设计的打印文件要用上好的纸张,饱满的打印墨色及精致的装订。经过良好包装的设计文件可以提升家装公司和设计师的职业形象,给业主良好的印象。还要准备好如何向业主介绍自己的设计。准备一定要充分,因为很多业主不是专门技术人员,他们不习惯看看不懂技术图纸。还有很多业主不能从图纸里体会到设计师的良苦用心。所以需要设计师用必要的语言辅助,把自己的设计意图向业主介绍清楚。

2.4.4 确定方案

1. 业主审核初步设计

业主在收到设计师的初步设计后都会对之进行评估,一般的重点是:设计理念和总体布局是否符合自己的意愿;房间安排和功能配置是否符合自己的使用要求;家具配置是否合理够用;设备配置是否得当;经济档次是否符合自己的心理价位等。要求高的业主还要评估设计风格是否可以接受,设计有没有创新,有没有设计亮点等。初步审核一般允许业主带回家去进行商量(未付设计定金者例外),征求全家的意见。

2. 沟通修改

业主经过仔细评估后会对设计师的设计进行意见反馈。这时设计师需要仔细听取业主提出的意见。对功能的遗漏和没有必要的功能配置进行增减,对没有考虑到的内容进行调整。长期的设计实践告诉我们,在这一环节业主才会把自己的想法表达清楚。

业主的意见总体来说有三种:全盘接受、多数接受部分修改、全盘否定。

如果业主的意见是"全盘接受",那么要恭喜设计师了,其设计完全符合业主的要求,不必进行修改就可以进入下一个环节。当然也不排除业主有可能迷信设计师,或者根本看不懂设计图纸。

如果业主的意见是"全盘否定",这种情况不多,若是出现了,就要分析原因。是对业主的理解有误还是业主没有理解设计师的设计意图?是完全没有考虑到业主的要求还是设计太超前抑或设计过于保守?对这种情况唯一的选择是推倒重来。但这个时候业主对设计师已经产生了信任危机,设计师的这单生意渺茫了。

多数的情况是"多数接受部分修改"。业主对设计基本肯定,有对有些部分还不太满意,需要进行改善。

设计沟通是设计师必须练就的基本功。为什么有的设计师总是能很快地与业主达成共识?而有的却多有坎坷?其中的奥秘就在于设计沟通的能力。

3. 沟通技巧

(1)共同理念引起共鸣。

案例:在进行上海某高层住宅单面套型的设计时设计师对业主说:"您的'健康设计'这个要求是当今的热点,跟我的想法很合拍。您的理念符合时代潮流。我根据这个理念做了许多尝试,如针对单向型套型通风条件不佳的缺点,我在通风组织时作了这样那样的努力……"(夸奖了业主,也肯定了自己,业主听了非常满意,自己的设计也得到了业主的认可)

(2)关键亮点引起憧憬。

案例:在设计宁波香格里拉小区的某住宅时,设计师向业主推荐"全功能卧室"的理念,用带有诗情画意的语言进行解释,引起了女主人对未来生活的憧憬,见图2-3。

（3）独到之处重点说明。

案例：在设计宁波天一家园某住宅时，对儿童房的设计有很多独到之处，所以这个环节对此进行重点说明，还特意画了一张效果图，使业主对这个部分十分了解，也十分满意，见图2-4。

（4）疑难部位重点解释。

案例：对业主重点关注的问题或嘱托，一定要有回应。一个业主因为自己的房子套型进深长，十分担忧门厅及走廊的光线。所以在设计方案中，对这个问题要给予特别的关注，在解释方案时要对这个部位的构造进行重点说明。这既显示了设计师对业主的重视，也可以显示出设计师比一般业主高明之处，见图2-5。

全功能卧室

内侧为模糊空间，兼具书房和更衣室、梳妆台及卫生间的功能，外侧为1.8米宽的大床及沙发床凳、贵妃沙发、书信桌及扶手椅，功能齐全。

爱意空间
白天阳光洒落在床头
夜晚星星扣击窗户
爱人在旁或专心阅读
或沉浸在起伏跌宕的电视故事之中
彼此心安神宁
心心相映
软软的床垫
蓬松的羊毛脚毯
巴洛克沙发
柔和的光线
墙上定格着爱的瞬间
轻柔的窗幔随风飘起……

■ 图2-3　初步设计时对全功能卧室的说明

■ 图2-4　儿童房的设计有很多独到之处

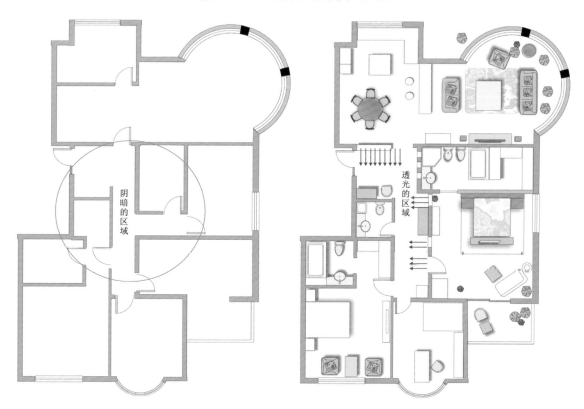

■ 图2-5　解决套型的进深过长出现采光的问题

（5）业主表情细心观察。业主在接到设计师的初步设计之后一般都有一个表情：

有的欣喜：比我自己想的还要好；——兴奋、笑容满面

有的满意：不出所料，基本满足了我们的需求；——满意地点头

有的犹豫：好是好，就是造价太高了！——举棋不定

有的质疑：大体还可以，局部还需要调整。——看完抬起头来，露出征询的眼神

有的疑惑：这难道是我要的风格吗？——眉头皱了起来

有的不满：我自己设计也能这样。——不屑一顾

有的失望：离我的要求太远了。——看了一眼就放下了

对业主的这些表情或肢体语言，设计师要注意观察并进行敏捷地应对。总体来说，完全满意和完全不满意的是少数，基本满意、需要修改的是多数。因此设计师尤其要注意中间的几种反应。

（6）反对意见弄清原因。

从设计师与业主实际的交流来看，交流不充分的占多数。业主与设计师有距离是正常的，设计师对业主判断错误也是常常发生的事。业主的有些意思设计师体会不了，这种现象太普遍了。因此业主对方案提出反对意见应该是预料之中的事情，设计师可以利用初步设计这个媒介对业主加深了解。业主如对设计基本满意，只要求设计师作局部修改的，设计师可以满口应承下来，立刻进行修改，甚至对平面布局也可以当场做出调整，直至业主满意。

如果设计师介绍的设计思路不对业主的胃口，就要想办法弄明白业主是真的不喜欢自己的设计方案呢，还是自己没有把自己的设计方案介绍明白？有时是因为业主一时想象不出设计师所描述的设计效果，沟通不完全。这时，设计师可以通过类似的案例，或通过手绘示意图把自己的设想介绍清楚。有时业主也会提出自己的思路和设想，设计师对此要耐心倾听，对合理的要立刻加以肯定，对不合理的则需要对业主的思路进行适当的诱导和矫正。如果业主真的不喜欢自己设计的风格，那只好改变思路，重新设计。

（7）这样更完美了！对经过双方互动达成的最终成果，设计师一定要表达这样的意思："经过您的指点，设计方案更加完美了！""这样改动确实不错。""这真是一个好主意！"这样的语言表达会使业主心里美滋滋的，觉得自己不是完全不懂，自己的设计意见还能得到设计师的肯定。而且业主的内心也会觉得，这个设计师还是比较通情达理的。

（8）最后的设计确认。经过充分的互动交流，平面布局确定了，设计风格也确定了，设计可以定稿了。设计师要打印出确定的平面设计图，请业主签字。如果有些小修改，那么设计师就只要愉快地修改，修改完以后就可以制作好设计文本，交付业主。签订设计合同也就水到渠成了。

4. 签订设计合同

初步设计完成后，业主对设计师的设计能力和设计价格已经没有疑问，因此很多公司选择在这个时机签订设计合同。当然有的公司在初步设计前就签订设计合同，但那个时候签订设计合同会让业主觉得有点早。因为，业主对设计师还缺乏了解，签订了设计合同后一方要解除设计合同就要支付违约金，那样不仅麻烦而且损失比较大。但对知名设计师、朋友介绍的、业主自己熟悉的设计师可以在一开始就签订设计合同。

当今的家装设计涉及的设计费比较高。因此，设计师与业主双方都需要用一个合同或协议进行约束，共同规范双方的权利与义务，不能只约束业主或者只约束设计师。设计合同需要明确的事项有：

（1）设计项目名称。

（2）项目地址。

（3）项目面积（建筑面积还是使用面积）。

（4）工作内容（纯设计、设计兼施工指导、设计包施工、家具家饰购买指导等）。

（5）设计程度（初步设计、水电设计、施工图设计、效果图设计等）。

（6）设计周期。

（7）设计深度及质量要求（平面图、立面图、关键构造节点图等）。

（8）提供的设计文件数量。

（9）设计费金额。

（10）付款时间与办法（一次性付款、分期付款）。

（11）委托方应提供的配合。

（12）违约责任。

（13）争议处理办法。

小贴士

设计合同对上述事项的约定要明确，不要用含糊不清的文字，以免今后引起争议。

设计合同可以单独签订，也可以把它包含在家装合同中。如果设计师单独与业主签订不包含施工内容的合同就是典型的设计合同。如果设计服务连带施工服务的合同，就是包含设计的合同。但后者签订的最佳时机则还要推后到施工图完工，工程预算被客户确认之后。

2.5　施工图设计

签订了设计合同以后，家装设计就进入了施工图设计阶段。这个阶段对设计师来说压力已经不像初步设计阶段那么大了。因为这时设计师已经对业主有比较确切的了解，"哑迷"已经破解。接下来的工作就是扎扎实实地深化初步设计，表达设计师的各种想法，给下一步的工程实施明确各项设计命令。

2.5.1　核心任务

施工图阶段的核心任务：根据国家制图规范，深化初步设计；把各个房间、各个部位的设计意图、构造、材料、色彩交代清楚，以便预算人员按图计价；材料员按图采购材料，施工人员按图施工，施工组织人员按图编制施工组织方案，验收人员按图验收。

2.5.2　施工图总体要求

1. 设计规范

设计师的所有设计要求都必须符合国家的法律、法规、标准、条例、办法。在建设领域，国家发布了很多规范性的文件，有些还是强制性的。例如，《建筑内部装修设计防火规范》（GB 50222）、《建筑装饰装修工程质量验收规范》（GB 50210）、《民用建筑工程室内环境污染控制规范》（GB 50325）等。这些规范性文件不仅是设计师的设计依据，也是设计师需要坚决执行的。需要提醒的是设计师必须使用最新颁布的规范。

2. 职责明确

国家授权家装设计师的职责范围不涉及建筑承重结构的设计与施工。如果在设计中要涉及这些问题，家装设计师就要提请有设计资格的专业部门和技术人员来执行，千万不能擅自处理。对比较专业的机械、电、空调、消防、智能等专项设计，家装设计师的职责是配合和协调。

3. 表达清楚

目前国内尚无装饰工程制图统一标准，只有上海市在2004年5月1日实施了《上海市室内装饰行业标准室内装饰设计规范》，但国家的《房屋建筑制图统一标准》（GB/T 50001）及《建筑制图标准》（GB/T 50104）可以作为主要参考。线形、字体、比例、剖切符号、索引符号、详图符号、引出线、定位轴线及尺寸标注要求和对楼梯、坡道、空洞等图例均按照这两个标准的规定执行。对一些新出现的内容则可参照国外室内制图的图例，结合公司的实际情况编制公司统一的图例。对各种常用的图框图标、文字、图例、符号均制作样图必须统一，从而控制施工图的质量。

4. 面面俱到

设计不能出现空白。施工图要对每个房间每个部位的施工措施都表达清楚，使现场施工人员在设计师不在场的情况下能把工程顺利地进行下去。

2.5.3　具体要求

1. 恰当的图纸比例

设计者在确定的图号里进行设计表达时要采用合适的比例。原则是尽可能地展现设计细节又要使图纸的构图和谐美观。

2. 详细的构造

特殊的设计和设计细节需要设计师画出详细的构造。

3. 详细的尺寸

施工图必须按制图规范标注详细的尺寸。

4. 详细明确的材料标注

所有施工图都需要标注材料，这些标注必须采用规范的名称而且详细明确。

5. 表明制作工艺

施工图还需要表明施工工艺和施工技术要求。对常见的施工工艺可以简明地标注，对特殊的施工工艺则需要详细说明。

6. 标准的色彩标注

色彩标注要规范。一般采用"CMYK"法清楚地表明红、蓝、黄、黑各色的比例。注意涂料的色彩需要按涂料厂商提供的标注名称进行标注。

7. 统一的图框图标

施工图必须应用各公司统一的图框。图框通常需要有以下元素：

（1）公司名。

（2）广告语。

（3）图纸档案编号，是指这份图纸在公司技术档案中的编号。

（4）技术会签栏，包括设计者、校对者、审核者、审定者及其工作日期。

（5）业主意见栏。

（6）版权说明、免责申明。

（7）图名，如平面图、顶平面图、墙改平面图等。

（8）图号，包括总图号和分图号。

2.5.4 施工图的具体内容

1. 封面

要有公司名称及标志、项目名称、图纸名称、设计编号、编制日期等,也可在封面突出醒目的位置点明公司设计理念和经营的广告语。

2. 图纸目录

家装设计的图纸一般有几十张,所以必须编制目录,有助于有关人员查找。目录应放在最前面,目录本身不要编入图纸序号。图纸目录要注意排序规范。一般自行设计的图纸在前,引用的标准图、重复图在后。自己设计的图纸前后也有逻辑关系:平面图在前,接着是立面图,后面是构造的节点大样图、家具图等。目录要写明序号、图纸名称、工程号、图号、备注等,并加盖设计单位出图章。

3. 设计说明

首先要写明工程概况如项目名称、地点、建设单位、建筑面积、设计范围、设计理念、构思要点等;其次要写明施工图的设计依据、引用的标准等;最后要写明施工图的设计要求,如对工艺、材料、做法等。

4. 原始平面图与墙改平面图

设计师首先要画出准确的原始平面图,见图2-6。但原始的房屋平面不可避免地要做一些调整。有些非承重的墙面需要拆除、开洞,有些地方需要新砌轻质墙。拆除、新建、开洞需要分别用明确的图纸来表示,见图2-7(a、b)。

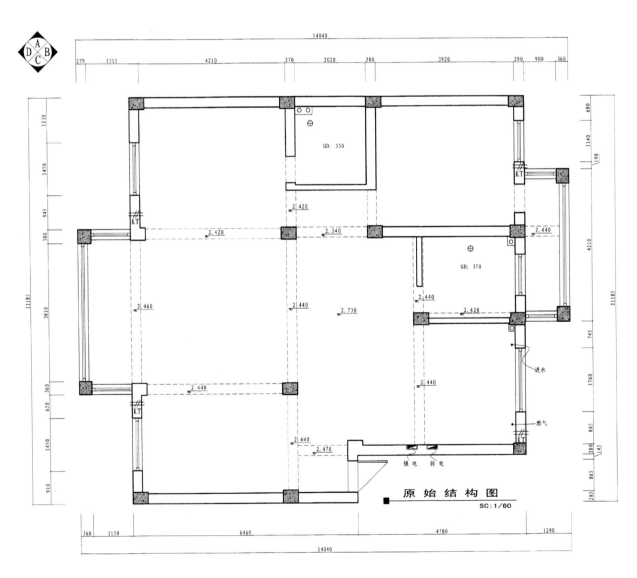

■ 图2-6 原始平面图

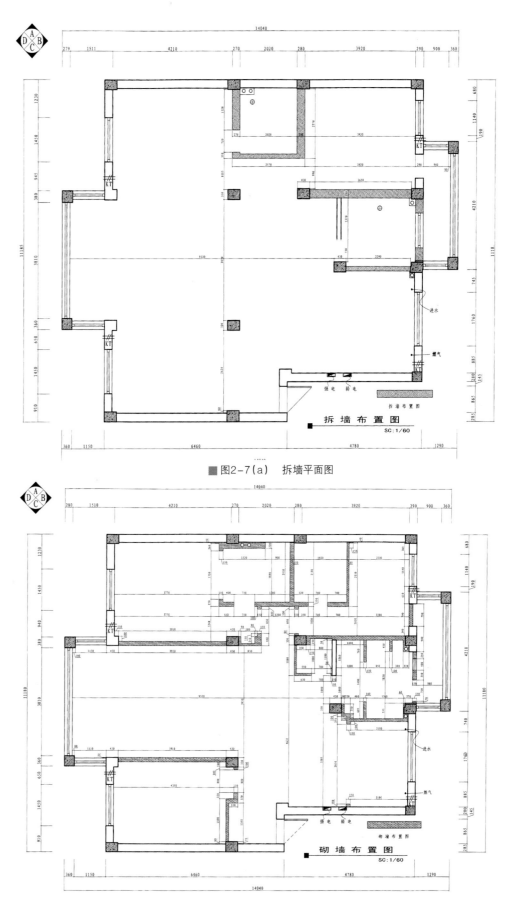

■图2-7(a)　拆墙平面图

■图2-7(b)　砌墙平面图

5. 平面设计图

这已经不是初步设计的平面图,而是确定的平面布置方

案。在这张平面图上可以删去初步设计阶段平面图上的一些说明,同时加上一些图纸的索引信息,见图2-8。

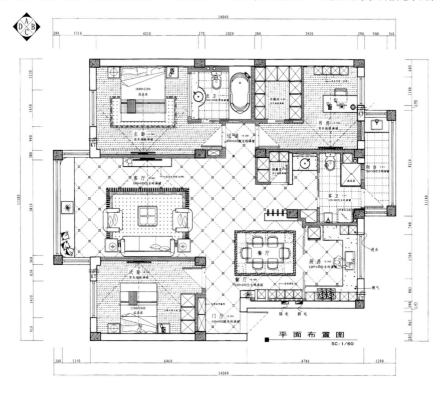

■图2-8　平面布置图

6. 地面铺设平面图

地面铺设平面图是对地面处理的指引,如地面标高。材

料、规格及铺设办法都要表达清楚,见图2-9。

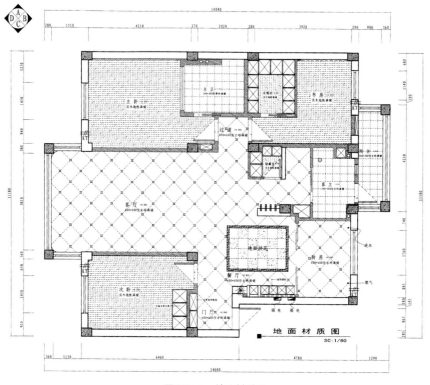

■图2-9　地面材质图

7. 顶面平面图

顶面平面图是对顶面处理的一个技术指引。吊顶部位的形状、尺寸、标高、材料、构造、表面处理的工艺、灯具安装及开孔的位置、空调出风口等设备的安装的形状及位置都要表达清楚,见图2-10。

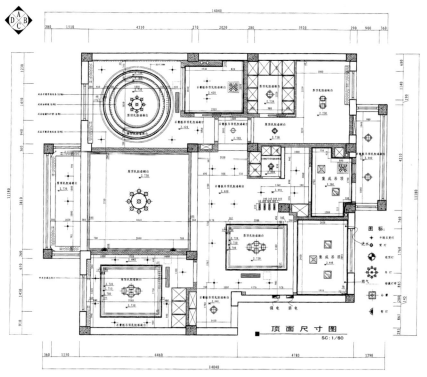

■ 图2-10 顶面尺寸图

8. 电路配置原理图

原则上应该由电器工程师来出图,家装设计师配合。

9. 电路开关平面图

把开关品牌、型号、位置、数量、安装高度表达清楚,见图2-11。

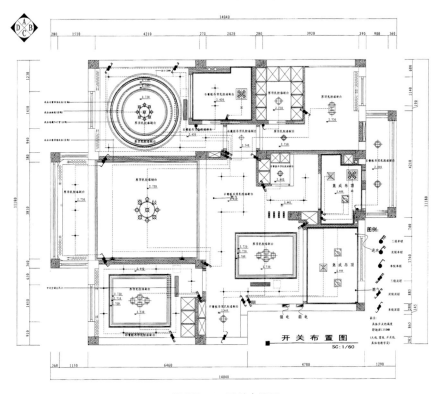

■ 图2-11 开关布置图

10. 插座平面图

把插座的品牌、型号、位置、数量、安装高度表达清楚，见图2-12。

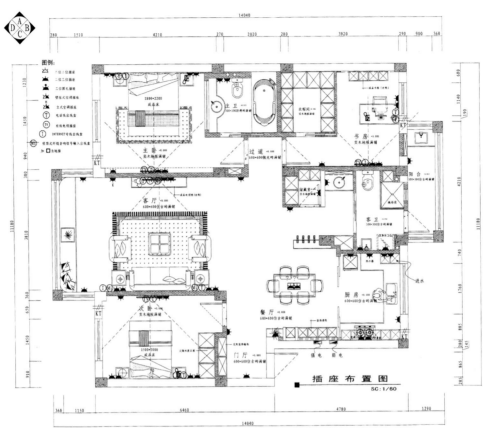

■ 图2-12　插座布置图

11. 智能平面图

应由智能技术工程师出图，要把智能插座的品牌、型号、位置、数量、安装高度表达清楚，家装设计师配合。

12. 中央空调平面图

应该由空调工程师出图，家装设计师配合，见图2-13。

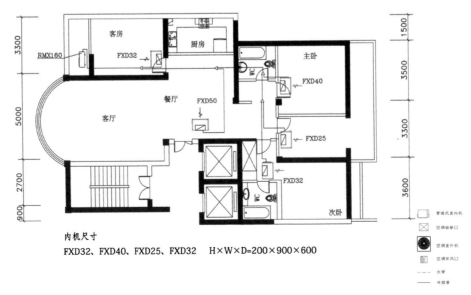

内机尺寸
FXD32、FXD40、FXD25、FXD32　　H×W×D=200×900×600

■ 图2-13　空调设计图

13. 给排水及煤气平面图

　　把进水管和下水管及开关、阀门、接头、地漏、水斗等设施的品牌、型号、位置、数量、安装位置、走向、高度表达清楚，同时还要选定热水器的品牌、型号确定安装位置。电热水器及强排式煤气热水器要提供电源插座。太阳能热水器要提供控制开关进户线的通入管道。燃气施工图要执行燃气公司的标准。燃气管道不能改道，不能封闭，燃气表要注意提供电源和远程抄表的信息线通入的管道，见图2-14和图2-15。

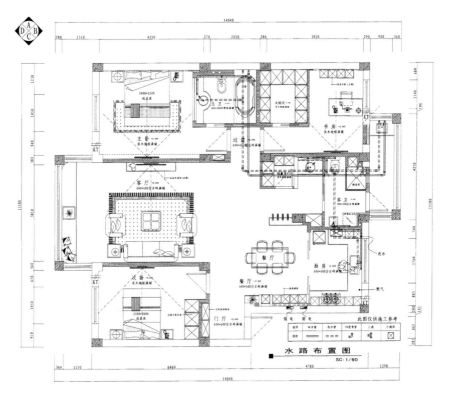

■ 图2-14　水路布置图

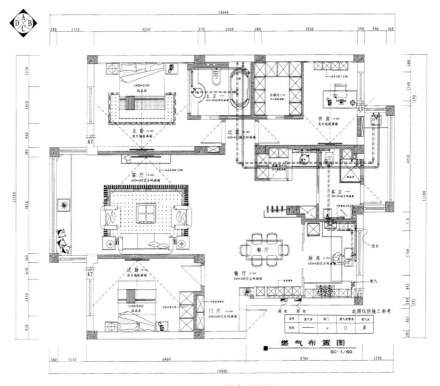

■ 图2-15　燃气布置图

14. 各房间立面图

主要表现各个墙面、固定家具及隔断的界面效果、材料

选用、设备、灯具安装位置、尺寸及表面处理工艺。立面图要注明房间名称及朝向方位,见图2-16(a、b)。

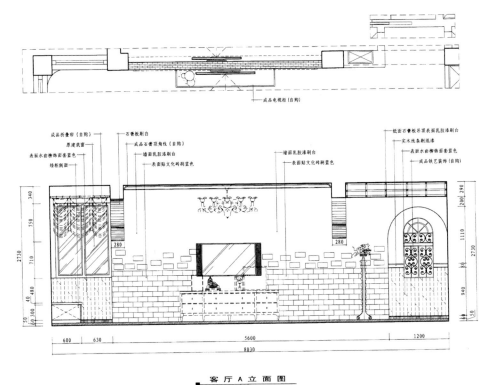

客 厅 A 立 面 图
SC:1/30

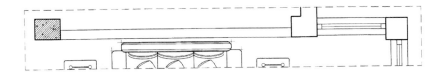

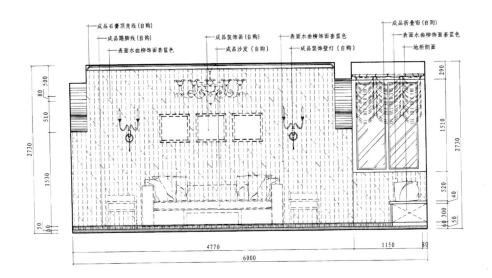

客 厅 C 立 面 图
SC:1/30

图2-16(a) 客厅立面图

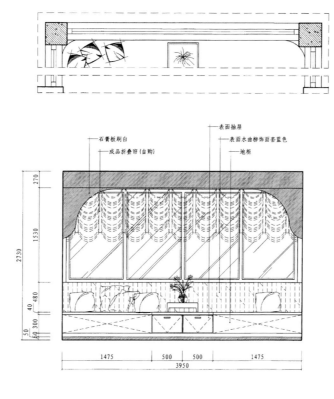

■ 图2-16(b) 客厅立面图

15. 隔断、固定家具设计构造图

隔断及固定家具的界面效果可在立面图里表达,但它们的内部结构和详细的装饰构造需要另外的图纸详细地表达,见图2-17。

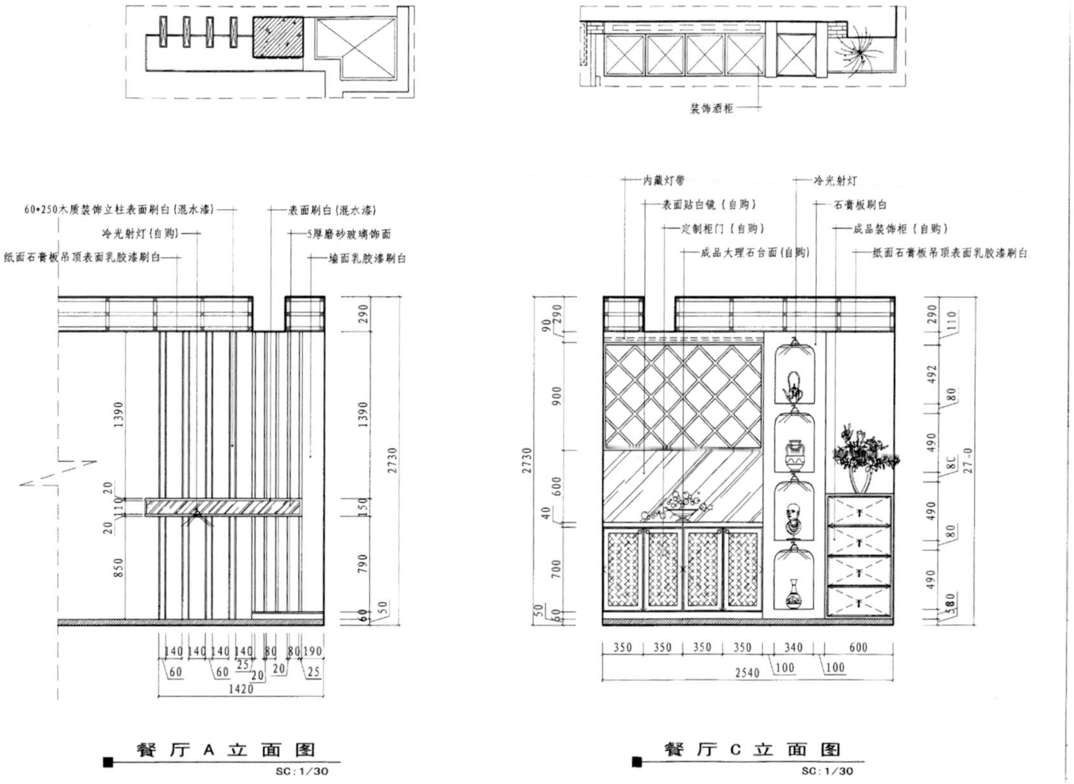

餐厅A立面图
SC:1/30

餐厅C立面图
SC:1/30

■ 图2-17 厨房餐厅固定家具图

16. 重要构造节点大样图

其他部位例如收口线条的形状、尺寸等重要节点要放大比例,详细

表现。这一步很关键,直接关系到工程设计效果的实现,见图2-18。

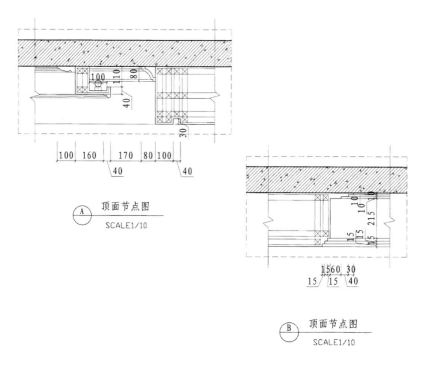

■图2-18 节点大样图

2.6 施工图审核与设计交付

施工图完成之后要按照设计程序进行施工图的审核。

2.6.1 审核的重要性

"按图预算""按图施工""按图验收"这些在家装行业经常听到的行话说明了施工图在工程实施中的基础地位。施工图是施工指令,来不得半点差错。施工图质量高,预算能准确,施工过程才能顺利;施工组织科学,工程验收才能顺利。相反,如果施工图错误百出,就会给后续工作造成很多麻烦,返工、误工就会接踵而至,经济损失也在所难免。所以,施工图完成后,必须进行严格的审核。

2.6.2 审核的内容

首先进行形式审查:图纸是否齐全,图面要素是否齐全,图纸排序是否正确,与目录排序是否一致,图签是否完签等。

然后进行实质审查:各个部位的尺寸是否正确标注是否规范,材料标注是否正确规范,与其他工种是否存在设计冲突,是否符合国家强制性规范等。

2.6.3 审核的重点

家装设计所涉及的工种很多,往往由多位设计师协同完成,如结构

改造、水电、空调、智能家居,各项的技术要求各有不同。不同的设计师在设计时都从自己的出发点进行设计,因此很容易造成设计冲突。排除设计冲突也是施工图审核的重点。

家装设计师主要与下列工种的技术人员进行配合:建筑结构、空调、水、电、煤气、采暖、消防、厨具、家用电器和家庭设备。

家装设计师首先要查阅土建施工图,了解建筑的结构形式、门窗的尺寸、结构梁柱的尺寸,确认方案设计的可行性和主体结构的安全性。如需要拆除承重结构墙体,需经过原土建设计单位或具有相同资质的土建设计单位验算处理后方能进行装饰设计。框架结构的建筑,非承重墙虽然可以拆除,但需考虑改建后是否符合消防规范的要求。

空调、给排水及消防管道的高度和位置是影响吊顶、墙面造型的重要因素。在施工图设计开始前,设计师就应仔细研究各种管道的布置和高度,与其余各工种协调。在平面布置图、天花平面图及立面图初步完成后,及时向设备工种提供图纸,尽量按照装修需要进行设计。在确定了这些

设备的设计方案后，家装设计师要给予最大限度地配合。

2.6.4　审核的程序

施工图的审核需要一套严格的程序，才能保证施工图审核不走过场，能够真正发现问题、改正错误。

施工图的审核的程序是：

自查人自查→校核人核对→审核人审核→审定人审定。

每个程序各负其责，逐级审核。发现问题及时纠正。审核完成后逐级签字。自查与被查会审相结合。对涉及其他工种的图纸需要会审、会签。真正做到在设计阶段发现问题，减少施工实施阶段的损失。

2.7　设计交付

2.7.1　文件打印

在施工图审核完成之后，设计文件就可以打印了。

家装图纸一般以A3规格，横向打印。这个规格是符合家装施工实际要求的。设计对象可以以1:50～1:30的比例画出，能够让施工者看清设计细节，同时也可让设计师以经济的成本打印图纸，还便于携带。设计文件打印以后，要按目录顺序装订。

设计文件一般情况下需要打印一个正本，3～5个副本。

2.7.2　文件装订

业主花了不少资金进行设计，当然希望见到包装讲究的设计文件，所以装订要比较讲究才行。市场上比较流行的装订方法是硬封面精装。见图2-17。

2.7.3　设计交付

设计文件打印装订完成后就可以交付业主了。如果是纯设计，就将正本和副本全部交给委托人。

设计交付应该履行一个交接手续，委托人应该付清全部的设计费，设计人向委托人出具收款凭证，委托人则在设计文件交付单上签字。这样双方都得到了他们想要的东西，并且双方都有凭证。

2.8　设计交底

2.8.1　交底方式

委托人要的设计图纸不是用来欣赏的，而是把它作为施工阶段的指导性文件。按照惯例，设计师还要向主持施工的项目负责人进行设计交底（也称技术交底）。

设计交底的方式是设计师对照设计图纸给施工人员讲解图纸的施工要点、技术难点、需要关注的地方。然后由施工人员对图纸中的疑难问题提问，设计师对此作出解答。对有些复杂的构造，设计师还要用简笔画进行图解，直至施工人员理解为止。在设计交底之前最好请施工人员先熟悉图纸，了解图纸对各工种施工的具体要求。交底的地点最好选在施工现场。

2.8.2　注意事项

1. 人员要齐全

由业主、设计师、工程监理、施工负责人四方参与，在交底时他们应全部到达施工现场，并由工程监理协调，办好各种手续。

2. 要履行文字手续

各方应该杜绝口头协议，对所有应该明确的技术条款都必须用书面形式表达清楚。如有特殊做法的施工技术要在现场由当事方签字确认。现场交底时达成的书面共识也是设计文件，与家装合同具有同等的法律效力。

家装是一个很复杂的过程，一般情况下只进行一次设计交底是不够的。在整个施工过程中，设计师免不了要经常回答施工人员提出的问题。对纯设计服务而言，后续的咨询是要另付咨询费的，但这需要事先约定。

2.9　设计变更

2.9.1　什么是设计变更

设计完成后，因种种原因需要设计师对原设计进行部分修改。设计修改了，施工内容及造价等也会发生相应的改变，这种改变需要按设计变更这一程序进行确认。

2.9.2　变更的原因

严格地说，如果设计师考虑的问题都符合实际，家装业主在设计阶段能够完全想象出设计效果，并且与他自己的精神及物质的要求相符合，就不会有设计变更。但在现实中，设计变更的情况是经常发生的。之所以会这样,主要由下列原因造成。

(1)业主看不懂设计图纸,等到实际施工后发现,这个效果不是业主真正想要的。

(2)业主的要求改变了,需要增加、减少或改变某些设计。

(3)设计师没有注意到现场的某些情况,发生了实施的困难。

(4)当前的施工技术无法实现设计要求。

(5)无法采购到设计师需要的材料。

2.9.3　设计变更的责任

业主要求变更,责任自然在业主。因设计师的疏漏造成的变更责任就在设计师。设计变更之后,一个直接的后果就是工程造价的变动。如果是轻微变更,不影响外观和功能的尺寸,基本不影响造价,设计师可以自行决定进行调整。如果要影响外观和功能,属于重大调整,这就要与业主沟通,征得业主的同意。这样的沟通一定要事先进行,并办好书面手续。

2.9.4　设计变更的手续

设计变更的手续需由变更提出方首先提出,经变更相关方同意变更,由设计师或施工员画出变更后的施工图。然后重新确定造价和工期,填写变更通知书,相关方签字同意。

2.9.5　设计变更注意事项

(1)设计变更表由业主、设计、施工单位各保存一份。

(2)涉及图纸修改的必须注明修改的图纸图号。

(3)不可将不同专业的设计变更办理在同一份变更上。

(4)专业名称应按专业填写,如装修、结构、空调等。

2.10　设计效果的控制

2.10.1　家装施工组织网络图

家装设计师必须完全了解本公司的家装流程,也要熟悉具体项目的施工组织。不同的项目会有不同的施工组织。每一个工程最好绘制一张施工网络图。图2-19是某家装公司对80~100平方米的家装工程制定的施工网络控制图。

80~100平方米的家装工程是中型的家装工程。从图中可以看出,做这样一个工程整个施工阶段需要75天时间。关键线路有10个环节,其他环节有3个,材料准备环节有5个,合计18个环节。

不同的家装公司会有不同的家装流程。图例是其中比较典型的一个家装工程施工组织管理网络方案。75天工期对一个一般复杂程度的中型家装工程还是比较紧凑的。它要求材料准备及时到位,不得拖延;工人的数量也必须合理配备,例如水电工必须2人,泥工也需要2人,木工

需要4人,油漆工需要3人;还需要好的天气条件的配合。没有这些保证,75天工期是难以完成的。如在梅雨季节,20天的油漆工期是不够的。下面结合图2-19对这个家装施工组织网络图进行简要介绍。

1. 进场

进场是家装施工的第一个环节,大约需要2天时间。

首先施工队伍需要去物业管理部门办理进场手续。

然后设计师与施工、监理方进行设计交底。

施工员同时对泥工、水电工进行分项设计交底。

施工员检查墙改及线路放样情况。

2. 水电材料

家装业主和材料员需要采购或供应水泥、石灰及水电材料并及时进场,为泥工和水电工准备好物质基础。

家装业主或监理人员需要对这些材料的品牌、规格、数量进行验收,然后与施工员做好交接。

这些工作需要在泥工和水电工进场之前完成。

3. 泥工准备

泥工准备大约需要3天时间。

首先泥工进场后根据墙改平面图放样,进行墙改,该拆除的拆除,该建造的建造;

然后根据水电走向的放样线路,在墙面或地面打出供管线预埋的线槽。

这个过程会产生大量的垃圾,需要及时清理。

4. 水电铺管

水电铺管大约需要5天时间。它可以和泥工准备同时进行。

首先进行按线路走向放样开槽,然后进行水电铺管。

电路先预埋PVC管和线盒,然后进行穿线。

水路预埋冷热水管。水管预埋完成后需要进行水管试压试验,经过24小时试验,确定没有漏水,才可以将线路补平。

5. 泥工

80~100平方米套型一般是一厨一卫一阳

台。泥工大约需要12天时间。

　　先对有防水要求的房间进行防水处理。一般厨房、卫生间、阳台都需要进行防水处理，处理完以后还需要做24小时养水试验，确定没有漏水，才可以进行下一个工序。

　　在这个期间可以进行塑钢门窗安装和防盗门安装。门窗的安装需要泥工收口。有些门窗还要泥工做石材的窗台或窗套。

　　接着就可以安装浴缸、贴墙瓷砖、铺地瓷砖和过渡石。

6. 木工材料

　　在泥工施工阶段，家装业主或材料员需要采购或供应木工材料。

　　家装业主或监理人员需要对这些材料的品牌、规格、数量进行验收，然后与施工员做好交接。

　　这些工作需要在木工进场之前完成。

7. 木工大轮廓制作

　　泥工施工完成之后需要进行验收，特别需要请木工参加。因为木工是在泥工的基础上进一步制作的，因此，基础做得好不好、对不对，好的木工一看就知道了。泥工没有到位的需要泥工整改。

　　木工大轮廓制作大约需要15天时间，如果是采用素地板的装潢方式需要增加4天时间。

　　木工大轮廓制作首先是隔墙、吊顶，接着是包门套、窗套，再制作固定家具、隔断装饰和木门安装。

　　大轮廓的制作决定家装的大效果，最关键的是把握尺度。

8. 木工收口

　　木工收口大约需要10天时间。

　　主要工作是贴面板和线条收口。面板是饰面用的，对视觉的作用很大。线条收口的作用是用装饰来掩盖缺陷。

9. 漆工材料

　　在木工进行的同时，要选购好漆工用料，在木工结束时进场验收。

　　如果是委托专业厂家定制厨具，可以在这个时候到现场进行测量。如果厨具是木工制作的话，则在上面的木工大轮廓阶段和收口阶段进行制作，工期增加2~3天。

10. 漆工

　　木工施工完成之后需要进行验收，漆工最好参与其中。因为漆工是在木工的基础上进一步制作的。木工没有到位的需要木工整改。

　　漆工整个工期大约需要20天时间。

　　第一个工序是点防锈漆。将铁钉暴露的地方点上防锈漆，以免今后铁钉发锈，影响效果。接着是补缝、贴防裂带。

　　紧接着需要把阴阳角做直，顶面、墙面腻子做平，家具油漆打底。

　　然后就是用涂料和面漆进行面涂。如果贴墙纸的话也在这个时候制作。

11. 设备、五金、灯具选购

　　在前道工序进行的时候需要将即将安装的家用设备、五金、灯具选购完成。

　　窗帘、移门等制作的测量也可以在这个阶段穿插进行。

12. 地面收尾

　　漆工基本完工之后，就可以进行地面清扫。接着进行地板和客厅等地砖的铺贴。这个过程需要5天时间。

　　面漆地板安装需要打地龙，整平，喷防虫剂，填干燥介质。接着就可以铺设地板。如果是铺设复合地板的话工序可以缩减2~3天。

　　铺设复合地板的前提是将地面整平。

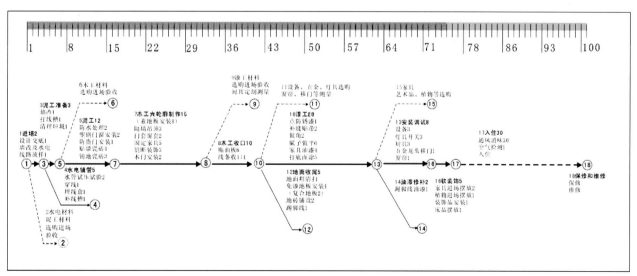

■ 图2-19　80~100平方米家装施工网络控制图

如果地砖铺设的工序放在最后的话，也在这个时候进行。优点是铺设的地砖不会被木工打碎，也不会被漆工污染。

最后安装踢脚线。

13. 设备安装调试

地面收尾完成之后就可以进行设备安装和调试了。

设备的安装涉及空调、热水器、厨房设备、卫生间器具、平板电视。灯具和开关面板的安装也可以在这个时候穿插进行。

定制厨具的安装也在这个时候进行。

这些安装与调试还会产生大量的灰尘。安装完成之后需要对浮尘进行比较彻底地清扫。

之后进行五金、龙头、移门、窗帘的安装。

14. 油漆修补

在上述工作进行过程中不可避免会出现某些易损部位的损坏。哪些是易损部位呢？主要通道周边和地面、柱墙的阳角、设备安装部位周边。这些易损部位被损坏之后需要进行油漆的修补。

墙面和家具的最后一涂也在这个时候进行。

因为踢脚线在最后才完工，所以需要重新油漆。这个工期需要3天时间。

15. 家具艺术品、植物等选购

在上一个工序进行的时候就可以选购合适的家具和艺术品、植物等。

16. 软装饰安装

在油漆修补完成并进行适当的保养后就可以进行家具、植物、艺术品的进场摆放，最后进行床品的摆放。软装饰完成后，整个家装工程就完成了。家装的效果也就完全表现出来了。

17. 入住

施工结束到业主入住至少搁置30天时间。不过这段时间是根据业主对空气环境的在意程度自由确定的。

家装公司一般建议业主不要少于30天通风消味的时间。通风消味主要手段有：开窗通风消味、植物吸收消味、专用化学品专业消味等。

入住前要建议业主进行空气质量检测，空气质量指标达标后才可以入住。否则可能会对业主的身体造成伤害。

18. 整体验收保修和维修

按道理讲，家装工程的整体验收是在入住之前进行的。但在实际的操作中整体验收往往是在油漆修补之后就进行了，后面的设备安装和软装饰一般交给业主自己打理。但这样做对家装设计师而言往往就会功亏一篑。它使得设计的效果大打折扣。在没有专业人员的指导下，软装饰阶段最会破坏整体效果。所以应该提倡家装设计师全过程控制，实现设计效果。

验收完成后就进入了保修环节。中华人民共和国建设部令第110号《住宅室内装饰装修管理办法》第三十二条规定：在正常使用条件下，住宅室内装饰装修工程的最低保修期限为二年，有防水要求的厨房、卫生间和外墙面的防渗漏为五年。保修期自住宅室内装饰装修工程竣工验收合格之日起计算。

在保修期内，发现了工程质量问题，家装公司需要及时对工程进行维修，而且维修费是由家装公司负担的。服务上乘的家装公司会给业主一本家装使用保养手册，关照业主合理使用，合理保养家装设施。过了保修期以后的出现工程质量问题，装修公司一般都会承诺进行终身维修，但维修发生的工料费需要业主自己承担。

2. 10. 2　设计效果控制

从图2-19可以看出家装施工的周期很长，一个中型的家装一般家装需要2~3个月的时间才能完成。大型家装的工期更长。设计师不可能天天盯着工程，但需要在一些关键环节对设计实施的情况进行把握和控制。图2-20表明了整个家装工程的关键点。这些关键点的控制要点如下。

1. 设计总体交底

设计总体交底并对泥工水电工分项交底。

检查放样情况，确保放样正确。

2. 检查墙改和水电线路走向和泥工施工情况

先检查墙改位置是否正确，然后检查水电线路走向和泥工施工情况。

给木工进行施工交底，确保放样正确。

3. 检查木工大轮廓

检查木工大轮廓情况，交代面饰和收口的注意要点。如果发现大轮廓有误，需要在面饰之前及时调整。

4. 检查木工面饰

检查木工面饰收口情况。

这时所有的硬装修已经定型，空间和界面效果已经呈现出来，设计师可以判断设计基本效果是否已经达到。

如果已经达到了预想效果，就可以进入下一个工序——对漆工进行施工交底。特别要给漆工确定色彩样板。

5. 检查漆工面饰

漆工施工基本完毕时，设计师要检查漆工面饰情况。主要检查配色情况，色彩复杂的设计尤其

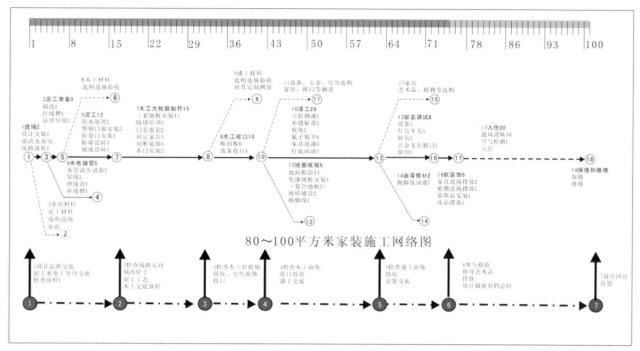

■图2-20　家装设计师关键工序控制点

要注意色彩的效果。色彩效果不理想的要检查原因，及时改正。

接着就可以进行设备设施等的安装交底。

6. 参与家装验收和指导软装饰

指导软装饰、艺术品、植物的摆放。

软装饰阶段十分关键，设计师要亲自控制。稍有闪失，设计效果就会大打折扣。软装饰的款式、尺寸、色彩、风格都是控制的关键。控制好了效果就会锦上添花，有的还会起到画龙点睛的作用。但控制不好，设计效果就会毁于一旦。

7. 设计总结

一个设计作品完成之后，设计师最好进行设计总结，并对作品进行摄影存档。一方面反思一下自己在这个工程中的经验教训，同时也为自己积累设计的经验资本。成功的案例可为今后招揽客户提供有力的佐证。

2.11　工程验收

工程验收是家装工程完工的一个必需的程序，是全面考核设计水平和施工效果的一个重要的步骤。通过验收，工程就可以交付给客户投入使用，家装公司也可以获得合同规定的报酬。

设计师必须参加家装验收。如果整个施工过程的设计师都很好地把握了，那么竣工验收就非

常轻松。如果设计师没有全程控制施工过程，竣工验收时设计师的任务就艰巨了。因为设计与施工毕竟是两回事，再仔细的图纸施工时也有可能走样，验收的时候一切都木已成舟了。如果因为造型、色彩出现问题，返工量就会很大。出现这样的问题就会产生责任纠纷。因为返工不但增加造价，而且耽误工期。所以这样的情况最好不要发生。

保修年限从验收合格之日起算。

2.11.1　验收的主体、方法

1. 验收的主体

（1）当事者验收。家装工程的验收由家装公司的设计师、监理或工长与客户一起共同进行，也就是由当事三方参与的验收。在没有纠纷的情况下，可以采用这样的方法。

（2）第三方验收。即由政府技术监督局认证的建筑质检站这样的专业检验机构来进行验收。如果家装公司和客户出现了矛盾，谁说了都不算，只好请第三方的检验机构进行验收。这样的验收是收费的，需要预先支付验收费用。

2. 验收的方法

（1）分步验收。这种验收方法就是每完成一个分项工程就进行一次针对性的验收。如隐蔽工程完工，就进行隐蔽工程的验收；防水工程完工就进行防水工程验收；中期工程完成就进行中期工程验收等。

采用这种验收的方法的优点是：及时发现装修缺陷，及时整改。如果出现问题，整改费相对较少。缺点是：程序比较复杂，工期有可能拖延。采用分项验收方法的家装工程在最后完工时也还有一个最终验收，但由于进行了分项验收，每个阶段的问题已经及时整改，所以最后验收就只是履

行一个手续。装修公司一般比较多的采用这种验收方法。

（2）竣工验收。这种验收方法就是在工程最后完工的时候对整个家装工程进行全面的验收。优点是程序比较简单，但一旦发现问题，整改起来就比较困难了。例如，在隐蔽工程上发现了问题，需要整改时就需要敲掉已经完工的吊顶或墙面，返工的量就大了。

2.11.2 验收的依据与步骤

1. 验收的依据

家装工程验收的依据主要有两类：

一类是家装公司与业主的各类约定。如家装设计文件、家装合同、工程预算，还包括施工过程中的一些验收单据、符合程序的变更文件。这些文件约定了施工方应该做哪些事。

另一类是事先约定的验收规范。国家或地方对家装工程的施工都发布了技术规范和验收规范。国家的如《建筑装饰装修工程质量验收规范》（GB 50210）；地方的如浙江省的《家庭装饰装修工程质量验收规范》（DB33/1022）等。究竟是采用国家的规范还是地方的规范，要事先约定。比较成熟的公司自己也有家装工程的验收标准，如果双方约定以此作为工程的验收标准也可以，但必须在施工合同中加以明确。

2. 验收的步骤

（1）准备相应的文件。工程验收时，必须准备好下列工程文件资料：

1）施工合同和工程预算单，工艺做法。

2）设计图纸，如施工中有较大修改，应有修改后的图纸。

3）工程变更单。

4）材料验收单。

5）隐蔽工程验收单。

6）如做了防水工程，需要提供防水工程验收单。

7）其他工程分项验收单。

8）工程延期证明单。

9）由于拆改墙体、水暖管道等，需提供物业公司、甲乙双方共同签字的批准单。

10）其他甲乙双方在施工过程中达成的书面协议。

这些工程文件均有法律效力。也许有一天，业主和家装公司发生争议而走上法庭时，这些文件均属于证据。

（2）查看工程设计效果。对照设计图纸，查看各个房间的设计效果是否与图纸一致，设计效果是否达到了图纸的要求。

（3）查看工程的施工情况。按照约定的验收规范，检验各个部分的施工情况和使用效果。例如，每个开关都要开启和关闭，每个插座都要检验是否通电，煤气、冷热水龙头、地漏、马桶、水斗等都要试用，门窗、固定家具、抽屉都要开关抽拉，地面、墙面、吊顶、油漆等要仔细观察，看是否达到了施工规范的要求。

2.11.3 验收中的注意要点

设计师是工程验收的主角之一，他的验收重点是与其他验收人员一起查看设计效果是否已经达到。到了这个环节，设计效果已完全呈现出来了，设计师可以向业主进一步解释自己的设计用心。因为，设计师的有些想法业主在图纸阶段或者是施工阶段是不能完全理解的。设计师一定要抓住机会向业主做充分的介绍。同时，设计师也要听取业主对设计不满意的地方或是设计缺陷的反馈意见，为设计总结收集第一手资料。

2.12 设计总结

2.12.1 设计总结的意义

1. 评估项目设计得失

一个有心的设计师会对每一个工程进行设计总结，要根据业主的要求从下列方面对设计进行全面评估：

（1）从总体效果评估。设计理念运用是否合适。

（2）从实际使用效果评估。功能设计是否符合业业主需要，考虑是否全面，哪个部分考虑得不够周到，哪个部分可以进一步改进，技术设计是否合理。

（3）从视觉效果评估。界面设计是否悦目，色彩配置是否协调，家具选择是否得当，软装饰配置是否协调，风格采用是否合适，家庭氛围是否温馨。

（4）从设计的效果评估。哪个部分的效果自己最得意，哪个部分业主最满意，自己的设计追求与业主的爱好之间是否实现了平衡，时尚展示到文脉延续是否实现了平衡。

（5）从施工效果评估。材料选择是否合适，构造设计是否得当，设备选择是否合理。

（6）从设计师的设计手段评估。设计是否有创新之处，有没有创造新的手法，是否体现了自己独特的设计个性。

（7）从设计师自己的职业经历评估。通过这个工程自己获得了什么新的体会，什么地方自己有了新的提高，什么部分留下了遗憾，什么地方是最失败的。

2. 设计能力提高的加速器

通过总结，分析反思自己设计工作的成败得失，为以后的设计积累经验。这是设计师自身提高最好、最实际的途径。

2.12.2　设计总结的形式

设计总结的形式不仅仅是一种思维活动，最好要形成具体的物质成果。成果的形式是多种多样的，主要有下列手段：

（1）通过摄影手段进行视觉效果评估。及时分类整理形成自己的案例集。

（2）通过工作笔记或日记的形式进行总结。为进一步的研究积累第一手的资料。

（3）为报纸杂志撰写专业文章。分析案例，介绍新的设计理念，展示成功的设计作品。

（4）对某个学术问题进行专题研究。撰写专著论文也是设计总结的一个形式。

（5）出版画册。设计师积累到一定程度，有了相当的成功案例，就可以考虑出版自己的成果画册，对自己的设计历程做一个回顾和总结。

2.12.3　设计回访

设计师最好在家装工程交付后的一定的时间内（一般是三个月到一年）对自己的客户进行回访。回访的形式主要是电话。如果是某种不期而遇，则要抓住机会进行面访。这样的面访十分自然。如果已经同客户成为朋友，那回访就可以不拘形式地进行。

设计回访是设计师提高水平、提高接单率的一个有效的方法。真诚的设计回访一方面可以给业主留下良好的印象，另一方面也可以进一步了解自己设计的得失，有助于设计师总结经验教训，提高自己的设计水平。

▶ **图片来源**

2-1~2-5　自绘
2-6~2-12　陆倍静，指导教师：段然、刘超英
2-13　堂燕空调
2-14~2-18　陆倍静，指导教师：段然、刘超英
2-19~2-20　自绘

第 3 章
家装设计师的法制意识

　　家装市场自发色彩很浓，开始时没有任何规章制度，更没有法律法规，基本是以家装游击队一统天下。所以这个市场特别混乱：野蛮装修是普遍现象，安全隐患比比皆是。许多百姓抱怨邻居们不顾安全，乱敲乱打。可是一旦自己参与了，一些野蛮的举动也照做不误。这些行为引起了很多人的恐慌，同时也引起了全社会的关注。经过长期的酝酿和斟酌，2002年3月5日建设部发布《住宅室内装饰装修管理办法》，同年5月1日起施行。虽然有了法规，但要真正执行，必须从源头抓起——家装设计师在家装设计环节要杜绝一切违法设计和不当设计，这样才可以真正消除野蛮装修，还人民群众一个安心、安全的家装环境。

3.1　主要的家装法规

3.1.1　家装行为规范类法规

1. 全国性法规

　　全国性的法规是国家法规制定部门根据我国的宏观情况制定的约束全国的法条。

　　规范家装行为的全国性法规主要有《住宅室内装饰装修管理办法》（建设部110号令）（以下简称《办法》）。它的颁布施行，从开工申报与监督、委托与承接、竣工验收与保修、室内环境质量、装饰装修活动的禁止性行为、法律责任等方面对住宅装饰装修的管理进行了明确的规定，系统地阐述了装修人（包括住宅产权人和住宅使用人）、物

业管理单位、装饰装修企业、设计单位、政府行政主管部门及有关管理单位在住宅室内装饰装修活动中的权利和义务。

　　《办法》分四部分，对住宅室内装饰装修进行管理。

　　第一部分明确了室内装修属于建筑活动，并解释了为什么说住宅室内装饰装修工程是建筑工程；企业应具备哪些条件才能够承接住宅室内装饰装修工程；装修人与装饰装修企业签订的书面合同包括哪些主要内容；住宅室内装饰装修工程质量如何控制；住宅室内装饰装修工程如何保修；室内环境质量如何控制等。

　　第二部分明确了装修中各主体之间属于什么关系。解释了物权在住宅装饰装修行为中如何体现；住宅产权人与非产权人的住宅装修人（即住宅使用人）之间是一种什么关系；住宅相互毗邻的所有人或使用人之间体现了怎样的一种相邻关系；装修人与物业管理单位之间是一种什么关系；装修人与装饰装修企业之间是一种什么关系；装修人与设计单位之间是一种什么关系；政府行政管理部门在装饰装修行为中的作用是什么。

　　第三部分明确了物管企业应为装修提供哪些管理和服务。并明确了物业管理单位提供装饰装修管理和服务的方式是什么；装修人为什么要缴纳管理服务费；物管单位对装修人、装饰装修企业违反《办法》和协议约定内容行为如何处理。

　　第四部分对政府主管部门提出了须加强对住宅装修的管理的要求，并明确了住宅室内装修涉及哪些主管部门和单位。指出了政府行政主管部门管理的侧重点是对房屋使用安全的维护，对装饰装修企业的管理，对物业管理企业的管理，对设计单位的管理。

　　应该说《办法》是规范家装活动的国家规章，也是进行处理家装违法活动时的执法依据。

2. 地方性法规

　　我们国家幅员辽阔，各地的情况千差万别，除遵循约束全国的法条规定外，各地还要在全国性法规的范围内制订符合当地实际情况的地方

法规和实施细则。身处地方的家装设计师在掌握全国性法规的基础上还必须掌握地方政府制定的地方法规。

制订装修地方法规的地方很多，相继制订家装管理办法的有江苏、河南、浙江、上海、广东、无锡、重庆、辽宁、沈阳、北京、成都、河北、湖北、广州、南通、安徽16个省市。例如，《江苏省住宅建筑装饰装修管理暂行办法》《河南省家庭居室装饰装修管理暂行办法》《关于进一步加强住宅装饰管理的通知》《上海市家庭居室装饰装修管理暂行规定》《关于加强广东省家庭居室管理工作的意见》等。

3.1.2 家装施工质量保证类法规

1. 全国性法规

（1）《住宅装饰装修工程施工规范》（GB 50327—2001）

该规范由建设部负责管理并对强制性条文进行解释，中国建筑装饰协会负责具体技术内容的解释。它是国家标准，自2002年5月1日起施行。它分十六个部分对住宅装饰装修工程施工材料、施工工艺进行了规范。

"第1章 总则" 说明了制定本规范的目的、适用范围和尚应符合的其他国家现行有关标准和规范。

"第2章 术语" 明确了其中一些术语的准确含义。

"第3章 基本规定" 对施工基本要求、材料、设备基本要求及成品保护进行的原则进行了规定。

"第4章 防火安全" 指出了住宅装饰装修材料的燃烧性能等级要求应符合现行国家标准《建筑内部装修设计防火规范》（GB 50222—1995）的规定，并对材料的防火处理、施工现场防火、电气防火、消防设施的保护进行了规定。

"第5章 室内环境污染控制" 明示了住宅装饰装修后室内环境污染物浓度限值。

然后分11个章节对防水工程、抹灰工程、吊顶工程、轻质隔墙工程、门窗工程、细部工程、墙面铺装工程、涂饰工程、地面铺装工程、卫生器具及管道安装工程、电气安装工程分一般规定、主要材料质量要求和施工要点三个部分对这些工程的质量进行了规范。

该规范是住宅装饰装修工程施工和验收最权威的依据。其中3.1.3、3.1.7、3.2.2、4.1.1、4.3.4、4.3.6、4.3.7、10.1.6为强制性条文，必须不折不扣地严格执行。

这个规范是处理家装工程质量纠纷的法定依据。

（2）《建筑内部装修设计防火规范》（GB 50222—1995）

该规范由公安部负责管理，具体解释工作由中国建筑科学研究院负责，出版发行由建设部标准定额研究所负责组织。自1995年10月1日起施行，是国家强制性规范。1999年4月13日建设部发布《工程建设标准局部修订公告》（第22号），通知各地"国家标准《建筑内部装修设计防火规范》由中国建筑科学研究院会同有关单位进行了局部修订，经有关

部门会审，已批准局部修订的条文，自1999年6月1日起施行，该规范中相应条文的规定同时废止。"这个修订后的国家标准是目前正在执行的标准。

该规范有两个重点：一是对各个使用部位和功能装修材料按燃烧性能进行了分类和分级，共分A不燃性、B₁难燃性、B₂可燃性、B₃易燃性四个等级。装修材料的燃烧性能等级，应按本规范附录A的规定，由专业检测机构检测确定。B₃级装修材料可不进行检测。二是对单层、多层民用建筑、高层民用建筑、工业厂房各部位装修材料的燃烧性能等级进行了规定。最后还对常用建筑内部装修材料燃烧性能等级进行了划分举例。

防火工作事关人的生命安全，设计师设计任何工程都要依据国家标准中列明的防火规范，否则就要承担相应的设计失误的责任，受到相关的责任追究。所以在进行具体的工程项目的设计时，必须查明相对应的阻燃等级和可以使用的材料，以便使设计符合规范的要求，顺利通过消防审查。

2. 地方性法规

制定了家装质量验收标准的有上海、北京、成都、武汉、深圳、沈阳、广州7个省市。

（1）北京市家庭居室装饰工程质量验收标准。北京市建筑装饰协会于1998年3月5日公布了《家庭装饰工程质量验收规定（试行）》，不仅在全国是创新，而且起到了示范作用。后又几经修改成为于2003年8月5日由北京市建设委员会发布的北京市地方标准《北京市家庭居室装饰工程质量验收标准》（DBJ/T01—43—2003），并于2003年10月1日实施。

（2）浙江省家庭装饰装修工程质量验收标准。2005年10月14日浙江省质量技术监督局10月13日批准发布了《家庭装饰装修质量规范》（DB33/1022—2005）的强制性地方标准，该标准于2006年1月1日正式实施。

该标准操作性很强。它主要规定了家庭装饰装修中抹灰、门窗、吊顶、轻质隔墙、镶贴、涂饰、裱糊、细木制品、电气、管道安装和卫生器具等工程与空气的质量要求和检验方法，其中电气工程、管道安装和卫生器具工程及室内空气质量等涉及人身健康和财产安全的项目在标准中被定为强制

性条款。标准中还对家庭装饰装修的保修期作了明确规定:在正常使用条件下,家庭室内装饰装修工程的最低保修期限为2年,有防水要求的厨房、卫生间和墙面的防渗漏最低保修期限为5年。同时它还明确了家装工程的检验办法。

3.1.3　环境控制类法规

国家在空气环境控制方面国家有两个法规,一是建设部颁布的 GB 50325—2010,另一个是环保总局和卫生部颁布GB 18883—2002。那么我们家装工程究竟应该采用哪个标准呢?这就要我们仔细解读一下它们的区别。

1.建设部颁布的《民用建筑工程室内环境污染控制规范》(GB 50325-2010)

该规范 6.0.4规定"民用建筑工程验收时,必须进行室内环境污染物浓度检测。其限量应符合表6.0.4的规定。"这是强制性标准。工程竣工后必须进行空气质量检测,需检测5项指标,家装取值是I类民用建筑,见表3-1。

表3-1　民用建筑工程室内环境污染物浓度限量

污染物	I类民用建筑工程	II类民用建筑工程
氡(Bq/m³)	≤200	≤400
甲醛(mg/m³)	≤0.08	≤0.1
苯(mg/m³)	≤0.09	≤0.09
氨(mg/m³)	≤0.2	≤0.2
TVOG(mg/m³)	≤0.5	≤0.6

2.环保总局和卫生部颁布的《室内空气质量标准》(GB 18883—2002)

这个标准不是用来约束建筑商和装修商的。它在"1.范围"就开宗明义:"本标准规定了室内空气质量参数及检验方法。""本标准适用于住宅和办公建筑物,其他室内环境可参照本标准执行。"也就是说它是可以用于检测住宅和办公建筑物空气环境质量的,但不是强制性标准。老百姓可以依此标准进行室内空气质量检测,全面衡量室内空气是否达到环保标准。它有19项指标,见表3-2。

表3-2　室内空气质量标准

序号	参数类别	参数	单位	标准值	备注
1	物理性	温度	℃	22~28	夏季空调
				16~24	冬季采暖
2		相对湿度	%	40~80	夏季空调
				30~60	冬季采暖
3		空气流速	m/s	0.3	夏季空调
				0.2	冬季采暖
4		新风量	m³/(h·p)	30a	
5	化学性	二氧化硫SO₂	mg/m³	0.50	1小时均值
6		二氧化氮NO₂	mg/m³	0.24	1小时均值
7		氧化碳CO	mg/m³	10	1小时均值
8		二氧化碳CO₂	%	0.10	日平均值
9		氨NH₃	mg/m³	0.20	1小时均值
10		臭氧O₃	mg/m³	0.16	1小时均值
11		甲醛HCHO	mg/m³	0.10	1小时均值
12		苯C₆H₆	mg/m³	0.11	1小时均值
13		甲苯C₇H₈	mg/m³	0.20	1小时均值
14		二甲苯C₈H₁₀	mg/m³	0.20	1小时均值
15		苯并[a]芘B(a)P	mg/m³	1.0	日平均值
16		可吸入颗粒PM10	mg/m³	0.15	日平均值
17		总挥发性有机物TVOC	mg/m³	0.60	8小时均值
18	生物性	氡222Rn	cfu/立方米	2500	依据仪器定b
19	放射性	菌落总数	Bq/立方米	400	年平均值(行动水平c)

a.新风量要求≥标准值,除温度、相对湿度外的其他参数要求≤标准值。
b.见附录D。
c.达到此水平建议采取干预行动以降低室内氡浓度。

两部标准经过对比,检测条件和核心指标有以下区别,见表3-3。

表3-3　GB 50325—2010和GB 18883—2002检测条件和核心指标对比表

污染物	建设部GB 50325—2010		环保总局和卫生部 GB18883—2002
	I民用建筑	II民用建筑	
氡(Bq/m³)	≤200	≤400	≤400
甲醛(mg/m³)	≤0.08	≤0.1	≤0.1
苯(mg/m³)	≤0.09	≤0.09	≤0.1
氨(mg/m³)	≤0.2	≤0.2	≤0.2
TVOC(mg/m³)	≤0.5	≤0.6	≤0.6
检测条件	关窗1小时		关窗12小时
结论	2~4项要求高,但检测在关窗1小时后进行,关窗时间短		2~4项要求高,但检测在关窗12小时后进行,关窗时间长

相比之下还是建设部颁布的《民用建筑工程室内环境污染控制规范》(GB 50325—2010)要求高一点。但环保总局和卫生部颁布的《室内空气质量标准》(GB 18883—2002)指标比较全面。用于家装工程的空气质量验收应该用GB 50325—2010,如业主自己对空气质量要求较高的话还可以参考GB 18883—2002。最好是在关窗12小时的情况下,达到GB 50325—2010的指标。

家装的污染问题历来是用户投诉的热点。室内污染引起的主要健康危害为多系统、多脏器、多组织、多细胞、多基因损害,如辣眼睛、流泪、咳嗽、胸闷等皮肤刺激症状;头痛、失眠、记忆力下降等神经、精神症状;鼻咽、肺、皮肤、血液癌症;基因、染色体等突变;过敏、哮喘等致敏作用和变态反应;免疫力下降;建筑病态综合征等。更为严重的是,当得知自己的家里被检测出各种污染物后,许多人心理负担明显加重,出现了抑郁症、多疑症等心理疾病,其中10%~15%的人心理问题严重。

因此,家装设计师要充分重视家装的环境质量问题。

3.1.4 其他法规

1.《中华人民共和国合同法》

(以下简称《合同法》),该法1999年3月15日由第九届全国人民代表大会第二次会议通过,自1999年10月1日起施行。《中华人民共和国经济合同法》《中华人民共和国涉外经济合同法》《中华人民共和国技术合同法》同时废止。

《合同法》的制订是为了保护合同当事人的合法权益,维护正常的社会经济秩序。家装是家庭生活中的重大经济活动,因此,合同当事人的所有的活动也必须依照合同法,签订法律地位平等的经济合同。当事人应当遵循公平原则确定各方的权利和义务。并按照诚实信用原则行使权利、履行义务,受法律约束和保护。

各地工商管理局为了规范家装市场的经营行为,减少装修合同纠纷的发生,都依据《合同法》制订了家庭装修样板合同。如最新版的《北京市家庭居室装饰装修工程施工合同》(2013年修订版)2014年1月1日正式启用。

2.《中华人民共和国反不正当竞争法》

该法在1993年9月2日经第八届全国人民代表大会常务委员会第三次会议通过。国家颁布该法是为了保障社会主义市场经济健康发展,鼓励和保护公平竞争,制止不正当竞争行为,保护经营者和消费者的合法权益。

该法所称的不正当竞争,是指经营者违反本法规定,损害其他经营者的合法权益,扰乱社会经济秩序的行为。不正当竞争行为的表现:

(1)假冒他人的注册商标。

(2)擅自使用知名商品特有的名称、包装、装潢,或者使用与知名商品近似的名称、包装、装潢,造成和他人的知名商品相混淆,使购买者误认为是该知名商品。

(3)擅自使用他人的企业名称或者姓名,让人误认为是他人的商品。

(4)在商品上伪造或者冒用认证标志、名优标志等质量标志,伪造产地,对商品质量作让人误解的虚假表示。

(5)经营者不得采用财物或者其他手段进行贿赂以销售或者购买商品。在账外暗中给予对方单位或者个人回扣的,以行贿论处;对方单位或者个人在账外暗中收受回扣的,以受贿论处。

(6)经营者销售或者购买商品,可以以明示方式给对方折扣,可以给中间人佣金。经营者给对方折扣、给中间人佣金的,必须如实入账。接受折扣、佣金的经营者也必须如实入账。

(7)经营者不得利用广告或者其他方法,对商品的质量、制作方法、性能、用途、生产者、有效期限、产地等作让人误解的虚假宣传。

(8)以盗窃、利诱、胁迫或者其他不正当手段获取权利人的商业秘密。

(9)披露、使用或者允许他人使用以前项手段获取的权利人的商业秘密。

(10)违反约定或者违反权利人有关保守商业秘密的要求,披露、使用或者允许他人使用其所掌握的商业秘密。

(11)经营者不得以排挤竞争对手为目的,以低于成本的价格销售商品。

(12)经营者销售商品,不得违背购买者的意愿搭售商品或者附加其他不合理的条件。

(13)经营者不得捏造、散布虚伪事实,损害竞争对手的商业信誉、商品声誉。

3.《物业管理条例》

该条例第1版标志着中国物业管理步入法制化轨道,对规范物业管理、维护业主权益具有重要意义。2007年10月1日修订版发布,使用至今。

住宅室内装饰装修管理是物业管理的基本内容和重要组成部分。从开工申报到竣工验收,物业管理始终贯穿于住宅装饰装修的各个环节中。需要明确指出的是,物业管理单位实施的不是行政管理,没有行政处罚权。

3.2　掌握原则、依法行事

3.2.1　安全第一原则

安全是头等大事,《住宅室内装饰装修管理办法》第一章第三条规定:住宅室内装饰装修应当保证工程质量和安全,符合工程建设强制性标准。

家装设计和施工容易导致危险的部位、部件、材料:

1. 阳台

高层住宅的阳台是一个容易出危险的部位,尤其对儿童,要有坚实的防范措施。

2. 卫生间

有些不是框架结构的房子,特别是高龄二手房,由于卫生间先天设计的比较小,许多用户为了扩大卫生间,把其中的承重墙劈去一半,对结构造成危害。

3. 承重墙、剪力墙

许多人对空间的要求是没有止境的,即使在空间足够的情况下,有些用户还会为了实现某种效果,打承重墙和剪力墙的主意。在上面开窗挖洞,有的甚至想把它拆除,这会对房屋整体的承重结构造成严重的影响。

4. 楼梯

楼梯空间能够激发设计师无穷的想象力。有些夸张的想象,为了追求空灵的效果会舍弃坚实的支撑,因而有可能产生安全问题。设计师需要追求创意与安全之间的平衡。

5. 护栏

护栏一般出现在危险部位,护栏本身的结构必须坚固。有些铁艺造型很浪漫,但有许多尖锐的构造,需要注意不要让这些锐利的东西伤害到使用者。

6. 高龄二手房

八十年代造的商品房普遍质量比较差,砌墙的砂浆里没有多少水泥,经过时间的磨砺根本就像散沙一样,墙里面的砖头有些也是空心的。装修这样的房子尤其要注意承重墙不能碰,碰到质量特别差的房子还应该做房屋构造的加固。

7. 水、电、气

水、电、气是最容易产生安全问题的隐蔽工程,对这些,不内行的家装设计师千万不要不懂装懂,应该让有资质的专门设计师去进行专业设计,以免留下隐患。

8. 玻璃

玻璃本来很少应用在家装的构造里面,除了窗以外。可是现在为了追求时尚,各种各样的玻璃出现在各种各样的构造上,有的甚至用在楼梯的踏板上和地面铺装上。但玻璃毕竟是易碎品,尽管用在这些部位的玻璃经过了钢化,还是有必要照顾到某些人的心理感受,如年纪比较大的业主。其他如大面积地采用玻璃构造也要注意设计必要的防护。对某些使用率很高的部位和构件,还是尽量避免使用玻璃。儿童和老年人使用的房间也要尽量避免使用玻璃,以免造成意想不到的危险。

3.2.2　合情、合理、合法原则

早期家装市场多数"设计师"是一些没有建筑结构知识、半路出家的"画家",多数工匠是对业主百依百顺的"大胆"之徒。他们在业主和"设计师"的指挥下,没有任何约束地改变房屋结构,肆无忌惮地增加建筑的承重,甚至敢于拆除承重墙。业主的有些要求,对设计师来说比较为难,因为遵从了业主肯定要违反有关的规定,而拒绝了业主的要求有可能失去业务。这就尤其需要设计师把握原则,合情、合理、合法地进行处理。

如有些业主提出打掉承重墙的要求,其本意是为"更有效地利用空间"。但业主想出的办法是扩大空间的"绝对"办法,可是懂得专业知识的设计师可以提出"相对"的扩大空间的办法,如利用错觉、利用色彩、利用镜子的反射,在心理上扩大空间;还可以设计出小巧玲珑的家具或构造来扩大空间的感觉;通过巧妙地改变格局来避免采用过激的空间处理手段。

但是如果业主坚持不合理的要求,设计师可以向业主讲明采用这些手法的危害,让业主自己在安全与设计效果之间做选择,并让其对设计的后果承担责任,例如让其签下后果自负的承诺书。在这种情况下,一般业主还是会放弃这样的要求。

3.2.3　杜绝违法设计和不当设计原则

1. 杜绝违法设计

什么是违法设计?违法设计就是设计行为违反了国家或地方制定的相关法律、法规、标准。如没有设计资质的人从事有设计资质要求的活动也是违法设计,即使他完全具有相应的知识。当涉及"住宅室内装饰装修超过设计标准或者规范增加楼面荷载的,应当经原设计单位或者具有相应资质等级的设计单位提出设计方案。"家装设计师不能从事这类设计,这是《住宅室内装饰装修管理办法》第二章第七条的规定。

（1）必须禁止的装修行为。

1)未经原设计单位或者具有相应资质等级的设计单位提出设计方案,变动建筑主体和承重结构。

2)将没有防水要求的房间或者阳台改为卫生间、厨房间。

3）扩大承重墙上原有的门窗尺寸,拆除连接阳台的砖、混凝土墙体。

4）损坏房屋原有节能设施,降低节能效果。

5）其他影响建筑结构和使用安全的行为。

6）应该采用阻燃的装修材料而没有采用相应的材料。高级住宅的装修材料阻燃要求是B1级,所有的材料应在B1级的清单中选择。这是《建筑内部装修设计防火规范》中有明确要求的。

这里所称建筑主体,是指建筑实体的结构构造,包括屋盖、楼盖、梁、柱、支撑、墙体、连接节点和基础等。这里所称承重结构,是指直接将本身自重与各种外加作用力系统地传递给基础地基的主要结构构件和其连接接点,包括承重墙体、立杆、柱、框架柱、支墩、楼板、梁、屋架、悬索等。

（2）必须经过批准的家装行为。

1）搭建建筑物、构筑物。

2）改变住宅外立面,在非承重外墙上开门、窗。

3）拆改供暖管道和设施。

4）拆改燃气管道和设施。

以上是《住宅室内装饰装修管理办法》第二章第五条中规定。

2. 杜绝不当设计

什么是不当设计? 不当设计就是从专业角度看明显不合理的设计行为。虽然没有违法,但会对使用人造成使用不便、不舒适,甚至造成安全隐患,以下列举一些不当设计的表现:

1）应该做防水设计的部位在设计中没有提出防水要求。

2）应该考虑节能要求的部位没有作节能的技术处理。

3）应该达到照度要求的部位没有达到相应的照度标准。

4）需要隔音的部位没有作适当的隔音处理。

5）只顾室内效果而影响了外墙的统一和美观。

6）违反人体工程学要求的设计。

7）应该采用环保设计的技术手段却没有采用。

8）应该考虑健康设计的部位却没有考虑。

9）在儿童和老人居室没有考虑居住者的特殊要求等。

不当设计行为在当前的家装设计中大量存在,要消除这些行为主要靠设计师不断总结思考,不断积累设计经验,不断提高设计素质和修养。

3.2.4   事先约定原则

家装设计师在设计方案中引用相关法规,确定验收标准,一般应采用全国性的法规。当然也可采用当地政府颁布的法规 。究竟采用什么法规,要与业主事先约定,这样才可以避免不必要的法律纠纷。跨区域采用地方法规应坚决避免。

第2篇　破解家装业主、房屋、市场的密码

家装设计师究竟为谁工作？答案有三：

一是为自己工作。对！当然应该为自己的前程和理想打拼！

二是为自己的公司工作。也对！公司付给我工资，我就应该为它创造价值！

三是为业主工作。更对！业主是设计师和公司的业务来源，当然也是利润来源。

三个答案分别揭示了家装设计师工作的目标逻辑、道义逻辑、生存逻辑。但如果联系起来看，只有解决了生存的问题，才有可能解决比生存更高层次的问题。因此，只有把业主服务好了，才有实现其他目标的可能。如何吸引业主、留住业主，关键是了解业主！怎样才能达到目的呢？

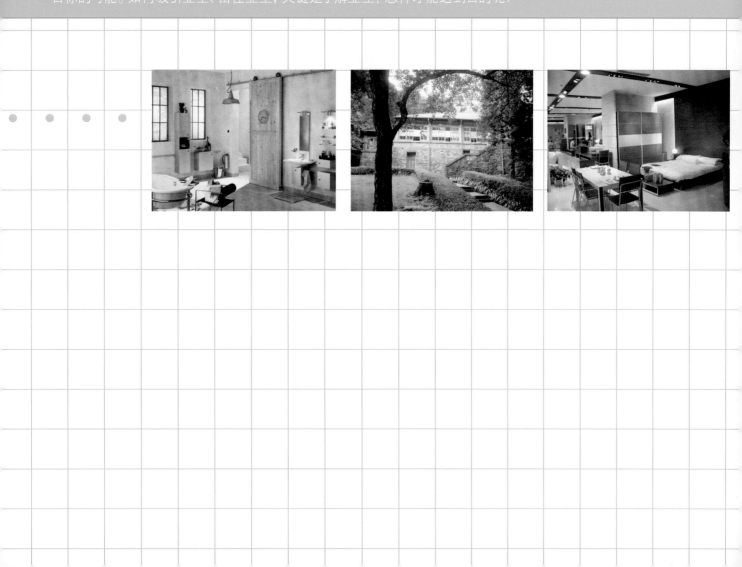

第 4 章

家装业主的密码

对设计师而言，业主几乎都是陌生的，不可能有那么多的熟人成为自己的客户。而设计师接触业主的时间是有限的，交往的深度也受到限制。有些想了解的重要信息恰恰涉及业主的隐私，还不能直截了当地发问。因此，业主真正的想法和喜好是一道难以破解的复杂而神秘的题目。如果能正确地解开这道题目，就能将业主的家装业务揽到自己的手中。但对设计师来说，这道难解的题目必须破解！如何着手破解这道题目呢——

4.1　获取足够的业主信息

获取足够的业主信息是家装设计的前提。家装设计不同于一般的艺术创作，它是接受业主委托，并且以业主的家庭生活为基础进行的设计创作。它的最主要的目的是使业主一家在自己的生活空间里舒适地、高质量地生活。因此，了解业主家庭的需求成为设计师要做的第　件重要的事情。只有当设计师充分了解了业主的物质和精神的需求，才能有的放矢地提出合理的设计主张。

获取足够的业主信息，要注意"足够"两字。这两个字包含的意义有：

1. 要获取业主全家的信息

签家装设计委托合同的业主一般只有一个，但这并不表示业主只有一个。签合同的业主是业主代表，他代表的是他的家庭。所以，在跟业主接触的时候，不要只关注业主代表一个人的要求，而是应该关注他们全体家庭成员的要求。有的业主代表在与设计师交谈时会介绍他们家其他家庭成员的要求，设计师要注意仔细倾听。有的业主在表达其要求时可能词不达意，这时设计师要巧妙设计不同的问题，从各个方面了解业主家庭的生活习惯和兴趣爱好。

2. 要获取有用的业主信息

有用的业主信息指对其家居设计有关的信息，主要是指业主的家庭成员情况，包括年龄、性别、婚姻状态、职业、经济收入水平、兴趣爱好、个人生活习惯、宗教信仰等。这些信息在很大程度上涉及个人隐私，有的还比较敏感。因此，业主在披露这些信息时是有顾虑的。所以设计师了解这些信息时要注意分寸，不能连续发问，既要尊重客户隐私，又要得到关键信息。譬如，在问业主的职业时，只要问从事的行业，不必问具体的工作单位。了解业主的年龄只要观察就可，要问也只要问一个区间。譬如，孩子在上高中？在了解业主的收入水平时也只能旁敲侧击，不能直接问业主家庭的年收入。只要能够判断业主的收入水平在哪个层次就可以了。在涉及业主敏感的私人信息时，设计师一定要恪守职业道德，为业主的个人信息保守秘密。

小贴士

请业主填写《设计信息摸底表》是一个了解业主信息比较实用的办法，通过这个环节，可以了解到业主大部分有用的设计信息。业主信息摸底表详见本章附录4.8.1。

1. 业主的想法

业主对自己房子的装修一定经过长期的酝酿和思考，有很多想法和愿望。但业主的表达能力是不一样的。有的善于表达，能把自己的想法表达清楚；有的不善于表达，自己怎么想的说不出来，表达的想法可能很笼统，很不具体，表达也很不专业。但不管怎样，这些想法很重要，它包含了业主潜意识里对家装的理想。

小贴士

通过主动引导，如给业主看不同风格的家装图片，让业主指出喜欢的样式就可知道业主的喜好。

2. 业主的职业

设计师并不需要知道业主具体任职的公司或机关，但必须知道业主及其家庭成员从事的职业，例如是公司职员、艺术家、运动员、企业家或者是一名老师。为什么要关心这点呢？因为不同的行业，有着其行业特点。俗话说"三句不离本行"，就是这个道理。例如，任公务员的业主不希望自己的家像办公室一样；当医生的业主不希望回到家看到自己家的色彩和医院病房是一样的。

小贴士

交换名片是获取业主信息的好方法，初次见面互换名片，既礼貌也自然。

3. 家庭成员

一般家庭都会有两名以上的家庭成员，房子的装修必须把所有的家庭成员的情况都考虑进去。如果家里有婴幼儿，那么在一些装修项目的设计时就得考虑安全方面的因素。如现在一些楼宇阳台栏杆很矮，杆间距很大，有可能出现安全隐患，设计时就需要对这些设施进行改造。

小贴士

还需要了解业主家的特殊成员，这主要是指宠物。很多有宠物的客户，往往会把它们视为家庭的特殊成员，在装修中，要把它们的因素也考虑进去，为它们营造一个"温馨的小窝"。

4. 个人爱好

这是指一些平常的爱好，例如对色彩的喜好，特别喜欢或特别讨厌哪一类的色彩。例如蓝色，对于不少人来说是使其神智清爽的好颜色，但有些人却认为它过于冷静，容易使人产生消极的感觉。还有一些人会对特定的图案有特殊的反应。对这些要留意了解。

小贴士

了解业主的嗜好，这是指的一些与众不同的爱好。例如，有些业主是博物型的，喜欢收藏钟爱的物品；有些还喜欢把其中的一些精品展示出来。例如，有一个客户收藏玉器不下千件，客厅就要放着几件名贵的玉雕，需要为其设计气派的展合。

5. 生活习惯

这是指日常的一些生活习惯。例如，注重健身的人会在家里放置一台跑步机；又如游戏玩家，家里就要为这一生活习惯配置相应的功能设施和专用空间。

6. 特殊家具

如果业主有三角钢琴之类的大件家具，那么在开始设计时，就需要把它的安放位置考虑进去。除此之外，现有的家具如果以后还要用的话，也要考虑放在什么位置，是否需要改造等问题。

7. 避讳事宜

每一个地方的人都有可能有一些习俗上的避讳。例如，广东，很多人讳忌在门口放置镜子之类的装饰，也有一些地方的人对诸如蝴蝶之类的图案有讳忌等。

8. 宗教信仰

也许有一些业主会有特定的宗教信仰，或者是基督教徒，或者是伊斯兰教徒。在很多地方有供奉先人的习惯，这是出于对先人的尊敬而不是一种宗教信仰。当然也有一些地方的人基于传统习俗，供奉关公像、观音菩萨等。对这些情况要特别给予关注，因为这涉及业主的精神生活，要百分之百地听从业主的意见。

在获得这些资讯后,成熟的设计师都会有一种大概的想法。好的设计师可以马上用草图将设想勾勒出来。在经过业主认可后,进行下一步的设计,那么就能减少很多无用功了。

4.2　正确判断业主的类型

采用什么装修风格?定位在哪个装修档次?这是两个最难回答的问题。要回答这两个问题就要对业主的类型进行判断。那么怎样判断业主呢?

判断业主的类型除了提问或填表以外,更主要的是通过业主外表、居住小区、车子等各种外在要素的观察分析,得出一个大致的结论。尽管这些信息也有可能误导我们,但总的说来有助于我们的判断。

4.2.1　观察外表——人可以貌相

俗话说:"人不可貌相",此话是人际交往中对以貌取人的人所发出的忠告。在人生旅途上,这句话可以说是一个颠簸不破的真理。但在家装设计领域,设计师观察客户、判断客户大可以貌取人!因为,家装设计的核心内容是家居的功能和形式设计,客户是什么品位,钟情什么形式,喜欢什么风格,这些都可以从客户的外貌和衣着打扮等蛛丝马迹中观察分析出来。

小贴士

外表与设计风格的关系

一个衣着讲究的人,只要条件许可,其家居也一定讲究。

一个衣着牛仔风格的人,其家居设计可以尝试粗野风格。

一个衣着休闲的人,其家居设计可以尝试乡村风格。

一个衣着前卫的人,其家居设计可以尝试新潮前卫。

一个衣着简约得体的人,其家居设计可以尝试现代风格。

一个衣着雍容华贵的人,其家居设计可以尝试欧式贵族风格。

一个衣着小资情调的人,其家居设计可以尝试浪漫的时尚风格。

例如"长衫"先生,奉行国学,身着长衫马褂。如果他的家居需要装饰,不用听他表白,其家居设计的形式就应该是采用中式风格。至于是楚汉的浪漫风格,高古空灵的明式风格,细腻华贵的清式风格,错彩镂金的宫廷风格,还是芙蓉出水的民居风格,这就要通过其他途径,细细猜度。但可以肯定,绝对不能弄出一个时尚的现代风格来。又如陈道明和胡兵两个人都是明星,他们的外形风格是完全不同的。其价值取向和家居风格也肯定不同。陈道明是演艺界的才子,文化底蕴比较深,其家居设计一定要有通古达今的深厚的文化氛围,见图4-1。而胡兵则完全是个时尚人物,其家居设计一定要多多运用时尚元素,见图4-2。

■ 图4-1　走东方文化路线的书房设计

■ 图4-2　时尚路线的书房设计

伦敦大学教授理查德•韦伯在《你的客户住在哪里》一文中说："城市居住区的功能就像品牌一样，能将地位和身份赋予它的居民。"在这篇论文中他把居住类型描述为"马赛克组群"。根据中国的具体情况，他划出34个马赛克组群，见图4-3。国之精英、中产阶级、老区风貌、长者旧居、新区中年、新区青年、外地民工、转型农村、传统农村、青年社群都居住在不同阶层的不同社区，对我们判断业主的情况有所帮助。一个住得起价值300万元房子的业主，花30万元对其房子进行装修是理所当然的。而一个花30万元买房子的业主，则不太可能按10万元的标准进行家庭装修。

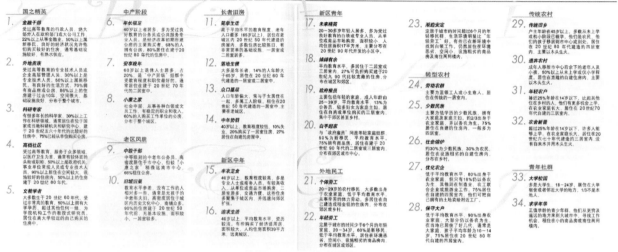

■ 图4-3　中国的34个马赛克组群

在观察业主住什么房子的时候还要设法留心下面两个信息：

1. 什么时候买的房子

例如是否在房价暴涨之前买的房子。2013年的房价是18000元/平方米，而在2009年购买时其房价只有9000元/平方米，甚至更低。那么尽管他现在的房子价值大大升高了，但可能他并没有足够的实力做豪华的装修。如果他是个炒房族，那就另当别论。

2. 是否按揭购房

因为负债购房，业主还贷的压力还很大，他就不怎么会放开手脚进行高档装修。如果贷款压力已经不大了，则还是有可能进行比较好的装修。

有些业主有自己的汽车。汽车是高价生活用品，因此在选择汽车时一般比较慎重，多数经过全家长时间的酝酿，最终选定的汽车是全家人的共同选择。因此从业主使用汽车可以看出业主家庭的收入水平，同时也可以从一个侧面看出业主家庭的生活态度、审美爱好和生活品位。

2014年11月26日胡润研究院首次发布《2014中国豪华车品牌特性研究白皮书》（Luxury Car Brands in China 2014）。这是首个经过系统调查研究产生的豪车车主和品牌标签报告。胡润研究院选取了奥迪、宝马、奔驰、雷克萨斯、沃尔沃、路虎、凯迪拉克和英菲尼迪8个在华最具代表性、市场覆盖较广的豪华车品牌，展示豪华车车主特征，各大品牌车主形象以及品牌形象的区别。以下选取最为大家熟悉的BBA加以说明：

奔驰车主：企业家、高品位、成功。

公众观点：奔驰车主被认为是企业家、高品位、成功的。

车主自评：社会身份、生活态度与公众观点较一致。

基本状况：中性偏男性，年龄不限偏年长，学历不限偏高学历。

社会身份：企业家；全职太太。

性格特征：成熟、稳重、讲究排场、讲究品位、有责任感。

生活态度及价值观：成功的、受人尊重的、阅历丰富；不够热爱运动和户外活动、不崇尚自由。

定性摘录："开奔驰的人可能是高官，或者这个人在某个领域是很好的。"见图4-4和图4-5。

■ 图4-4　奔驰 GLC COUPE车型

■ 图4-5　奔驰SLK车型

宝马车主：注重物质、炫富、讲究排场。

车主自评：中小企业家和外企中高层是他们的主要身份，生活态度更积极进取、热爱生活。

公众观点：暴发户、注重物质、炫富、讲究排场。

基本状况：中性偏女性，年龄不限偏年轻，学历不限偏高学历。

社会身份：暴发户、富二代、全职太太。

性格特征：高调张扬、注重物质、关注个人、活泼、乐享其成、缺乏责任感。

生活态度及价值观：炫富、跟随潮流；家庭观较淡、阅历不够丰富。

定性摘录："宝马适合年轻人开，还有一些创业的、运动的、张扬的、比较喜欢炫富的。"见图4-6。

奥迪车主：政府官员、成熟、有阅历。

公众观点：政府官员、成熟、有阅历的，而且政府官员这一形象是所有车主形象中表现最为鲜明的，除了这些都普遍认可的社会身份外。

车主自评：本身认为白领也是一个主要的身份，生活态度更积极进取、热爱生活。

基本状况：中性偏男性，年龄不限偏年长，学历不限偏高学历。

社会身份：政府官员、国企中高层、公务员。

性格特征：成熟、稳重、优雅、有责任感。

生活态度及价值观：阅历丰富的、希望得到社会认可的、注重生活品质；不够热爱运动和户外活动，开车不是为了追求驾驶乐趣和速度感，不炫富，不酷，较少个人主义。

定性摘录："开奥迪的可能被社会说是贪污腐败的、模仿政府官员的。"见图4-7。

关于这三款车子的家装风格建议：以上是对一个品牌的综合判断，具体到每一款品牌，还要注意观察看该车在该品牌中的档次和付款情况。BBA入门级的车子大概在20～30万，而高端的车价则可能数倍于此，甚至于10倍的差价。贷款购车与一次性付款更是决定了车主的经济实力，贷款购车的BBA车子首付甚至低于10万。所以，在这些车主中，有些确实很有实力，有些却未必。这里给出以下建议，见表4-1。需要说明的是这些都是概念化的建议，具体还要通过设计师与业主的巧妙沟通，准确获得业主的装修意向。

■ 图4-6　宝马跑车

■ 图4-7　奥迪A1车型

表4-1 　　BBA车主家装风格建议表

品牌	车型	可尝试的家装风格
奔驰	入门型	精致的小资风格, 如地中海、艺术浪漫
	豪华型	正宗的贵族风格, 如巴洛克、洛可可、古典英国、古典美式
宝马	入门型	华丽的时尚风格, 如简欧、新中式、北欧
	豪华型	显著的奢华风格, 如华丽风格、贵族风格
奥迪	入门型	相对清爽稳重的风格, 如新中式、简欧、北欧
	豪华型	低调的奢华风格, 如明代中式、清代中式、古典欧式

小贴士

制作"使用者的情况分析表"

对业主的情况有了确切的了解之后设计师可以做一个归纳的表格, 这样可以简洁明了地反映业主对家居设计的要求, 对设计具有指导意义。请见表4-2的案例。

表4-2 　　事业单位+公务员组合家庭业主情况分析表

评估内容	设计要求
家庭类型	三口之家, 收入固定、丰沛
成员情况	中年, 男主人大学教师, 女主人公务员, 儿子重点初中
交往情况	经常有客人来访 (学生多)
主要使用者情况	男主人工作弹性强, 在家时间比较多, 外面有兼职, 需要工作室
必须的功能配置	家庭影院、6座以上的座位、有第二个谈心区、电脑上网
附加的功能配置	起居室要有健身设施和空间
对文化的要求	夫妻文化程度高, 品味比较高雅, 喜爱传统文化
特殊爱好	有收藏爱好
心理价位	总造价20万元左右, 每平方大约花费1500元
喜欢什么风格	自然休闲+现代简约
客厅的功能意向	欣赏家庭影院、谈心、招待客人、舒服地休息、卡拉OK、休闲阅读、喝茶、侍花弄草、展示藏品、展示藏书
主卧的功能意向	看电视, 在床上做事 (写作等) 床上娱乐、落地窗前休闲、走入式衣帽间
书房的功能意向	可供3人使用的大面积书桌、大容量的藏书、先进的电脑及外设、好友交谈的位置
主卫的功能意向	长时间木桶泡澡、看电视、看书
厨房的功能意向	有美食爱好, 对菜肴有研究, 希望有岛式操作台
家具制作、选购意向	主要选购成品

4.3 　业主的家装目的及家装心理

4.3.1 　业主的家装目的

1. 用于自住——设计要点: 讲究、实用、货真价实

多数房子的装修都是以自住为目的的。有的人在装修时他的内心的

想法是:"这辈子就是它了", 所以得用心布置, 仔细打造。

2. 用于出租——设计要点: 干净、耐用、实惠、感觉高档, 花费低价

出租房现在是个大市场, 有需求, 有供应, 有市场。但在出租市场上有这样一个现象: 装修讲究、感觉好的房子租价就高, 并且出租方便; 没装修的房子或装修比较差的房子, 租价就低, 并且出租困难。因此, 现在有很多出租房的业主就把房子装修一番, 然后租个好价钱。出租房的装修因为租者是不确定的, 因此功能配置要大众化, 不必追求个性化。但材料选择一定要讲究耐用、耐磨, 设施要全, 不必追求品牌; 视觉要清爽, 租房客户有再创造的余地。

3. 用于出售——设计要点: 通过家装升值, 视觉效果要好, 材料不必讲究

消费者买房都会关注房子的感觉, 几乎100%的客户都会亲眼看一下房子的状况。但买房者看房时通常只注意大的格局和环境, 小的细节是不会被注意到的。房子的有些毛病只有在用了以后才会知道。这类业主在家装用于出卖的房子时一定会抓住购买者的心理, 将房子的外观搞得很好。

4. 用于样板房——设计要点: 宽敞、气派、高档、前卫、迷人

样板房设计的顾主是房地产公司, 具体地说是房地产的营销和策划部门。这些部门的工作人员一般而言是很内行的。他们所找的样板房设计师一定也是比较知名的。没有独到的设计理念和效果, 其设计方案一般是很难通过的。所以在样板房的设计上, 一定要概念鲜明, 效果第一。视觉冲击力和感染力要强, 展示性要强, 材料也要用得好, 特别要用一些新颖的材料, 功能可以略微忽略一些。因为消费者观赏样板房主要是感受装修的氛围, 不怎么会想到生活的细节。

4.3.2 　业主典型的家装心理

1. 享受的心理——买到中意的房子, 家装当然要最高档次的

这是成功人士的典型心理。装修的费用已经不是问题, 效果和档次才是未知的。公司要选有实

力的,设计师一定要选知名的,材料毫无疑问用高档的,工匠也要最高级的,总之一切都要最好的。

2. 攀比的心理——人家家装那么好,我们也不能掉价

这是亚成功人士的典型心理。已经有了相当的经济实力,但比之成功人士还有距离。成功人士的压力还存在。别人的家的好效果是自己挥之不去的疼。所以,自己装修了,一定不能掉价。别人怎么样,我也怎么样,甚至还要更好。

3. 成就的心理——终于有了自己的房子,大功告成好好装修

这么好的小区,这么好的位子,这么好的房子,花了我这么多年的心血,对自己的房子应该精心设计,好好装潢。奋斗为什么? 不就是为了生活更加美好! 有了自己的房子就可以想怎么样就怎么样了,生活的品质、品位都可以得到大大地提升了。

4. 圆梦的心理——现在有了自己的家,心中的梦想就要实现了

普通家庭最大的愿望是什么? 最大的烦恼是什么? 两个完全不同的问题,最后的答案却是一样的。拥有一套心仪的住房是每一个家庭最大的梦想。许多业主在买房前对自己未来的房子有许多憧憬和梦想,他们在脑子里几百遍几千遍地勾画自己未来的家。这是很多家装业主都有的心理,女同胞特别是未婚女同胞更甚。

5. 量力而行的心理——买房子已经花去了我的全部积蓄,家装过得去就行

虽然不是“负翁”,但银行存款已经归零,清光光的,很不是滋味。但装修还得进行,不装修房子没法住,那不是更亏了吗? 这样的业主会非常在意装修的造价,投入非常理性。也会想出“分步到位”的对策,先把必要的部分做好,先把基本装修做好,其他的慢慢来,一步一步实现。量力而行,并不是先装修的差一点,以后再全部重来,而是先把隐蔽工程和基本装修搞好,其他的逐步完善。

6. 一步到位的心理——既然装修了,就一步到位

家装是很费事的,谁愿意经常做这件事呢? 所以乘装修时就把自己的理想、愿望及所有想要的都做好,宁愿借钱,宁愿贷款,也要一次性地把装修搞好,免得以后再麻烦。如果以后再大动干戈,

不是浪费吗? 这也是许多装修人的想法。

7. 善待自己的心理——艰苦奋斗这么多年,也应该改善一下了

即使平时非常节约的业主,在买到新房时,也自然会产生这样的心理。自己这么多年辛辛苦苦,适当地花一点钱改善一下自己的生活也是应该的。

8. 实用的心理——有钱也不乱花,家装一定要实用、要实惠

这是家常男女的典型想法。

9. 经济压力的心理——我是负翁,我是房奴,我的压力太大,装修只好精打细算

每个人都想拥有一套属于自己的房子,但是由于高房价榨干了钱囊,甚至还背负几十万元的债务,房子虽然有了,但无穷无尽的烦恼也随之而来。这就是当今城市中普遍存在的城市“房奴”一族。根据权威机构的调查,当今购房者资产状况:靠银行贷款,短期无能力还清的占62%;买房月供占家庭收入20%～40%的占到38%,40%～60%占到39%。这部分群体,他们的存款在银行是一个负数,他们住着新房,开着私家车,但是银行每月的账单还是照旧打过来。尽管如此,家装是必需的。没有家装怎么住人? 但他们的经济不宽余,压力很大,所以只好精打细算,能砍的砍,能压的压,能优惠的优惠,能团购的团购,能网购的网购。总之尽量控制装修总价,缓解资金压力。

10. 洁癖的心理——卫生在生活中很重要,家装房子卫生最重要

装修房子干干净净最重要,不仅看上去要干净,而且今后收拾起来也要方便。一切容易积灰尘的材料和构造都不要。

11. 过渡的心理——这是过渡的房子,不必太过操心

对过小的房子和不太中意的房子,业主在家装时自然产生过渡心理。虽然有这种心理,房子也还是要装修的。但这时的家装就不会太讲究,过得去就可以了。特别在材料方面,昂贵的材料就不考虑了。

12. 升级心理——房子又升级了,家装当然也要升级

对第N次买房的业主、买到比较中意房子的业主一般都有强烈的升级心理,比上一次的家装要上一个大台阶,各方面要来个飞跃。

4.4　家庭的类型和业主的居住形态

4.4.1　家庭的类型和发展趋势

按家庭的模式可划分四个类型:核心家庭、主干家庭、扩大家庭、不完全家庭;

按家庭成员完整情况可划分为两个类型:完全型家庭和残缺型家庭;

按家庭成员规模可划分为三个类型:小家庭、中家庭、大家庭;

按婚姻状况可分为两个类型:正常家庭、独身家庭、单亲家庭。

按照社会的发展形态,城市的家庭在向小型化发展。而且这个趋势在加剧。

多数家庭是三口之家,现在国家推出二胎政策,80后与90后的家庭

就会逐渐演变成四口之家。在城市这类家庭是主流，另一类家庭也有相当数量值得关注，即4+2式家庭，也就是核心家庭加父母的类型。这样的家庭三代人居住，要小心处理代际关系。

对家装有意义的划分首先要看代际和家庭的性质。同代人居住与隔代人居住在设计上有不同的讲究。其次要看家庭的组合属性及特点，例如"以房养家"的"家中家"家庭在生活模式及空间组合方面有特殊的特点。用于商务居住的家庭与独身家庭其家装的理念也是完全不同的。

因此要分析业主的各种居住形态及特点，在设计时列出相应的对策。

4.4.2　家庭的居住形态

1. 一代居住

即同代的人一起居住的家庭，最典型的有新婚两人世界、空巢家庭、丁克之家。同代人居住最大的特点是观念比较一致，容易达成共识，生活模式和功能都相对简单，比较容易配置。

（1）新婚两人世界。婚房家装，是家装市场中一个很重要的部分。结婚是家装的一个很重要的理由。无论房子的新旧，无论经济富裕程度如何，遇到结婚是必须装修的。这是多数中国人的理念。婚房的家装必须讲究排场，这也是多数婚房家装业主的共同想法。这是人生的一个特殊而重要的过渡时期。两人世界是甜蜜的，也是短暂的。一般说来，一个新的生命马上就会来到。因此不必过于为新婚考虑，只要按三口之家的模式设计即可。但现在希望比较长久的享受两人世界的人在增多，对这样的家庭可以适当做一些特殊处理，见图4-8。

新婚家庭的家装策略：

1）功能配置要齐全。

2）要强调浪漫和爱的感觉。

3）要讲究生活的品位和档次。

4）要有喜庆的氛围。

5）要给未来的孩子预留空间。

（2）空巢家庭。"空巢"家庭是对只剩老人的家庭的形象比喻。据专家预测，50年后，我国老人家庭的"空巢"率将达到90%，因"空巢"而引发的老年人身心健康问题也将更为突出。在发达国家，"空巢家庭"出现较早，现在十分普遍。老年人与子女同住的只占10%~30%。除了日本，大多数老年人均与子女分居；美国第二次世界大战前，52%的老年人与子女同住，到了20世纪80年代，与子女同住的只有百分之十几；在比利时、丹麦、法国和英国，20世纪80年代初，全部家庭户中65岁以上独居者占11%；瑞典独居老年人达到

40%，即每10个老年人中就有4人独居。随着社会转型加快，代沟越来越突出。物质生活水平提高后，人们更重视追求精神生活，老少两代人都要求有独立的活动空间和越来越多的自由，传统的大家庭居住方式已经不适应人们的需求，小家庭被普遍接受。近来，"空巢"有低龄化和变异的趋势，比如三四十岁的这一大批青壮年（或曰社会中坚），从农村到城市，从落后地区到发达地区打工，夫妻双方只有一个人，有时甚至是两个人都不在家。这是一种特殊的"空巢"家庭，见图4-9和图4-10。

空巢家庭的家装策略：

1）预留鸟儿归巢的空间。

2）安全因素应重点考虑。

3）老年型空巢家庭必须设置无障碍设施。

4）适当缩小空间单位、消除空旷感觉，提升人气。

5）强调阳光因素。

6）丰富空间，增加视觉情感要素。

■ 图4-8　新婚家庭的家装案例——充满爱意的新婚卧室

■图4-9 空巢家庭家装案例——充实的起居空间

■图4-10 空巢家庭和充满艺术的卧室

（3）丁克家庭。丁克亦即dink，是英语Double incomes no kids的缩写，直译过来就是有双份的收入而没有孩子的家庭，说白了就是"两人吃饱全家不饿"的一种组合。据说一些新版的汉语词典已经吸纳了这个外来的名词。

丁克家庭的家装策略：

1）可以有些前卫的设计，如做一个透明的卫生间。

2）在私密性方面可以减低防范。

3）爱意空间可以适度强调。

4）没有子女房，需要考虑宠物居住的空间，见图4-11。

2. 两代居住和多代居住

（1）2+1家庭。典型三口之家是社会学意义上的"核心家庭"，是由夫妇和未婚子女组成的。这种家庭是当代家装的主要对象。

核心家庭的家装策略：

家装的主流方法都是对这样的家庭准备的。

（2）隔代2+1。两位老人+一个小孩。这种家庭现在也比较多见。例如留守家庭：父母出国留学或者父母出外打工，把子女交给自己的父母抚养；有的父母工作繁忙，有的父母经常要到外面出差，有的自己不想养小孩等种种原因，就把子女托付给自己的父母；父母由于已经退休，再加上对第三代的宠爱，也乐于替子女带他们的小孩。

隔代2+1家装的策略：

一般老人在进行家装时把子女的需要都作为一个重点，要为他们预留空间。房间要特别注意隔声的处理。因为老人一般是早起早睡的，而子女往往是晚起晚睡的。所以如果隔声条件不好就容易互相影响。空间也要区划开来，而且两者的距离最好远一点。

（3）1+2+2家庭。是社会学上所称的"主干家庭"，它是指三代同堂的家庭，且每一代只有一对夫妇。这种家庭过去比较多，随着经济的发展，住房水平的提高，它的数量在急剧地减少，但因为我国人口多，绝对数量比较多。这种家庭的特点是只有一个小孩的父母与他们的父母一起居住，有两个生活核心。这种家庭因为两代人的代沟，很容易产生家庭矛盾。所以，但凡有条件，其中的多数家庭都愿意另立门户，独立居住。现在的一个新趋势是，两代人在同一个小区同时购买房子，保持"一碗汤"的距离。这样大家住得很近，既有独立空间，又可互相照应。

1+2+2家庭家装的策略：

家装设计时除了要设计一个大的共同空间以外，还要同时为两代人考虑相对独立的活动空间。

■4-11 丁克家庭家装案例——卧室里前卫透明的卫生间

3. 特殊居住

独身、离异、同居、临时居住、房中房、没有特定对象的居住等这些居住形式现在也越来越多。家装时必须从他们的居住特点出发，做一些具有针对性的设计，见图4-12。

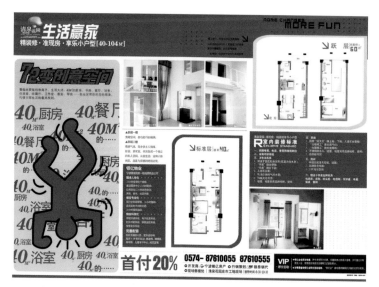

■ 图4-12　某房地产公司推出的单身公寓的宣传单页

（1）独身家庭。独身家庭的数量越来越多。

单身公寓的装修策略：

1）设施齐全。麻雀虽小，五脏齐全。

2）家具低矮小巧，适合小空间。

3）家具多功能化，多方向化。

4）空间利用最大化。

5）灰空间多。

（2）离异家庭。在社会学上把离异家庭看成是一种"缺陷家庭"，其中最受社会关心的是单亲家庭的子女教育问题。其实离异家庭还有需要关心的是离异者的感情的需要，离异家庭很容易发展成为再婚家庭。再婚家庭的一个现实问题是出现2+2的格局，即再婚双方都有一个子女。

离异家庭的家装策略：

对这样的家庭，一定要考虑空间和设施公平性，否则很容易出现矛盾。还有，新组合的家庭如果一切重新开始，只要满足各自的需要即可。如果在某一方的家庭上组建，则对原家庭要进行适当的改造，以平衡各方面的需要。

（3）同居家庭。随着改革开放和经济的发展，传统的观念开始出现根本性的变化，传统家庭也在向求新、求乐的方向发生改变。许多年轻人在生活伴侣的寻找中，将效益优先原则作为择偶首要的价值取向。在未来的"老公（老婆）"出现之前，同居成为一种生活方式的选项。即使终身不婚，也可以寻找到性的伴侣共同生活。

时代的变化也使中老年人的性观念发生变化。一些单身的中老年人也开始寻求用同居的方法解决个人的性问题。因为同居不会将经济继承权卷入未知的再婚怪圈，只要双方相处不好，随时可以分道扬镳。同居也可减轻子女对单亲父母的照顾责任，又不必担心家产以后被所谓继父、继母夺走。同居解决的是当事人的情感亲密性问题，也解决了基本生活的社会支持问题，所以被相当多的单身中老年人所青睐。

同居家庭的家装策略：

1）固定家具减少，活动家具增加。

2）重装饰、轻装修。

3）采用低价材料、讲求视觉效果。

（4）房中房家庭。这也是近年来出现的一种居住模式。由于房子比较大，居住的人比较少，考虑到增加家庭收入，就可以出租部分房间给外人租住。有的困难家庭还靠这种方式来维持生活。一般的模式是主人住1~2个房间，空余的房间租给外人，卫生间和厨房间及客厅是大家公用的。国外就有很多这样的家庭，各地的留学生就住在他们的家里，一方面可以增加收入，另一方面生活也比较充实。这样的趋势在我国也会悄然兴起。

房中房家庭的家装策略：

1）有效分区。

2）私密性要比较讲究。

3）安全设施要特别考虑。

（5）没有特定对象的家庭居住。出租屋就是没有特定对象的家庭居住。居住的对象五花八门。但家装水平和价格高低是人员层次有效的"过滤器"。装潢好、价格高的，客户的素质就会高一些，会吸引一些商务居住者。但总的说来房客很不稳定，居住有季节性；房客比较计较，设施坏了需要房东来修；设施也比较容易损毁。

这类家庭的家装策略：

1）便于维修，水、电做成明管比较合适。

2）材料要坚固耐磨而且还要便于清洗消毒。

3）家具要结实。

4）房客有一定的改动余地。

5）设施要全，形象要好，可以租个好价钱。

4.5　业主的属性及特点

4.5.1　年龄属性

1. 老年

心理惯性强，注重实用，追求方便，特别在涉及健康和安全的设施方面舍得投入。部分老年人在子女成人、负担减轻之后会有强烈的消费补偿心理，试图补偿过去由于各种原因未能实现的消费愿望。希望自己的居住环境能够体面、优雅、实惠。

2. 中年

中年人是家装业主的主体。一般当人们有能力买好房子的时候已经人到中年或者接近中年了。当今的中年人一般都有了一定的社会地位，即便还没有功成名就，但至少也有了一官半职，或者已经是收入不菲的技术专家、商界精英、才思横溢的自由职业者。他们受到过良好的教育，拥有较高的文化知识和生产技能。他们从祖上继承的物质财产几乎为零，靠的是自己的艰苦奋斗，白手起家，通过自己的努力获得了社会的承认和尊重。

中年人已经有了相当的生活阅历，有了成熟的消费观念、稳定的世界观、明确的审美趋向。他们已经没有青年人的消费冲动，年轻的青涩和稚嫩已在生活的磨砺中逐渐退去。同时，还没有老年人的墨守成规，懂得如何享受生活，能够把形式和内容很好地统一起来。他们一般深思熟虑，不仅对自己的房子有深入的认识，而且对自己的要求也已心知肚明。需要找一个特别合适的设计师能够运用其丰富的专业知识和从业经验，把这些完美地表达出来。

3. 青年

青年消费者越来越多地成为家装的业主。当前房地产市场20~30岁群体是商品房购房主力。刚刚就业的年轻学子、事业初成的单身、沉浸在幸福中的准新郎、准新娘们都成了家装的新业主。他们思维敏捷、活泼、富有朝气，对新生事物充满好奇和渴望，对时尚特别敏感，想象力丰富，乐于尝试新的风格，追求个性。"只要我喜欢，没有什么不可以的"。青年业主一般喜欢标新立异，自我意识很强，对形式比较注重，对功能和生活细节却因为生活经验不足，容易忽略。这就需要设计师来弥补他们这方面的不足。

值得指出的是他们中的大部分是靠父母的资助才获得这样的消费能力，所以在很多情况下他们的家装设计还要征求其父母的意见，甚至，有些还是父母在后面"垂帘听政"。

4. 未成年

未成年人在家居家装的消费方面一般只起到一个参考作用，他们不太可能成为家装的业主，但如何使他们满意是业主们考虑的重点问题之一。子女房的设计一般会作为一个专门的问题，咨询孩子的意见，而孩子的意见有时也会左右大人的意见。

4.5.2　社会属性

1. 职业

工人、农民、军人、商人、公务员、教师、医生、专业人士……不同的职业对家庭的功能安排和家具配置、陈设装点有很大的区别。有两种倾向：一种是与职业趋同，比如教师，就要考虑在家里设置一个比较好用的书房；而另外一种是与职业互补，例如，银行职员希望家里尽量休闲、轻松、舒适一些。

2. 职位和名望

一般来说，职位高名望就大，职位低名望相应就低。当然也有例外。有些专业人员和文艺界人士的名望与他们的水平和受欢迎的程度有关。高职位、高名望的人士一般见多识广，对家装有特殊的要求。有些要求就是连有经验的家装设计师也不是很清楚。遇到这样的情况设计师要对他们多请教，多交流，引导他们参与到家装设计中来，否则，很难设计出为他们钟情的作品。

3. 宗教

无神论、佛教、道教、基督教、伊斯兰教……不同宗教对视觉风格的要求完全不同，尤其对他们的避讳的事项一定要了解清楚。

4. 民族和种族

汉族、少数民族及亚洲人、欧洲人、美洲人……不同民族、种族的人，因文化的差异，有明显不同的视觉表达。对他们的避讳的事项一定要了解清楚。

5. 区域

发达地区、中等发达地区、不发达地区因经济原因，家装的档次和水平有较大的差异。同时，因历史文化和民俗背景的不同，在审美上也有较大的差异。

4.5.3　文化属性

1. 文化修养高

这样的业主文化知识丰富，文化修养非一般人所企及，而且在某一个方面有杰出的成就。这类人对家装的文化品位要求较高，讲究品位、格调、个性和风格。陈设在其家装中的地位特别突出。在空间和设施上，他们舍得并且乐于在文化精神方面进行投入，设计师对他们的设计服务，要特别注重与他们在文化内涵的表达方面进行交流，要把握他们的审美趣味和特殊爱好，见图4-13。

■ 图4-13　文化氛围浓的家装案例——气氛高雅的起居室

■ 图4-14　商界巨贾家庭的家装案例——气度豪华的装饰效果

2. 文化一般

这类业主对文化品位的要求不是特别注重，但他们容易受潮流和时尚的影响，如有新潮的时尚和比较浓的文化味，他们也愿意在这方面适当投入。在审美和文化方面他们一般比较容易听从设计师的安排和建议，会放手让设计师设计。当然对他们在审美和文化上的好恶也要进行适当的测试和了解。

3. 文化较低

这类业主讲究实惠，书房不是选项。设计师重点是处理他们的生活功能方面的要求，在文化方面只要看得过去就可以了。当然，如果花费不大，他们也会接受某些精神方面的家装投入。

4.5.4　经济属性

1. 商界巨贾

家装对这类业主来说是一件小事。他们也可能会委托下属来处理家装的事务。即便如此，他们对自己的家装功能和风格也会亲自过问。他们在家装时基本不考虑经济问题，只考虑视觉效果和档次。设计时可以采用顶级品牌的材料和设备，施工工艺也要十分地讲究，见图4-14。

2. 老板和富裕的高级工薪阶层

这类业主对经济不是十分敏感，只要效果好，多花一点钱没关系。知名品牌的材料和设备是他们的首选，见图4-15。

■ 图4-15　富裕家庭的家装案例——显而易见的排场

3. 一般工薪阶层、小老板

这类业主对经济敏感，讲究性价比。适当的地方可以使用一些高档材料和高档设施，见图4-16。

4. 低收入者

这类业主对经济十分敏感，有严格的预算。大众品牌的材料和设备是他们的选项，见图4-17。

■图4-16　普通家庭家装案例——平实舒适的效果

■图4-17　低收入者家装案例——简单实用的家居设施

1. 性格属性

（1）好客好动。在乎朋友的看法，对客厅的装修重视，面子比什么都重要，为朋友聚会、聊天、娱乐准备了空间。

（2）安静闭守。重视自己的需要，只要自己满意就可以了。自我空间需要考虑得特别周到。

2. 装修态度属性

（1）明确主张。主张明确的人比较好办，设计师只要弄清业主的主张并满足他的要求就可以了。

（2）人云亦云。没有明确的主张，耳根子软。这种人的设计方案比较多变，有时莫名其妙要求修改方案。对待这类人一定要把理讲透。他既然能受别人的影响，也就能受设计师的影响。

（3）张冠李戴。奉行拿来主义，没有整体的

概念，看到别处好看的都想搬到家里来。对这类人"协调""不协调"这两句话要常常挂在设计师的嘴边。

（4）实事求是。业主处事比较客观，错就是错，对就是对。出现了问题比较好解决。

（5）不懂装懂。实际是不懂的，但是为了面子有时也是为了防骗，要装内行。对这样的人既要顾及他们的面子，又要按规律办事。

（6）半桶水。这种业主比较难对付，因为他们懂一些装修知识，但又不全懂。给他们讲道理，他们比设计师明白，甚至反过来他们还能给设计师讲道理。如果他们确实讲得有道理，设计师也可以听取他们的意见，并赞美他"你真内行！""你也可以做设计师了！"但是，如果他们讲得不对，设计师也不能驳他们的面子，因为他是业主。这时你可以说："别急，看看效果吧""不信试试看吧"。因为，事实胜于雄辩，用事实说话，用效果说话。说到底他们也是认效果，认事实的。

4.6　主要服务对象及其特点

家装的服务对象千差万别，但主要服务对象有这么四种人："小资""家常"、中产、准中产。只要把这四种人研究透了，对其他人就容易把握了。因为这四种人不但是家装业主中的绝大多数，而且他们的要求也基本涵盖了多数家装业主的要求。

4.6.1　小资和家常

时下"小资"是个很时髦的叫法。"小资"在很多人眼里等同于时尚、前卫、潮流、品位、精致……见图4-18。而生活中，除了这些在数量上尚属弱势的"小资"女人外，大多数还是普普通通的"家常"女人，日常生活中二者比较起来，大概有很多不同。以卫生间为例，对小资而言一个独立浴缸是必不可少的。但对家常而言不要说独立浴缸，就是普通浴缸也未必需要，只要一个沐浴房就可以了，见图4-18和图4-19。

■图4-18　以小资为对象的——卫浴产品

图4-19　家常女人要有实用的淋浴房就可以了

4.6.2　中产和准中产

1. 中产

我们这里所说的中产是这样一批人：中上层公务员、事业单位中高级职位或职称的人员、生意成功的中小商人、优质企业中高级职位的人员。因为地区差异，很难用一个收入的标准去区分。用通俗的称呼，他们是局长、处长、科长、主任科员、副主任科员、教授、副教授、高年资讲师、中高级工程师、建筑师、设计师、经济师、农艺师、医师、律师、公证员、经理、总经理、医药代表……

他们的特征是文化水平高，主要家庭成员的文化水平大专以上；家居面积大，家庭人均居住面积达到30～40平方米以上；收入高，日常生活支出占收入比例20%～30%以下。这批人是当今房产消费的主力军，也是家装设计师的主要服务对象。这批人中讲究生活品位的那部分人更加值得我们研究，见图4-20。

图4-20　中产家庭的家装案例——明亮宽敞的餐厅和起居室

2. 准中产

特别要注意一批中青年准中产，他们的文化水平相较中产更高，对生活品位的要求更加明确。他们出没的地点有：

（1）高档写字楼。这里汇集了世界知名企业的中国区总部或办事处。一般有国外某大学硕士以上文凭、外籍身份，任公司高层职务。他们大多是20世纪七八十年代出生，有在国外寒窗苦读、餐馆打工的血泪史。

（2）外企。在外企挣美元，梦想出国留学。20世纪80年代后出生，后势强劲，未来不可限量。

（3）高科技园区。国内名校毕业，热情、浪漫、真诚，经验、耐力不足。在动感环境中，人的状态不稳定。收入不算高，却善于利用周边咖啡馆、电影吧、书店、大学校园营造浪漫情调。

（4）酒吧。各类艺术家，画油画的、拍地下电影的、搞行为艺术的、摇滚歌手、模特、演员、服装设计师——他们的成功路线是国外变身，国内开花。

图4-21是准中产的家装案例。

图4-21　还要为事业奋斗的准中产——相当方便的工作空间

4.7　如何与业主交流沟通

4.7.1　沟通的方法

1. 目光语言交流

主要观察客户的肢体语言：动作往往会泄露心机。所以在沟通过程中对业主的肢体语言要细心入微地观察和揣摩，这样才能准确地把握客户的需求。

例如，要细心留意客户在翻看自己的作品时流露出来的表情;在给客户介绍参考方案时客户的反应等。有时,客户看到自己喜欢的款式时会喜形于色,看到自己不喜欢的东西时会略略地皱起眉头等。这些都是有用的客户信息,更是自己设计时需要考虑的内容。

2. 口头语言交流

这是主要的交流方式,交流要讲究技巧。例如,提问要巧妙——有些问题可以直接提问,比如家里有几口人? 喜欢什么风格? 有些问题要曲折提问,比如经济状况就不能问“您的年薪多少?”“家里有多少存款?”等。这是客户比较介意的个人隐私,问这些问题会令客户尴尬。还有,回答问题要快速准确——设计师在与客户沟通过程中,要根据客户的情绪变化,调整自己的思路。

3. 图纸语言交流

形象毕竟是设计的主要属性,有时用语言描述形象毕竟比较抽象,这时就要拿出设计师的手绘功底,用形象、用图纸语言进行交流,有的公司还会用效果图。

4.7.2　初期阶段的沟通和交流

1. 用礼貌得体的外表树立形象

礼貌得体的外表是沟通前的准备。有人说外貌是天生的,有什么礼貌得体? 这话又对又不对。对的是外貌确实天生,父母给我的面孔,好看难看由不得人。但外貌不是外表,外貌不能改变,外表是可以改造的。改造有两条途径:一快,一慢。

“一快”是通过发型、服饰和必要的化妆技巧,快速改变一个人的形象。设计师的职业形象应该是得体、礼貌、有适当的文化意蕴。什么叫得体? 得体就是符合场合和环境要求。在公司里接待客户,不是在夜总会接待朋友,也不是在旅游场合接待游客,发型和着装要端庄一些、协调一些,但不能太古板,衣服款式和配色一定要协调,否则设计师连自己的形象也设计不好,怎能取得客户的信任? 什么叫礼貌? 礼貌就是对人的尊重,注意自己的外表在一定程度上意味着对客户的尊重。

“一慢”是生活和知识的积累,这种积累可以使人的外貌富有涵养、提升气质。但这个过程非常长,不是一蹴而就的,靠的是长期的积累。

2. 用赞美与客户拉近距离

人一般都喜欢听赞美,有的嘴上否认,心里却是甜滋滋的。赞美人很容易拉近与客户的距离。对家装客户的赞美要有针对性,不能乱夸。

赞美客户一般要从事业成功、商业头脑、眼光、气质风度、衣着品位、知识见解这样的角度。因为能够进行家装的客户,他至少已经有了房子。房子是高价产品,能够买得起房子的人你夸他“事业成功”是合适的、自然的。特别是对那些拥有别墅、高价商品房的客户,如果他回答,这房子是早几年买的。你就可以接着夸:“您真有眼光! 我们干死干活猴年马月才能住您这样的房子呢?”对有些客户已经有过家装经历的,你可以夸他“您真内行! 对我们的设计要多加指点哟!”对有些衣着得体、谈吐非凡的客户,你可以夸他“您的气质这么高雅,家居可要好好设计,家居配饰一定要有品位!”等,这样后面的话题自然就可以进行下去了。

赞美的时候语态一定要诚恳,眼睛要一直注视对方,让人感觉到,你对他的赞美是有感而发,是真诚的。

3. 用“您先看看我们公司”打消客户的紧张和防卫心理

有的客户进来,很反感马上就有人凑上去提供所谓的服务,他想考察一下公司。这时你可以满足他的要求,说:“你可以先看看我们的公司,那边是样板房,那边是材料展示,这边是设计部,楼上是工程部,如果要看我们的样板工程我可以给你预约。”客户参观时你千万不要紧跟在后面,你可以说:“您先自己看,有需要的时候您可以来找我。我在设计部等您。”这样客户的心就会松弛下来。当他再次出现在你的面前时,他已经没有防卫心理了。这样你可以夸他:“您真是一个行家。您看我们公司的实力怎么样?”

4. 注意客户的第一个问题,搞懂客户的需求,从他的需要出发推荐自己的长处

一个客户第一次上门,他一定带了很多的问题,这说明他内心有相应的担心和需求。你一定要注意他的第一个问题。因为看起来是下意识的一个问题,但这个问题往往是他最关注的。

例如,一个客户上来就问“你们公司的设计费是多少?”这句话里包含的信息有:①他可能比较重视设计,但怕负担过高的设计费;②如果设计费合适,可能单独对设计进行委托;③别的公司有免费设计,你们公司有没有。总地说来他比较在乎价格。

设计师不要直接回答设计费是多少,因为这样马上就进入了价格谈判。你可以回答:“你如何委托我们施工,我们可以返还一定比例的设计费”,又比如“设计是决定效果的关键,其实与整个工程相比设计费其实算不得什么。”还比如“我们公司设计实力是很强的,已经得了很多奖项,如果单独委托我们设计,费用是比较高的。”

这里面每一个回答都带有一个比较和附加。第一个回答:可能我们的设计费比较高,但委托我们施工,设计费就可以部分返还,甚至全部

返还。这样客户觉得设计费就不高了。第二个回答：与整个工程相比设计费可能只有百分之几。只要我们在工程里给你优惠，这点设计费完全可以忽略。第三个回答：优质高价，一分钱一分货。

又例如，一个客户上来就问："你们公司的工程质量怎样保证？"这句话里包含的信息有：①客户关心施工质量；②客户关心公司的质量管理的机制和水平。这样你可以把公司管理工程的有关规定给客户做介绍，如配备专职监理、每个环节结束后都要进行分步验收，最终验收邀请独立的法定检验机构等，同时介绍施工队伍的实力。还可以要求客户参观已经竣工的工程。

再如，一个客户上来就问："你们公司的材料是不是采用环保材料，工程结束后是不是做空气检测？"这样的客户比较重视绿色装修和身体健康。那么设计师就要把公司对绿色装修方面的一些做法进行介绍。

凡此种种，根据客户的第一个提问，重点介绍公司的实力。这样做比较能够深入到下一步。

5. 准备充分很重要：制作设计作品集、理念PPT，用成功的案例建立信任

设计师有名望了，一切事都会很好办。因为，很多客户是冲着设计师的名望来签约的。可是对于一些小公司，没有名望的设计师怎样吸引客户，必须准备一些自己认为是比较成功的案例，或者是自己的得意作品，将它们做成作品集，向客户展示，向客户证明自己的设计实力，求得客户的信任，这很重要。对自己的作品集，一定要精心准备，精心包装。对自己的每一个工程，一定要认真总结，请专业摄影师拍出好的作品照片。已经做完的作品是很有说服力的，一定要认真准备自己的作品集。随着自己资历的加深，要不断更新、充实作品集。作品集一定要归类，有高造价的，也有低造价的；有简约风格的，也有奢华风格的。根据不同的客户，拿出不同的作品集。

设计师除了制作作品集之外，还要制作充分反映自己设计理念的作品库，选择不同的风格类型。用它可以作为检测客户喜好的一个媒体，十分好用。

6. 行为得体很关键：举止符合身份，目光在意对方，外表有绅士风度

衣着要刻意，要有设计师的感觉，个性适度，根据自己的目标群显示个性，衣着的品牌要合适。

眼神要关注客户，讲话时注意力要集中。与客户交谈时若有电话进来，一定要说："对不起，我接个电话可以吗？"或"不好意思，接个电话。"让客户觉得被设计师重视。

要有绅士风度，为客户拉把椅子，为客户倒杯水，双手递或接名片，为客户开门，让客户先走……彬彬有礼，就会给客户留下好的印象。

7. 交际技巧：在咖啡厅洽谈，设计师如何点咖啡？

如果客户邀请你去咖啡厅洽谈业务，在咖啡厅，设计师该如何点咖啡？不同的设计师应该点不同的咖啡。有资历的设计师可以点"蓝山"，

因为蓝山是上等的咖啡，在"上岛咖啡"蓝山的价格是每壶70元左右，一壶咖啡可以倒2杯。普通的咖啡价格在20元左右。相比之下蓝山要贵一些。一壶极品蓝山的价格在100多元。

之所以点一壶"蓝山"，有四个理由：

（1）蓝山是名贵的咖啡——显示设计师也是有一定名望的。

（2）蓝山的价格比一般咖啡的高，比极品蓝山低——点低价的咖啡有失身份，点极品蓝山可能引起客户的反感。

（3）一壶咖啡可以两个人一起喝——拉近客户与设计师的距离。

（4）可以从咖啡名字的来源聊起——表明设计师有足够的文化底蕴。

一杯真正的蓝山咖啡，优质的原料、精确的烹煮技巧，加上简洁、优雅的外表来共同组成的感觉正好能够体现高级家装设计师足够的文化底蕴、丰富的人生阅历、优质的生活品位。

4.7.3 设计过程中的沟通和交流

1. 语言：亲和力中带点专业性

专业到位的语言是指设计师在与客户沟通过程中应该采用的语言。

设计是相当专业的，设计师的语言也应专业一点。比如说色彩，通常客户会说"这个颜色配的不好看"，设计师应该说"这个色彩配置不协调"；客户会说"这个颜色太浅了"，设计师应该说"这个色彩明度太高了"；这样客户会觉得他的确是在跟一个专业人员谈话。

2. 注意与拍板者沟通

家装是业主家庭的大事。业主洽谈此事往往全家出动。两口子一起来的，遥控指挥的都有。有时表面上是男主人在谈，可是其实是女主人在拿主意。有时女主人在操办，可是重要的事需要男主人拍板。有的父亲装修房子，可是风格还要孩子说了算。总之，讲话多的，不一定是拍得了板的。因此，设计师一定要分清楚谁可以拍板，主要还是要根据拍板者的思路来搞设计。否则，你搞的设计可能成为义务劳动。

当然要注意的是也不能得罪拍不了板的那一

位，不能让他（她）成为成交的阻力，应该让其成为助力。否则，夫妻俩会在公司吵架，会使设计师进退两难。

3. 重视客户意见

客户提的意见有时并不专业，但他的意见一定是有缘由的。设计师一定要弄明白业主为什么要提这个意见，缘由究竟是什么？站在业主的立场上，这个意见是不是有道理？设计师要判断，要分析，然后再做决定。不要轻易否定，也不要轻易肯定。总之要认真倾听，对业主表现出充分的重视，这样即便是否定业主的意见，业主也会理解。千万不能说这样的话："这是你自己想要的，效果不好我们不管的。"

不要以为设计搞定之后，设计师的工作就结束了。家装公司里的设计师接着还要为公司达成家装施工协议。其实这是个更大的挑战！设计搞定后并不能顺理成章地签下施工合同。当然，下面主要就是价格、工期、服务、保修方面的问题了。这个阶段的沟通和交流要注意：

1. 及时解答，快速反应

在施工过程中，业主还会提出各种问题。有的业主看图纸时其实是似懂非懂的，可是到了现场，才知道是这么回事，可能这不是业主想要的。还有，在工程进展中会有很多工种的配合。在这个过程中，各个工种的人员会站在自己的立场上对设计提出一些异议和修改，业主又会觉得他们说的有道理。这些意见会通过业主提到设计师的面前。对这些提问和意见，设计师要及时解答，快速反应，该解释的解释，该修改的修改。总之，这个时候也要像在接单时一样的在意自己的客户，否则他们就会抱怨设计师事过境迁，态度就不一样了。这种抱怨对设计师来说是负面的。

2. 保持风度，耐心解释

在装修工程的中间阶段，工地呈现的面貌是很杂乱和不雅观的。业主看到这样的情形心情一般都很差。在这个阶段他们往往会怀疑设计师的水平，质疑设计效果。有时脸色会很难看，语言也会很刺耳。这时，设计师要保持风度，耐心解释，千万不要急躁，不要撂挑子，不要争执，要耐心描述做成以后的效果，给客户以希望和憧憬。

4.8　本章附录

设计信息摸底表

承诺：本表的填写目的是为了使我们的设计更有针对性。我们将为客户保密，保证不用于其他用途。

1. 客户基本信息：

业主姓名	职业	地址					
电话号码	兴趣爱好		年龄段	□25–35	□35–45	□45–55	□55以上
配偶信息	职业	兴趣爱好	年龄段	□25–35	□35–45	□45–55	□55以上
子女信息	子女 职业	兴趣爱好	年龄段	□1–6	□6–13	□14–18	□18以上
其他同住人：职业		兴趣爱好	年龄段	□25–35	□35–45	□45–55	□55以上

2. 设计户型：

建筑面积：　m² 　使用面积：　m² 　结构类型：□砖混结构 □框架结构 □半框架
套型：__室__厅__卫__厨　系 □多层住宅 □高层公寓 □复式 □别墅

具体构成：

■起居室	□饮水器	□电视柜	□电脑
□真皮沙发	□装饰画	□小冰箱	■子女房
□布艺沙发	□冰柜	■书房	□单人床
□木质沙发	■主卧室	□书柜	□床头柜
□玻璃茶几	□1800双人床	□写字台	□书柜
□视听柜	□1500双人床	□沙发	□电脑
□家庭影院	□床头柜	□椅子	□衣柜
□立柜空调	□梳妆柜	□健身器	□小沙发
□落地灯	□空调	□空调	□空调

■客房	□米箱	□洗衣机
□单人床	□落地四头炉具	■阳台
□双人床	■餐厅	□洗衣机
□床头柜	□餐桌椅	□水斗
□电视柜	□装饰酒（碗）柜	□洗衣板
□衣被柜	□冰箱	□健身器
■厨房	■卫生间	■门厅
□成品橱柜	□普通洁具	□鞋杂柜
□西式脱排	□多功能全自动洁具	□装饰镜造型
□中式脱排	□浴缸	□隔断
□消毒柜	□独立浴缸	■储藏室
□微波炉	□沐浴房	■健身房
□电饭煲	□妇洗器	■内客厅
□冰箱	□电热水器	■棋牌室

3. 拟定的装修档次：

□普通（800元/m²左右）　　□中档（1000元/m²左右）

□中高档（1500元/m²左右）　□高档（2000元/m²左右）

□豪华（3000元/m²以上）

4. 对设计风格的要求：

□海派风格（港台流行风格）　□中式风格（采用红木家具）　□欧式风格　□日本风格　□乡村自然风格

□怀旧风格　□贵族风格　□混搭风格　□其他

5. 拟采用的主要装饰材料：

地面：厅：□地砖 □花岗岩 □大理石 □地板 □免漆地板 □复合地板 □地毯

　　　卫：□地砖 □花岗岩 □大理石

　　　其余房间：□地板 □免漆地板 □复合地板 □地毯 □塑料地毯 □油漆

顶面：

　　　厅：□是 □否吊顶　主卧室：□是 □否吊顶　子女房：□是 □否吊顶

　　　书房：□是 □否吊顶　客　房：□是 □否吊顶墙面：

　　　厅：　　　是否采用 □墙裙 □壁纸 □涂料 □根据设计师意见

　　　主卧室：是否采用 □墙裙 □壁纸 □涂料 □根据设计师意见

　　　子女房：是否采用 □墙裙 □壁纸 □涂料 □根据设计师意见

　　　书房：　是否采用 □墙裙 □壁纸 □涂料 □根据设计师意见

　　　客房：　是否采用 □墙裙 □壁纸 □涂料 □根据设计师意见

6. 拟采用的家庭设施：

厨房和卫生间：拟采用　□进口瓷砖　□国产瓷砖

厨具：　□采用成品　□自己定做

卫生间：拟采用何种品牌的洁具 □美标 □toto □kele □国产品牌

洗衣机：　□一般全自动　□滚筒　□品牌_____型号_____尺寸_____

热水器：　□燃气　□电热　□太阳能□品牌_____型号_____尺寸_____

　　　　　供热范围　□洗槽　□洗衣机　□浴缸　□淋浴间　□洗脸台

电话：　□每间一部分机　□家用独立分机

电脑网络：　□家庭局域网　□无线网卡

电视：需要有线电视的房间 □厅 □主卧室 □子女房 □书房 □厨房 □客房 □卫生间 □液晶 □投影仪

　　　　　　　　　　　　　□品牌_____型号_____尺寸_____

空调：□家用中央空调系统 □分体式空调 □窗式 □地热 □其他 □品牌_____型号_____尺寸_____

7. 有何其他特殊要求：

8. 家庭实际尺寸：

□客户自行提供　□需通过上门精确测量　约定测量时间：

9. 忌讳的事情：

10. 家庭布局的初步安排：

▶ 图片来源

4-1、4-2　时尚家居杂志社.有故事的家/有表情的家/把家搬到郊外去.北京:中国城市出版社.2003

4-3　[英]查德•韦伯.你的客户住在哪里.哈佛商业评论.2005.2

4-4　http://photo.auto.sina.com.cn/chezhan/2015shanghai/picture/51995657.html

4-5　http://cd.qq.com/a/20120419/000243.htm

4-6　http://www.5tu.cn/thread-22266-1-1.html

4-7　http://auto.163.com/11/1012/07/7G5ACKAM00084IKA.html

4-8　房产样板房

4-9、4-10　[日]Erica Brown.INTERIOR VIEWS Design at Its Best.东京:株式会社美术出版社.1980

4-11　http://www.xingaobao.com/xnews/2014/0821/848.html

4-12　房产广告和房型图

4-13　http://blog.sina.com.cn/s/blog_aa3cc7dc01012pfg.html

4-14　http://blog.sina.com.cn/s/blog_a4341bcc01013rva.html

4-15　[日]Erica Brown.INTERIOR VIEWS Design at Its Best.东京:株式会社美术出版社.1980

4-16　http://pinge.focus.cn/z/64384

4-19　http://home.fang.com/album/p20034513_3_203_11/

4-20　http://blog.sina.com.cn/s/blog_b31af09d0101ncvq.html

4-21　http://home.focus.cn/zhaozhuangxiu/huo/z/46832/

第 5 章

业主房屋的密码

　　业主的房屋是业主的居住空间，也是设计师的设计空间，设计师的一切设计都在这个基础上进行。设计师必须透彻地观察并记录这个空间所处的环境、它的客观条件、它的户型的优劣，并提出有针对性的、扬长避短的设计措施，使自己的设计达到最佳的状态——

5.1　居住空间的类型及特点

5.1.1　别墅

1. 什么是别墅

　　这一名称是舶来品。现在常说的"别墅"，实际上涵盖了国外的两种物业类型：一种是House，一种是Villa。如果直译过来，House应该是"房子""住宅"；而Villa才是真正的"别墅"，也可以译成"庄园""城堡"，一种带有诗意的住宅。事实上，国内目前房地产市场所销售的大部分"别墅"，并不是Villa，而是House。

2. 别墅的特点

　　（1）造型外观雅致美观，独幢独户，庭院视野宽阔，花园树茂草盛，有较大绿地。有的依山傍水，景观宜人，使住户能享受大自然之美，有心旷神怡之感，见图5-1。

　　（2）内部设计得体，厅大房多，装修精致高雅，厨卫设备齐全，通风采光良好。

　　（3）有附属的汽车间、门房间、花棚等。

　　（4）社区型的别墅大都是整体开发建造的，

整个别墅区有数十幢独立独户别墅住宅，区内公共设施完备，有中心花园、水池绿地，还设有健身房、文化娱乐场所以及购物场所等。

■图5-1　豪华别墅

3. 别墅的类型

　　（1）乡野别墅。指散落在乡间的别墅。国外常见，国内少见，主要是安全问题。乡野别墅一般面积很大，户型变化多，环境优美，见图5-2。

■图5-2　大名鼎鼎的流水别墅是乡村别墅中的绝品

（2）独栋别墅。独门独户，单体独立，周围有绿化的别墅。独栋别墅即独门独院，上有独立空间，下有私家花园领地，是私密性很强的独立式住宅。表现为上下左右前后都属于独立空间，一般房屋周围都有面积不等的绿地、院落，见图5-3。

■ 图5-3　独栋别墅

（3）别墅区别墅。集中在别墅区里的别墅，有物业管理。开发商一般提供ABCD等不多的户型，多数面积在200～400平方米。独门独户，有独立的花园，见图5-4。

■ 图5-4　别墅区模型

（4）联排别墅。是由几幢小于三层的单户别墅并联组成的联排或住宅，一排2至4层联结在一起，每几个单元共用外墙，有统一的平面设计和独立的门户。建筑面积一般是每户250平方米左右。这种别墅国外称Townhouse，19世纪四五十年代发源于英国新城镇时期，现在在欧美非常普及。欧洲原始意义上的Townhouse是指在城区联排而建的市民城区住宅。这种住宅均是沿街的，由于沿街面的限制，所以都在基地上表现为小面宽大进深，层数一般在3～5层，而立面式样则体现为新旧混杂，各式各样。Townhouse在很多国家和地区已非常普及，由于离城很近，方便上班及工作，价格合理，环境优美，成为城市发展过程中不可逾越的阶段——住宅郊区化的一种代表形态。

联排别墅有双拼、叠拼等，面积有150～300平方米左右。联排别墅一般有单开间、双开间，很少有三开间及以上的。其特点有：①比较注重项目选址，尽量依山傍水，交通比较方便；②价位较低，为中产阶级中上层人士及新贵阶层量身定造；③户型设计丰富而前卫，有特色，见图5-5。

■ 图5-5　联排别墅

（5）空中别墅。空中别墅发源于美国，称为"Pent-house"，即"空中楼阁"。原指位于城市中心地带，高层顶端的豪宅，一般指建在高层楼顶端具有别墅形态的跃层住宅，见图5-6。这种空中别墅发源于美国，以"第一居所"和"稀缺性的城市黄金地段"为特征，是一种把繁华都市生活推向极致的建筑类型。它要求产品符合别墅的基本要求，即全景观。目前这类产品主要存在于高档公寓的顶层，在别墅区中还比较少。其特点是：①空中别墅的建筑形式弥补了高层建筑的诸多弊端，与普通别墅相比，具有地理位置好、视野开阔、通透等优势，给人高高在上、饱览都市风景的感觉，显示了强大的市场竞争力。②高层高。一般住宅的层高是2.7～2.9米，空中别墅的标准是3米以上，从3.1、

■ 图5-6 美国空中别墅

3.3、3.6米不等，比普通房挑高几十厘米，这意味着通风更顺畅，采光度更好。

5.1.2 成套住宅

1. 成套住宅的特点

顾名思义是带一整套居家基本功能的房子。哪些是居家的基本功能呢？吃饭——餐厅+厨房；睡觉——卧室；交往——客厅；洗澡+大小便——卫生间。说白了就是不论大小、好坏，只要带厨房、卫生间和若干个房间的房子就是成套房。对面积没有限制，20平方米左右的单身公寓也是成套房，400多平方米的别墅也是成套房。

2. 成套住宅的类型

（1）高层住宅。一般指总高12层以上的住宅，见图5-7。它是作为解决城市用地紧张的一种高密度居住手段。在反映城市建设经济原则的同时，也满足了居民在城市中心区"职住相近"的便利性和城市生活丰富性的需求。

高层住宅的主要优点是：土地利用效率高，有较大的室外公共空间和设施，眺望性好，许多高层还建在城区，生活便利。从建筑质量上看，由于高层住宅是现浇钢筋混凝土，不仅抗震性能好于多层，而且折旧年限长。

高层住宅虽节约用地，能容纳更多住户，但也带来许多弊端。如均好性差，如高层住宅北面的大片阴影区、高层住宅的楼群风。每户分摊较多公用面积，每户的公共交通和设备占用面积大，有效使用面积相对较少。且高层住宅的售价往往高于多层住宅，购房者觉得不合算。还有，人们远离了大地，生活在"空中鸽笼"中，儿童和老人感到活动不方便，而且易使人产生孤独感。高层住宅一般采用框架剪力墙结构，装修限制多。

（2）小高层住宅。指层数为7~11层的住宅，其平面布局类似于多层住宅，有载人电梯但无消防电梯，见图5-8。根据规范，电梯和楼梯共同作为公共垂直交通工具，可以不设消防电梯。因此小高层住宅具有多层住宅的某些特点，虽设有电梯，但防火要求并不如高层建筑那么高。小高层住宅还具有如下优点：①节约用地，尺度适宜。小高层住宅同多层住宅相比，具有节约用地的明显效果，建筑尺度也比较合适。以一幢11层的小高层住宅为例，其建筑高度约为31m，容易形成居住建筑的特点和氛围。②户型优越。以单元式为例，小高层住宅同多层住宅相比，其平面布局基本相同，只是多加一部电梯，因此，具有良好的通风、采光、观景效果和良好的户内布局。由于每户分摊的公用面积并不大，易为购房者所接受。③提高了生活质量。仍以单元式为例，虽然小高层住宅只加了一部电梯，但作用不可小看。据调查，在许多大城市，老人问题已十分突出。小高层住宅的电梯，将给老、弱、病、残、孕居民上下楼以及居民搬运重物等带来极大方便，提高了生活质量。就标准而言，基本达到欧美国家四层以上住宅设电梯的规定。由于小高层住宅层数较低、结构体系较简单，抗风、抗震要求都不如一般的高层建筑，对于开发商来说，投资较少，工期较短，资金和人员均容易周转，而回报并不低，因此深受欢迎。

■ 图5-7 高层住宅

■ 图5-8　带入户花园的小高层户型

（3）多层住宅。指4~6层高的住宅，借助公共楼梯解决垂直交通，是一种最具代表性的城市集合住宅。用地比低层住宅节省，性价比高，公共空间与氛围较好，公摊面积少，物业费较低，出房率高，使用费用低，无使用电梯的风险，符合中国居民群住的生活习惯。一般来说，这种住宅，存在共用部分不足、需要爬楼梯而舒适性较差的缺点，见图5-9。

■ 图5-9　典型的多层住宅户型图

（4）低层住宅。1~3楼的住宅，过去多为砖混结构。这种房子现在正在逐步消失，原因是目前紧张的土地，造这样的房子很不经济。即使要造这样的房子，房地产商一般会把它做成联排别墅。这样卖价就会比普通的低层住宅高出一倍以上，见图5-10。

■ 图5-10　国内开发的联排别墅

5.1.3　公寓

1. 公寓的特点

有管理的住宅楼。现代汉语辞典里指两种意思：第一个，旧时租期较长，房租论月计算的旅馆。住宿的人多半是谋事和求学的。第二个，能容纳许多人居住的房屋，多为楼房。房间成套，设备较好。从这个解释来看，公寓一部分类似于旅馆，另一部分类似于住宅。

2. 公寓的类型

（1）单身公寓。建筑面积30~60平方米左右的带卫生间和厨房的套房，主流的面积在40平方米左右。一般为走廊式，南北分开。实际的使用面积在30平方米左右，见图5-11。房地产商一般都以精装修的形式推向社会。厨房和卫生间面积都很小，家具也都配置好了，一般是一个不大的柜子、一张双人床、一把小沙发、一套三人到四人的小餐桌。主要面向单身生活的人群，对经济条件欠佳的新婚人群也有一定的吸引力。但有了小孩以后，这样的公寓就会很不适用。主要是面积过小、家具过于简单、储存空间很小，空间格局也太简单。

（2）学生公寓。4~8人共同居住的房间。进入21世纪以后新建的学校一般都是4人带卫生间的模式，也有2~3个套房带一个卫生间的模式。2000年以前多数学校建的学生公寓都是不带卫生间的模式，见图5-12（a、b）。

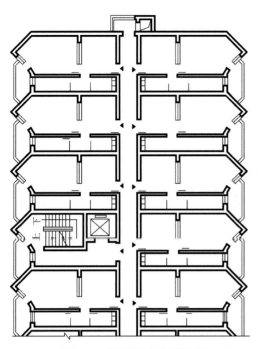

图5-11 典型的公寓楼层平面图

图5-12(a) 单身公寓一角

图5-12(b) 法国的学生公寓

（3）职工公寓。根据企业的大小和经济条件的好坏及企业理念的不同有很大的差别。差的就像鸽子笼一样只能满足最基本的睡觉的功能，中等

的就像一般的学生公寓，多人共居，除了床还有一些桌椅和箱架，集中卫生间盥洗室。好点的是带卫生间的公寓，2~4人一间。更好的就类似于精装修的单身公寓。

5.1.4 老房子

1. 老房子的特点

一般指有年头的、非成套的、没有卫生间的老房子。

2. 老房子的类型

（1）民房。具有一定年代的房子，有些是解放前的大户人家的院落分割给了很多户群众。这些房子经过时间的洗礼，多数变得拥挤、破烂，变成城市改造的对象。只有少数具有文保价值，被保留下来。经过清户修整，成为具有历史文化意义的景观，有的被整体利用为展示、休闲、博物等用途的房子，见图5-13。

图5-13 经过改造的旧民房变成了富人的居住区

（2）四合院。有天井的四面围合的住宅，以北京的四合院最典型，也最有名气，见图5-14。

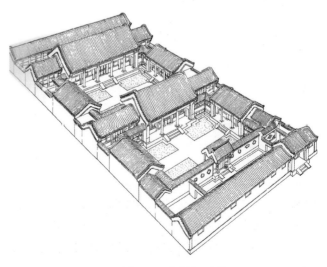

图5-14 北京的四合院

5.1.5 二手房

二手房指别人交换出来的房子。

1. 二手房的类型

（1）旧房子。房龄较长的旧房子。

（2）次新房。原购房者以投资为目的，或因各种原因不能自己居住的一手房。

（3）存量房。房地产商建造完了以后一直没有卖出去的房子。

二手房各种类型的房子都有，见图5-15。

图5-15   经过改造设计的二手房户型

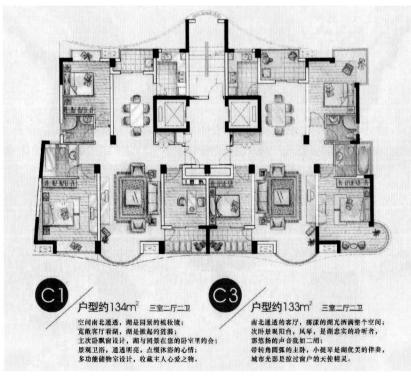

图5-16   平层展开的日湖高层户型

2. 二手房的特点

次新房与新交付的房子没有多大的区别，这里主要就房龄较长的二手房做分析。

（1）地段好。一般都坐落在市中心和繁华地段。

（2）户型旧。过去开发的房子沿用的是低标准，人们的生活水平及要求也比较低，只要有成套房就很满足了。当时的设计人员没有优化户型的意识，建造出来的房子户型自然就比较差，格局不好。许多卫生间是暗的，厅很小，有的是弄堂型的。有的还有一门两户，里户要经过外户，很不方便。

（3）房龄长。早的是在20世纪80年代初期开发的，晚的是在20世纪90年代初期开发的。这些房子的建造质量一般也比较差。

（4）面积小。所有的房间都小，卫生间只有2平方米左右，厨房3~4平方米，一个厅也就6~8平方米，现在最多只能做一个餐厅。房间一般8~14平方米。

（5）标准低。除了房间小以外，配套设施也很差。房子的间距很小，没有绿化小区，没有公共空间，更没有"会所"什么的。

（6）价格低。二手房除了地段好，其他就没有什么优点了。所以比之新开发的商品房价格自然要低一些。

5.2   住宅的空间展开形式

5.2.1   平层住宅

住宅空间在同一个标高的平面内展开，见图5-16。

5.2.2   复式住宅

复式住宅是由香港建筑师创造的一种经济型房屋，是在层高较高的一层楼中增建一个夹层，从而形成上下两层的楼房。其中客厅的层高是夹层加基层，因此层高很高，比较气派，见图5-17。

■图5-17　复式住宅二层内景

5.2.3　错层住宅

是指由上、下两层楼面，将卧室、起居室、客厅、卫生间、厨房及其他辅助用房分列在不同楼层的户型，采用户内独用的小楼梯连接的房屋，见图5-18。

■图5-18　典型的错层住宅室内空间

5.2.4　多层通贯住宅

就是一通二、一通三、一通四或二通二、二通三、二通四等。前面的数字是房子标准层的开间数，后面的数是楼层的数量。别墅多数就是多层通贯住宅，联排别墅也是这种类型。这种空间展开形

式是一户人家有多层生活空间，生活的丰富性大大增加了。但开间少面积小的户型面宽小，垂直交通的面积也占去了不少，有时反而会带来生活的不便。而且每层都要设置卫生间，空间利用率相对就低了。楼上、楼下居住的人分开了，人气也不太旺。所以200平方米以内的面积采用这样的居住形式其实并不合适。面积大的户型就没有面宽小的毛病，是豪宅的品相。

5.2.5　相关名词解释

1. 建筑容积率

在项目规划建设用地范围内，全部建筑面积与规划建设用地的面积之比。

2. 绿化率

在规划建设用地范围内，绿地面积与规划建设用地面积之比。

3. 得房率

房屋的使用面积与建筑面积的比例。

4. 建筑密度

简单地说就是项目用地范围内所有基底面积之和与规划建设用地面积之比。

5. 经济适用房

以微利价出售给广大中低收入家庭的商品房。它是具有社会保障性质的商品住宅，具有经济性和适用性的特点。经济性是指住宅价格相对于市场价格而言，是适中的，能够适应中低收入家庭的承受能力；适用性是指在住房设计及其建筑标准上强调住房的实用效果，而不是降低建筑标准。但在实际操作中经济适用房一般低于商品房。

6. 塔楼

一般多于四五户共同围绕或者环绕一组公共竖向交通空间形成的楼房平面。平面的长度和宽度大致相同。这种楼房的高度从12层到35层，超过35层是超高层。塔楼一般是1梯4户到1梯12户。多户型的塔楼有近1/3以上的住宅朝向很不好，见图5-19。

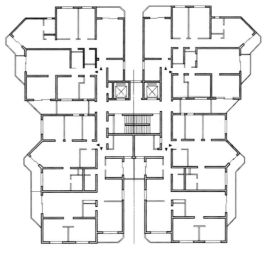

■图5-19　典型的塔楼平面

7. 板楼

板楼的平面图上，长度明显大于宽度。板楼有两种类型。一种是长走廊式的，即通廊式高层住宅。各住户靠长走廊连在一起，由共用楼梯和电梯通过内外廊进入各套住宅的高层楼房。它克服了塔楼光照性和通风差的缺点。但由于通廊的特点，人们要经过一些单元的房间，因此私密性会差一些。第二种是单元式拼接，若干个单元连在一起拼成一个板楼。每个单元都有电梯和楼梯，见图5-20。

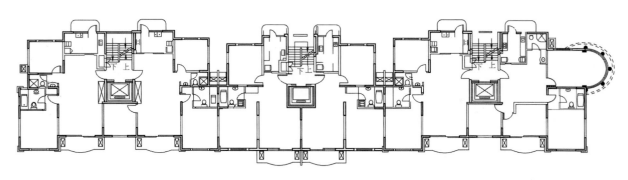

■ 图5-20　典型的单元式板楼平面

5.3　房屋的结构类型对装修的影响

5.3.1　砌体结构（混合结构体系）

1. 砌体结构的类型

（1）纵墙受力。

受力特点：靠纵墙支撑楼板，横墙只是满足刚度和整体性，间距比较大，横墙只承受小部分荷载，见图5-21。

荷载传递：板 — 梁（屋架）— 纵墙 — 基础 — 地基。

优点：平面布置灵活。

缺点：刚度差。

装修影响：纵墙上不能随意开门、开窗，采光和通风受到影响。

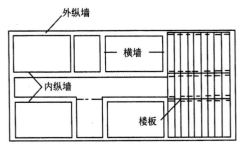

■ 图5-21　纵墙受力图

（2）横墙受力。

受力特点：靠横墙支撑楼板，纵墙只是起围护隔断，维持横墙的整体性，见图5-22。

荷载传递：板 — 梁 — 横墙 — 基础 — 地基。

优点：横向刚度大，整体刚度好，纵墙受力小对门窗设置限制小，在设计上比较自由。

缺点：横墙密度高，间距小3～4.5米，平面布置不灵活。

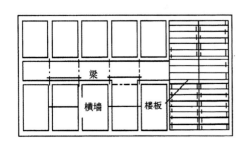

■ 图5-22　横墙受力图

（3）纵横墙受力。

受力特点：根据开间和深度确定纵横墙的密度，同时沉重，横墙间距比纵墙小，见图5-23。

优点：横向刚度比纵向沉重的方案有所提高。

缺点：受力比较复杂，限制比较大。

特别注意：区别承重墙，要反复核查图纸。

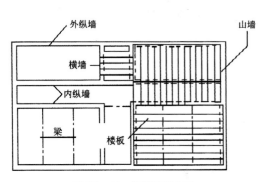

■ 图5-23　纵横墙受力图

（4）内框架受力。

受力特点：混合承重，既不全由砖墙承重，也不全由框架承重，而是由外部的砖墙和内部的框架共同组成承重体系，见图5-24。

缺点：结构的空间刚度差，不利于水平方向的荷载。

优点：内部空间大，布置自由。

特别注意：小心与框架结构混淆，造成施工灾难。

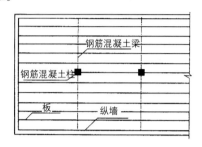

■图5-24　内框架受力图

2. 砌体结构容易产生裂缝

墙体为无筋砌体的房屋比较容易开裂，特别在气候干燥、年温差大、夏日日温差大的地区。建成后1~3年墙体开始产生裂缝，裂缝的形态有斜裂缝、垂直裂缝、水平裂缝、八字裂缝等。裂缝产生的原因很复杂有材料方面，如脆性材料，抗拉强度低；有设计缺陷方面，如建筑物过长、内纵墙过少、门窗洞太大；还有施工质量方面的原因，地基沉降、环境温度变化也可以造成墙体开裂。

3. 砌体结构对装修的影响

（1）装修行为。开门、打孔、加荷载、拆墙、加墙、加柱、荷载不均衡增加、门窗洞开的过宽、电线及管线开凿过深导致局部墙体强度减弱。

（2）措施。避开承重墙。

5.3.2　框架结构

由梁柱连接而成，一般为刚性连接，也有铰接连接（排架结构），适用高度一般根据抗震要求在25~60米。合理的建筑高度为6~15层，10层左右最经济。现在低层住宅也大量采用，主要是给使用者更大的灵活空间，同时也是为了对付野蛮装修，见图5-25。

高宽比：高度与结构平面的短边5:7，主要为了控制水平位移。

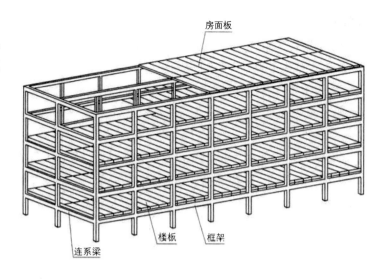

框架结构体系

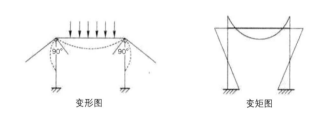

变形图　　　　　变矩图

框架在水平荷载作用下的受力分析（一）

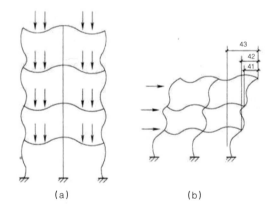

（a）　　　　　（b）

框架在水平荷载作用下的受力分析（二）

（a）框架在竖向力作用下的变形；（b）框架在侧向力作用下的变形

■图5-25　框架结构受力图

1. 框架类型

（1）全框架。整体性好，一般柱网跨度6~9米，布置比较灵活。

（2）内框架（上面已有论述）。

（3）底层框架上部砖混。上刚下柔，比较经济。

2. 框架结构对装修的影响

框架结构的房子对装修最为有利，但要注意的是不能在梁和柱上打洞，也不能在梁柱上进行破坏性施工。

5.3.3 剪力墙结构

利用建筑物的墙体作为竖向承重，代替部分框架，抵抗侧力的建筑结构。适用于25～40层以下的楼房，见图5-26。

受力特点：由钢筋混凝土墙承受全部水平和竖向荷载，剪力墙沿建筑横向、纵向正交布置，或沿多轴线斜交布置，并使两个方向刚度接近。

缺点：结构墙体多，不容易布置面积较大的房间。

优点：结构刚度大、空间整体性好、用钢量也较小，良好的抗震性能，不凸现梁柱，整齐美观。

剪力墙结构的装修特别注意：

剪力墙部分的开洞要特别注意错开开洞，错沿的形式有：

（1）一般错词。洞口错开距离一般不宜小于2米。

（2）叠合错词。一般不允许，必要时要加暗框式配筋。

（3）底层局部错洞。标准部位的竖向钢筋应延伸至底层，并在一二层形成上下连续设暗柱、二层洞口下设暗梁，并加强配筋。

（4）其他限制。宽墙肢，一般截面高度大于8米时可开门窗洞或结构洞。洞口位置距墙边要保持一定距离，不得靠边，门窗洞口的设置应避免小墙肢。

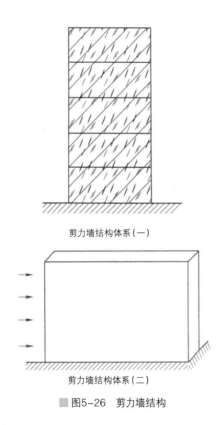

剪力墙结构体系（一）

剪力墙结构体系（二）

■ 图5-26 剪力墙结构

5.3.4 框支剪力墙结构

为了底层有较大的空间，例如商场、大堂等，底层采用框架结构，上层采用剪力墙结构的结构方案，见图5-27。

受力特点：抗侧力有所减弱，刚度比全剪结构减弱，比框架—剪力墙结构加强。

缺点：兼具。

优点：布置灵活，各得其所。

特别注意：剪力墙部分的开洞要特别注意。

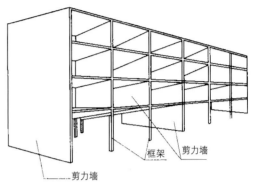

■ 图5-27 框支剪力墙结构

5.3.5 框架—剪力墙结构

框架和剪力墙共同组成承重受力体系，见图5-28。

受力特点：框架部分抗水平力的能力弱，侧力刚度较小，剪力墙部分则相反。

优点：布置灵活，各得其所。

特别注意：剪力墙部分的开洞要特别注意。

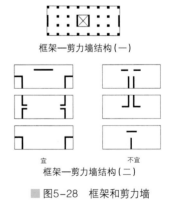

框架—剪力墙结构（一）

宜　　　　　　不宜

框架—剪力墙结构（二）

■ 图5-28 框架和剪力墙

5.3.6 筒体结构

由框架—剪力墙结构和全剪力墙结构演变而来。将剪力墙集中在建筑的内部或外部，形成封闭的筒体，见图5-29。

受力特点：水平荷载由一个或多个筒体承受。

优点：空间刚度大，抗扭性能好，平面设计灵活。

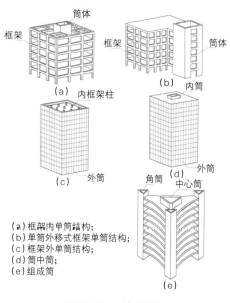

（a）内框架柱
（b）内筒
（c）外筒
（d）外筒　角筒　中心筒
（e）

（a）框架内单筒结构；
（b）单筒外移式框架单筒结构；
（c）框架外单筒结构；
（d）筒中筒；
（e）组成筒

■ 图5-29　筒体结构

5.4　房屋的精确测量

5.4.1　测量的意义

设计师在收到用户的平面图之后，需亲自到现场度量及观察现场环境，如有业主陪同可乘机与他作一些交流，进一步加深对业主的了解。在观察清楚业主对房屋现状后，也可与业主交流现场获得的设计灵感和想法，征求业主的意见。

5.4.2　测量的要求

要全面测出房屋的详细尺寸。尺寸标示不能再用建筑平面图的墙中线的画法，而是要把墙的厚度也标示出来。同时也要把房屋的各个部位的尺寸都标示出来，并画出房屋的原始平面图。

看清房屋的户型和特点，以便对症下药。摸清房屋现况对报价的影响。

5.4.3　重要提示

不能用业主提供的图纸做设计底图！

业主提供的平面图有的是从房产证上复印的测量面积的图纸，有的是房产公司提供的户型图，这样的平面图对设计师只能起到参考作用。从房产证上复印来的图纸只有测量面积，没有墙体厚度，信息很不完整，见图5-30。房产商提供的户型图往往是从建筑师的方案图中复制而来的，图里表明的尺寸是设计施工的理论尺寸。但建筑公司在施工过程中会产生若干误差。这些误差主要表现在水平或垂直的倾斜，门窗位置的偏

离，柱子的宽窄和倾斜变化。对小面积、层高低的房屋要特别注意它们的倾斜和偏差，见图5-31。

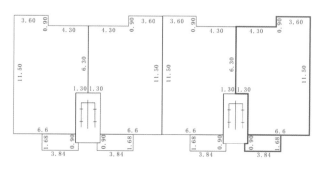

■ 图5-30　房产证上复印的测量面积的图纸

■ 图5-31　房产公司提供的户型图

5.4.4　测量方法和步骤

1. 现场量房

由设计师到业主拟装修的居室现场进行勘测，并进行综合的考察。全面了解房屋的优缺点以便更加科学、合理地进行家装设计，见图5-32。

2. 测量步骤

先画户型平面图，然后画出每个房间的立面，分别标注实际尺寸。

3. 测量方法

从左到右，从上到下，先大后小。

4. 测量内容

（1）定量测量。主要测量室内的长、宽，一般精确到厘米，然后计算出每个房间的面积。

（2）定位测量。主要标明门、窗、暖气罩的位置（窗户要标明数量）。

（3）高度测量。主要测量各房间的高度。

（4）梁柱测量。梁柱的高度和宽度。

（5）平整度测量。房屋的平整度和高差。

（6）细节测量。强弱电、燃气、给水管、排水位置、马桶落水等尺寸。

5. 测量器具

传统的测量器具是卷尺，比较常用的是5米卷尺。而现在很多设计师用激光测距仪，不仅携带方便，而且测量起来快速、准确。

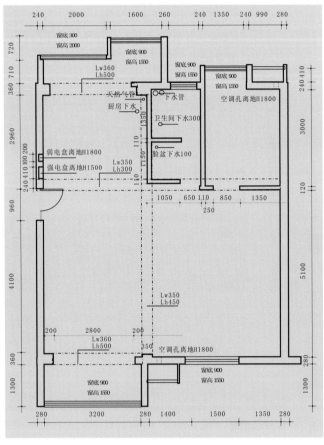

■ 图5-32　测量案例

表5-1　　毛坯空间分析表（案例）

要素	有利因素	不利因素	如何改进
朝向	朝南	2间朝西	注意遮阳处理
通风		关门后没有通风	配备人工通风设备
交通		局部比较狭窄	不能设计家具
流线	开间大		可以组织双流线
景观	窗前景观好	有人锻炼，有噪声	重点注意隔声处理
进深		进深大，中部光线不好	卧室对出可以隔出一个衣帽间
层高		局部有梁，影响层高	注意高低错落形成对比形成特色
柱子		进门有柱子	利用柱子做一个玄关界面，隐去柱子
形状		有不规则形状	组织一个功能区
大小		主卧室比较小	衣柜移出，在走入式衣帽间解决
厨卫		厨房门对着大门	厨房门改向
入口		没有独立玄关	在起居室里分割

阳台、地漏、柱角、水电设施、信息设施、过梁、水平差等看起来不重要的部位都是容易疏忽的地方，而这些部位对设计的影响还是比较大的。例如，没有注意到过梁，在设计天花时就会整体考虑。可是到现场一看，整体天花的设计无法实施，需要重新设计。忘了柱角，在界面设计时也会出现多余的构造，影响设计效果。水电设施的位置没有看清，放置卫生器具时就会设计错误的位子。有的线路密集的部位设计了过多的构造，在施工过程中会造成线路的故障。

测量房屋比较多的失误在于测量信息遗漏。改掉这个毛病主要靠细心和责任心，测量完成后注意核对一遍，发现疏漏以后，就要及时补测，以便获得正确的测量数据。

5.5　查看房屋的其他特点

对拟装修的毛坯房要仔细观察，了解房屋的质量状况，看清这间房子的优点和缺点，并在设计时扬长避短。在看房时作一些记录，建议在现场做一张毛坯空间分析表，设计时可以思路更清晰，见表5-1。

拟装修住房的现况，对装修施工报价也影响甚大，这主要包括：

1. 地面

无论是水泥抹灰还是地砖的地面，都须注意其平整度，包括单个房间以及各个房间地面的平整度。平整度差的房屋施工造价高。

2. 墙面

墙面平整度要从三方面来度量，两面墙之间的夹角与地面或顶面所形成的立体角都应为直角。单面墙要平整、无起伏、无弯曲。如果墙面夹角不是直角，在后续施工中需要进行整改，这势必增加造价。

3. 顶面

其平整度可参照地面要求。可用灯光试验来查看是否有较大阴影，以明确其平整度。

4. 门窗

主要查看门窗扇与柱之间横竖缝是否水平垂直。如果门窗不水平、不垂直,需要在后期重新安装,这也会加大施工量,从而增加造价。

5. 厨卫

注意地面是否向地漏方向倾斜;地面防水状况如何;地面管道(上下水及煤、暖水管)周围的防水;墙体或顶面是否有局部裂缝、水迹及霉变;洁具上下水有无滴漏,下水是否通畅;现有洗脸池、坐便器、浴池、洗菜池、灶台等位置是否合理。

5.6 户型分析的依据

5.6.1 户型分析的概念

判断户型好坏的依据有自身要素和环境要素。

1. 自身要素

主要分析房子本身的要素,如户型形式、房间组合、房间面积、房间形状、朝向、通风、采光、动线、开间、风水、使用效果、利用率等。

2. 环境要素

主要考察房子所处的环境条件,如景观、绿化、间距、噪声、自然环境、健身条件、配套、交通、车位等。家装设计师主要考察房屋的自身要素,但也要兼顾环境要素。对有利的环境要素加以利用,对恶劣的环境要素予以回避。

5.6.2 户型分析的目的

扬长避短,发挥户型的优点,避免户型的缺点。高手还能把缺点变成优点。

5.6.3 户型分析的主要依据

什么样的房子户型好,如何作户型分析?下列14个因素成为户型分析的主要依据。

1. 朝向

南阳北阴,南面是好方位,能够接受阳光的照耀。阳光不但带来光明,也带来生机和健康。楼盘密度高,楼距紧,光照就差。现在高层越来越多,有些楼盘位于一二层的房子即使在南面也没有阳光,这时朝向的意义就变得不是特别重要了。但不管怎么样,总是南面的位置好。朝向位置的好坏权衡表见表5-2。

表5-2　朝向位置的好坏权衡表

朝向	评价	理由
东南	☆☆☆☆☆	最大限度地接受阳光
南	☆☆☆☆☆	主要时段接受阳光,冬暖夏凉
西南	☆☆☆☆	主要时段接受阳光,承受西晒太阳的毒辣
西	☆☆	承受西晒太阳的毒辣
西北	☆	西晒太阳的毒辣和北风的呼啸
北	☆☆	没有阳光,但光线稳定,但要承受北风的呼啸
东北	☆☆☆	能够接受朝阳,但也要受到北风的侵袭
东	☆☆☆☆	能够接受朝阳

2. 通风

通风是衡量房子好坏的重要指标。判断通风好坏主要看对流与否、对流方向、对流高低,窗口数量等因素。高层住宅通风对流强劲,需要将风速减弱、柔化,就需要对风进行适当的隔断。空气热高冷低,因此窗口的高低对调节温度有一定的作用,见表5-3。

表5-3　通风评价表

风向		评价及理由	风向		评价及理由
	东西贯通	☆☆ 夏热冬凉 通风尚佳		西南贯通	☆☆☆☆ 优化通风
	南北贯通	☆☆☆☆☆ 冬暖夏凉		东南贯通	☆☆☆☆ 优化通风
	三向贯通	☆☆☆☆ 冬暖夏凉 自由调节		西北贯通	☆☆☆ 次优化通风
	四向贯通	☆☆☆☆☆ 冬暖夏凉 自由调节 最佳通风		东北贯通	☆☆ 不得已 单相通风
	东面单向	☆☆ 通风较差		南面单向	☆ 通风极差
	北面单向	☆☆ 通风较差		西面单向	☆ 通风极差
	南北迂回	☆☆☆☆ 风速柔和		复合迂回	☆☆☆☆☆ 风速更柔和
	由下而上	由调节的通风 凉进暖出		由上而下	由调节的通风 暖进凉出

3. 交通流线

　　好户型动线不但简单而且顺畅。动线简短就意味着到达快捷方便，动线流畅就意味着行动自由，没有障碍。这是评价户型好坏的一个重要指标，见图5-33和图5-34。

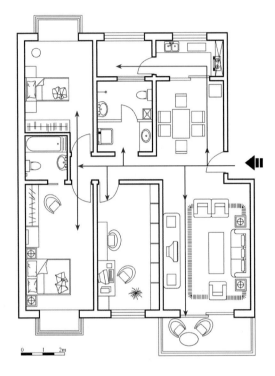

■ 图5-33　动线流畅且又简单的户型

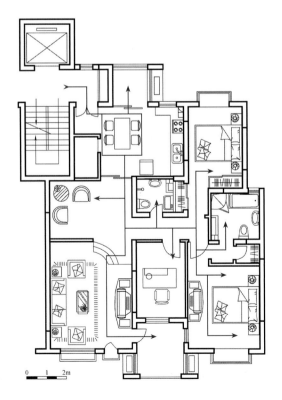

■ 图5-34　动线滞阻且又复杂的户型

4. 景观

　　窗口的景观条件是评价房子好坏的重要指标。好的景观可遇不可求。有好的景观，房地产商一定会把它作为一个重要的加价因素。所谓景观住宅、水景、山景、街景因素是房产商炒作的重要依据，见图5-35和图5-36。空间设计时一定要发挥景观优势。

■ 图5-35　海景房

■ 图5-36　园景别墅

5. 层高

　　一般住宅的层高标准为2.8米左右，净高为2.65米左右。但这个标准比较老，是经济短缺时代的产物。现在的住房面积大了，特别是客厅，还是套用这样的标准就显得不合适了。特别是单房面积超过30平方米时，这个层高就显得十分压抑。但现在的房子设计在层高上也有了一些变化，如采用错层设计、挑空设计、复式设计，局部加大层高。这些都是不错的解决办法。所以大房间，高层高，品质就高。房产商也会不遗余力地炒作这些优点，提高售价,而业主也心甘情愿地为高层高埋单——"一分价钱一分货么"!见图5-37和图5-38。

■ 图5-37　复式空间营造高挑的客厅效果

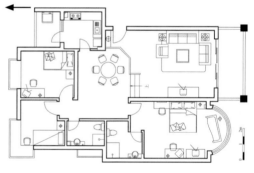

■ 图5-38　错层户型

6. 梁柱

对室内设计来说,梁柱数量越少越好,尺度越小越好。但没有梁柱是不可能的。尤其现在的房子面积大,随之而来梁柱多,尺度大。这对设计很不利。尤其是关键部位,如大厅中间有不规则的加强梁,会令设计师头痛。他会花很多脑力在上面去化解这些突兀的梁柱。所以梁柱也成了一个衡量户型优劣的指标。

7. 形状

房间的形状、比例好坏也是衡量户型好坏的标准之一。有些不规则的形状很难处理,会造成

面积的浪费。在高房价的今天,浪费宝贵的面积是十分可惜的,见图5-39。

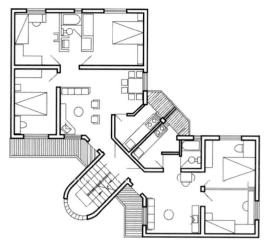

■ 图5-39　不规则的房型

8. 开间大小

房间的大小,开间的大小,对设计的局限很大,特别对起居室和主卧室的设计。对小康型的住宅来讲,起居室开间小于3.9米,就会显得比较窄。现在的业主都喜欢在起居室放一个大尺度的电视,选择大尺度的沙发,这样有效的观看距离就会显得不足。主卧室开间小于3.6米的也会显得局促。对别墅来讲更加如此,见图5-40和图5-41。

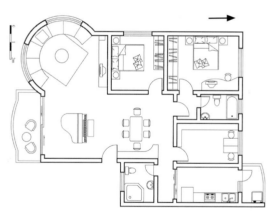

■ 图5-40　大开间的起居室

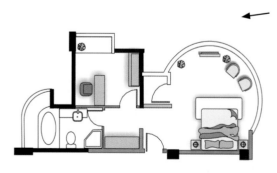

■ 图5-41　大开间的卧室

9. 进深

房子的进深即南北向的距离。进深过大了就会造成中间部位采光不足，房间的分割势必造成前后通风堵塞。因此，过大的进深不是好户型，见图5-42和图5-43。

■ 图5-42   进深合理的户型

■ 图5-43   进深过大的户型

10. 相邻

房间的相邻关系也是一个衡量因素，对讲究风水的业主十分忌讳厨房与主卧相邻。卫生间的马桶与卧室的床背相邻，起居室的电器设备与卧室的床背相邻。即便不讲风水，卫生间正对厨房也是忌讳的，见图5-44。

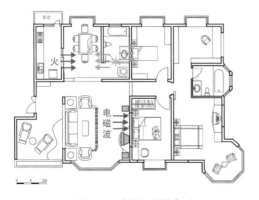

■ 图5-44   相邻不利的户型

11. 厨卫大小

许多高品质厨卫的大小标准普遍偏低，对讲究生活情趣的业主实在是非常无奈。现在许多人要求厨房和主卫分别达到15平方米以上，可是现在的地产商基本上没有提供这样的户型。于是有些人家将房间改为厨卫，但也因此造成邻里的纠纷。因为会影响楼下的住户的生活，有的还因此引起了官司，图5-45和图5-46。

■ 图5-45   大厨房效果

■ 图5-46   大卫生间的豪华效果

12. 入口

有没有玄关的空间，入口是不是十分局促也是衡量房屋空间质量优劣的一个指标。因为入口是第一印象，是家庭的面子，没有配置玄关的余地就不是理想的户型，见图5-47和图5-48。

13. 噪声

噪声会严重影响人的情绪。有些临街的建筑道路噪声很大。卧室就不适宜摆在临街的一面。

14. 大环境

外部环境需要权衡的要素还有距市中心远近、交通方便、上班远近、自然环境、生活配套设施、基础设施、物业管理、楼盘大小、楼层高低、电梯、楼盘价格、周围建筑、安全性、均好性、开发商品牌等。由于这些不是家装设计师考虑的问题，所以就不详细讨论了。

过设计师的改造改善的，某些要素是可以放弃的。而对另外一些业主来讲情况又不一样了。但对设计师来说，要通过设计手段把不利因素改为有利因素，尽可能为业主创造好的居住环境。

1. 户型权衡

表5-4就13个指标的重要性分别作了权衡。

表 5-4　　户型权衡表（参考意见）

	因素	权衡	评价	改造余地
1	朝向	重要	朝南房间数量多少	
2	通风	重要	风向及贯通情况	
3	交通流线	比较重要	顺畅与否	
4	景观	重要	有无好坏的景观	坏景需要遮挡
5	层高	比较重要	2.65米以上还是以下	
6	梁柱	比较重要	位置及大小	能否作为设计元素
7	形状	比较重要	方正规则还是不规则	是否可以调整
8	大小	重要	十分合适	能不能调整
9	进深	重要	短进深还是长进深	有无跟进的窗户
10	相邻	比较重要	有无忌讳	可不可以调整
11	厨卫	比较重要	大还是小	
12	入口	比较重要	有还是无	
13	噪声	重要	有还是无	

2. 房子自身要素分析

表5-5对房子的自身要素作了分析。

表 5-5　　房子自身要素分析表

分析要素	有利因素	不利因素
户型形式	时尚户型	过时户型
房间组合	房间大小合理、门位合理	房间大小不合理、门位不合理
房间面积	合适	过小、过大
房间形状	规整	异型
朝向	朝南坐北、南偏东、南偏西	坐西朝东、无南、朝西北
通风	通畅、可调节	不通畅、不可调节
采光	采光充分、日照时间长、采光面积大	采光不充分、日照时间短、采光面积小
动线	流畅	别扭
开间	大、合理	小、不合理
使用效果	好	不好
利用率	高	低

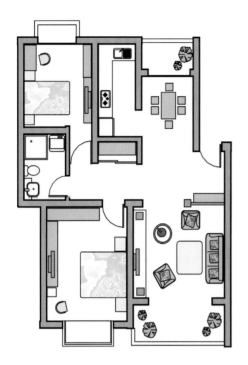

■ 图5-47　给玄关考虑位置的户型（88平方米）

■ 图5-48　没有给玄关考虑位置的户型（117平方米）

5.6.4　综合权衡

以上这些因素综合起来就可以判断户型是好还是坏。但十全十美的户型十分少见，权重的系数要看业主的追求。对有些业主来讲某些要素是要一票否决的，某些要素是可以通

3. 环境要素分析依据

表5-6就房子的环境要素进行了分析。

表 5-6   环境要素分析依据

分析要素	有利因素	不利因素
视线	无视线干扰、私密性强	视线直视，没有私密性
景观	优美、风景好	杂乱
绿化	有绿化、造型优美、有利健康	无绿化、造型杂乱、有害健康
间距	空间开阔、视线通达	空间拥堵、视线闭塞
噪声	闹中取静、安静	有交通干道、铁路、工厂噪声
自然环境	无污染、空气质量好	有污染、空气质量差
健身条件	附近有、方便	没有健身条件
配套	全	不全
辐射	无	有
交通	便利	不便利
车位	有	无
楼层	楼层特点适合居住者的特点	楼层特点不适合居住者的特点

4. 分析角度

从事房地产营销的专业人士与家装设计师分析户型会站在不同的角度。前者一般从商品房促销的角度分析户型，一般以发现优点为主，抓住一点，不及其余。而后者则要从客观的角度，特别是要站在用户的角度，一般以发现缺点为主，并努力在设计中加以改进。

5. 设计师看房时的表现要点

（1）分析户型的优点会使用户高兴，指出户型的缺点会使用户沮丧。

（2）如果设计师有对付户型缺点的绝招，则可以体现设计师的水平，赢得用户的赞赏和佩服。

（3）好的设计师能立刻指出户型的不足，并声称自己有很好的解决方案。

5.7   户型分析案例

5.7.1   实惠经济中小户型

图5-49是一个中户型，户型分析如下。

优点：

（1）进深合理，光线充足。坐落南北，间间有窗，空气流通很好。

（2）户型方整大气，空间端正，户型紧凑，设计合理，没有浪费空间。

（3）就88平方米的户型而言，能够满足多数实惠型三口之家的生活需求。

缺点：两个房间的门相对，有时会比较尴尬。

总体评价：88平方米户型属中小户型是受房产市场欢迎的户型，是一种理性的小康户型。

■ 图5-49   实惠经济中小户型（88平方米）

5.7.2   理性紧凑主力户型

图5-50是一个常见的住宅户型，户型分析如下。

S ←

■ 图5-50   2室2厅户型（95平方米）

优点：

（1）进深合理，光线充足。

（2）户型方整大气，紧凑，空间端正，易于利用，无浪费面积。

（3）坐落南北，间间有窗，空气流通很好。

（4）南北双阳台，南面可以享受阳光，北面成为工作阳台。

（5）厨房于餐厅距离合适，备餐进餐方便。

（6）就95平方米的户型而言，客厅和卧室相对比较宽敞。

缺点：

（1）没有玄关的位置，私密性相对较差。

（2）入户门正对卫生间门，不雅。

（3）卫生间空间较小，使用不够舒适。

总体评价：95平方米户型属于房产市场的主力户型，单身、新婚、三口之家都可适用。

5.7.3　浪漫舒适个性户型

图5-51是一个大户型，户型分析如下。

■ 图5-51　156平方米4室4厅2卫户型

优点：

（1）朝向好，厅及次卧向南，主卧向东南。

（2）通风良好，间间见光。

（3）客厅紧凑，外接餐厅，所以并不显小。

（4）卧室是彰显个性的亮点，八角窗的设计为营造浪漫的气氛创造了条件。

（5）南北双阳台，南面可以享受阳光，北面成为工作阳台。

（6）三口之家同时考虑了客房，为亲戚来访提供过夜条件。

（7）多层房屋，公摊少，出房率高。

（8）书房和次卧的凸窗为单调的房间增加了亮色。

（9）多数房间格局四平八稳，利用率高。

缺点：

（1）卫生间偏小，不符合浪漫人士的需要。

（2）客房闲置时间较长，有调整可能。

（3）相对面积指标，餐厅的位子不够宽敞。

（4）没有考虑玄关的设置。

适合人群：父母在外地，有专用书房要求的知识型、专业型三口之家。

5.7.4　豪华景观诗意户型

图5-52是2个豪华的高层户型，户型分析如下。

1. A1豪华景观户型

（1）房产商的忽悠：

功能丰富，更有衣帽间、储藏室、书房等生活空间享受。

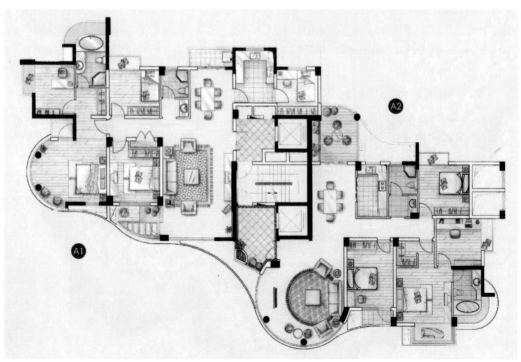

■ 图5-52　4室4厅4卫户型（A1 183平方米/A2 173平方米）

圆弧主卧,圆弧阳台,景观次卧,全玻璃宽敞卫浴,尽揽迷人湖景。

睡梦中湖是催眠曲;阅读时,湖是巨大的砚池;沐浴时,湖是格调的画卷。

带景观的阳台餐厅,美景是餐桌上丰盛的餐点。

(2)客观户型分析:

1)优点:

① 环境是一大亮点,户型浪漫豪华,有大户风范。

② 房间格局基本合理,可以满足高品位生活的需求。

③ 厨餐相近,使用方便;独立餐厅外接景观阳台,就餐氛围好。

④ 北面景观阳台多了一份接受自然的机会。

⑤ 为保姆预留了空间。

⑥ 次卫干湿分离,符合使用需求。

⑦ 三口之家同时考虑了客房,为亲戚来访过夜创造了可能。

⑧ 客厅接了一个景观阳台,为放松身心,远眺户外提供了有利条件。

2)缺点及改进方案:

① 如此豪华的户型没有为玄关考虑位置,对大户型的隐私及安全十分不利。

② 主卧内的卫生间离床的距离比较远,且卫生间门对着床,很不吉利。

③ 卧室是向西面的,大玻璃窗带来的是夏天西晒的骄阳和冬天刺骨的寒风,诗意全无。

④ 主卧室内间隔无法调节,留下遗憾。

2. A2豪华景观户型

(1)房产商的忽悠:

空间功能丰富,布局整齐,室内空间更有生活格调。

圆形客厅,景观主卧,赏湖阳台,开阔设计,湖风吹拂生活的每个角落。

坐在沙发上,端一杯干邑,湖映在红酒中。

在阳台,湖是优雅的萨克斯。

全玻宽敞卫浴,带户型转角窗,沐浴时欣赏城市风景。

经典入户花园,让生活在花丛中充满惬意。

(2)客观户型分析:

1)优点同户型A,在此不再叙述。

2)缺点及改进思路:

① 入口过于偏于一边,导致客厅成为穿堂,流线过长,先天不足,留下遗憾。

② 走廊像条弄堂,长而单调,必须改进,客观条件具有改进可能。

③ 主卧室的入口要经过储藏室,去内书房流线不畅,存在调整要求。

▶ 图片来源

5-1   http://sanya.loupan.com/html/news/201009/95557.html
5-2   http://blog.sina.com.cn/s/blog_606702bf0100ypxs.html
5-3~5-5   自摄
5-6   MERCEDES-BENZ.Mercedes Magazine.2006.l
5-7   http://www.sheencity.com/res/59562.html
5-8、5-9   房产广告和房型图
5-10   自摄
5-11   武勇.住宅平面设计指南及实例评析.北京:机械工业出版社.2005
5-12、5-13   自摄
5-14   http://zt.pchouse.com.cn/tuijian/1210/235019_all.html
5-15   自绘
5-16   房产广告和房型图
5-17   http://www.nbsheji.cn/zxzx/html/201010/zx19471.html
5-18   http://blog.sina.com.cn/s/blog_c0360f620101g5r0.html
5-19、5-20   武勇.住宅平面设计指南及实例评析.北京:机械工业出版社.2005
5-21~5-30   自绘
5-31   房产广告和房型图
5-32   自绘
5-33、5-34   武勇.住宅平面设计指南及实例评析.北京:机械工业出版社.2005
5-35   http://home.hz.fang.com/zhuangxiu/caseinfo1497527/
5-36   http://www.xiugei.com/xiaoguotu/tuce/xiandai/a268.html
5-37   http://www.86zsw.com/pics/picture-53568.html
5-38~5-40   武勇.住宅平面设计指南及实例评析.北京:机械工业出版社.2005
5-41   自绘
5-42~5-44   武勇.住宅平面设计指南及实例评析.北京:机械工业出版社.2005
5-45   装饰材料及家居产品广告
5-46   http://www.neeu.com/news/2012-02-09/26992_1.html
5-47   自绘
5-48~5-52   房产广告和房型图

第6章
家装市场的密码

　　家装市场规模庞大，产品繁多，令人眼花缭乱；家装市场人员复杂、竞争激烈，暗流涌动，令人精神紧绷；家装市场材料瞬息万变、日新月异，令人无所适从。而家装设计师必须面对这个复杂的市场，时时琢磨这个市场的变化规律和发展趋势，这是一个合格的家装设计师必须练就的专业功夫——

6.1　家装的市场格局

6.1.1　家装市场组成

　　家装市场是个规模庞大的复合市场，是由众多的有形和无形，实体或虚拟的专业市场组成。

1. 有形市场

　　有两个条件，一是有市——就是要聚集一大批消费者和一大批同类产品或服务项目的经营者；二是有场——入场经营户都有与经营项目、经营规模相适应的经营场地。两者缺一不可。就家装而言，就是经营家装材料或家装服务的企业集中在某地，形成的一个买卖区域。在这个城市里有很高的知名度，消费者购买家装材料首先会想到这个地方。一般四线以上城市都有一个或若干个这样的专业家装材料市场。上规模的有形的家装市场一般按产品大类分成若干专业市场，消费者购买某类产品就会直奔这类专业市场，如木材市场、石材市场、陶瓷市场、灯具市场、涂料油漆市场、门窗市场、板材市场、五金市场、家具市场、布艺和面料市场、花鸟市场等，见图6-1和图6-2。有形市场是市场经济发展的结果，它有很多优点。最大的优点是便于客户寻找，便于客户比较，在一个市场区域内能够买到许多东西。不利之处在于市场太大，鱼龙混杂某些无良店家和摊位可能进行价格欺诈。以次充好、以假乱真这样的销售陷阱和销售骗局较多。一些比较内行的业主因为有足够的专业知识，并且善于比较，所以能够买到价廉物美的商品。有形市场竞争激烈，企业状况变化很频繁。有些企业越做越大，有些企业可能一夜间就"蒸发"了，令买到不良产品的消费者投诉无门。

■图6-1　材料市场地板街一角

■图6-2　材料市场门窗雕花店

另一种有形市场的表现形式是有实力的企业独家经营的家装材料超市。在一个巨大的商业空间内集中经营各类家装材料。它们打出的有吸引力的销售口号是："一站式销售"，"在我这里你能买到所有材料"。家装材料超市的优点是明码标价，货真价实，有售后服务的保障。缺点是价格相对比较高。对一些讲究品牌，不会讨价还价的客户比较适合在此消费，见图6-3和图6-4。

■ 图6-3　一站式销售家装材料超市——好美家

■ 图6-4　家装超市内部一角

2. 无形市场

有市无形，经营家装的企业分散在城市的各个角落。在很多城市经营家装工程和家装设计业务的市场大都是无形的。一些家装公司，设计公司在成立之初大多没有考虑到今后要集中在一起，形成一个有形市场，它们的工商注册地址比较分散。总的来说，无形市场是市场的低级形态，它对买卖双方都没有什么好处。因此，无形市场慢慢地在向有形市场发展。近两年兴起的房地产热，地产商建立了很多高档的商务楼，在一些商务楼逐渐集聚了不少家装企业，自发地形成了"有形市场"。

无形市场的另一个情况是，家装材料商店以便利店、家装杂货店的形式，三三两两地散落在城区各地。主要在新落成的住宅小区周边，以零售为主，价格比市场要贵得多，但好处是购买方便。

3. 网上市场

另一种市场现在也在悄悄地兴起，这就是网上市场。它受到年轻消费者的欢迎。早期经营的比较好的网上市场以"团购"为旗帜，经常限时打出一个优惠的价格，笼络一批消费者。

现在，随着网购的日趋成熟，随着电子商务的高速发展，家装网购市场也变得非常繁荣。无论是PC端还是手机端，无论是高端还是低端，无论是大件还是小件，无论是平台还是店家，无论是个人还是企业，从家装设计、材料、施工，各种家装网站应有尽有。寻求家装购物和家装服务均极为方便。

例如2015年3月淘宝"极有家"家装家饰独立入口上线，它是淘宝O2O模式的一站式品质筑家家装平台。目前它有"灵感美图、值得买、家居社区、找设计、装修材料、软装家居、生活百货"七个频道，提供高品质的主题商品和专业服务。同时，它也是一个智能操控平台。是集家装设计、装修服务、家居商品购买的一站式家居垂直市场，它以"家"为中心，提供全阶段的贴身服务及商品选购。在极有家平台上，消费者可以探索装修灵感、挑选设计师和装修公司，也可以搭配购买家具家纺家饰，补充生活百货，是体验和购买相结合的一种模式。

网上家装市场与实体家装市场相比，最大的缺点就是看得见，摸不着，所见不一定所得。在网站上你只能看到家装商品的平面的图片或动画，但无法知道其真实的质量和效果。所以先行企业目前正在探索线上线下有机融合的经营模式。一个代表性的案例就是天猫的"家装e站"。它系爱蜂巢（苏州）电子商务有限公司旗下品牌，是全国首家推出标准设计、标准主材、标准施工的线上购物与线下体验一站式家装电商O2O服务交易平台。它致力于重构家装行业产业链，实现商品F2C （factory to customer 工厂到客户），打造标准、简单、透明的网上购买、线下体验的家装一站式服务。"家装e站"2010年与阿里巴巴达成战略合作，2015年8月18日家装e站创始团队回购金螳螂股权，实现独立运营。截至目前"家装e站"在全国一、二、三线城市发展了418余家线下体验及服务中心（城市运营商），将为全国上亿消费者提供标准化、全透明、一口价的家装电商O2O一站式服务。这种线上线下结合的运营模式其经营业绩令人瞩目：2013年天猫双十一当日成交额破1000万，2014年天猫双十一当日成交额1.03亿，2015年11月11日当日成交额突破2个亿。

6.1.2　家装市场的利益主体

家装服务业属第三产业，这个产业的存在使一大批人获利。

1. 直接利益主体

（1）家装业主。家装业主是家装业的直接服务对象。业主出钱委托家装专业机构或个人进行家装服务，获得自己想要的家装设计和施工服务，享受家装设计和施工的成果，并使自己的生活水平和档次明显提高。

（2）家装设计、施工、监理单位。通过为家装业主的专业设计和施工服务获得名利。

（3）家装材料制造和经销商。通过家装材料的研发、生产、销售获得名利。

（4）家用设备制造和经销商。通过家居设备的研发、生产、销售获得名利。

（5）家具制造和经销商。通过家具的研发、生产、销售获得名利。

（6）家装工程质量监督检验机构。通过家装工程质量和环境质量的检验获得名利。

（7）社会和政府。家装行业为社会提供大量的就业机会，吸纳大量的就业者，为政府减轻就业压力做出了巨大的贡献。社会和政府通过这个行业还获得了其他很多好处，如税收增长、社会文明程度提高、百姓生活水平提升、文化进步、社会稳定等。

2. 间接利益主体

（1）家装材料市场商。通过向材料经营者出租经营场地获利。

（2）家具市场商。通过向家具经营者出租经营场地获利。

（3）物流商。通过为各类个人和企业提供物流服务获利。

（4）房产商。品质优秀的家装改善了房产的形象，提高了房产的品位，从而促进了房产的销售。

（5）媒体。通过向家装企业、材料、家具、设备制造或经营商出租广告版面或广告时间获利；通过向读者介绍家装知识吸引眼球，增加了销量或收视率。

（6）网络平台和技术服务商。许多家装企业通过互联网这个平台经营家装的各类服务，由此必然催生了一批网络平台的提供者和网络技术服务商。

（7）教学科研机构。通过培养专业人才并向各类家装企业提供人才获得名利。他们还通过相关的科研成果的研发和转让获利。

6.2　家装市场的竞争

6.2.1　家装市场竞争的特点

家装市场是一个充分竞争的市场，没有任何官方色彩，没有任何政府补贴，也没有任何税收优惠。家装市场内的所有企业都靠竞争获得生存的空间。

家装市场多种竞争的主体共存，多种竞争的形式共存，这就是家装市场竞争的特点。

6.2.2　公司与公司的竞争

公司之间的竞争是正规军之间的竞争。他们的竞争主要有：

1. 大公司之间的竞争

主要竞争手段是品牌信誉、企业文化、综合实力、网点扩张、广告轰炸、服务标准、管理水平。

2. 中小公司与大公司的竞争

中小公司的主要竞争手段是特色、价格、优惠、亲和力。

3. 本地公司与外地公司的竞争

本地公司主要竞争手段是人脉、亲和力。外地公司主要竞争手段是品牌、企业规模、规范的操作模式。

4. 综合公司与专业公司的竞争

综合公司主要竞争手段是综合实力、众多的网点；专业公司主要是鲜明的专业特色、精致的加工工艺、可靠的工程质量。

5. 实体市场与网络市场的竞争

总体而言，网络市场越来越大，极大地影响了实体市场的繁荣，但家装市场尤其是家装材料，消费者需要鉴别实物。因此实体市场不会消亡，只要把握住消费者需求，诚信经营，实体市场依然有很强的竞争力。

6.2.3　公司与游击队的竞争

公司的主要竞争是品牌信誉、综合实力，游击队的主要竞争手段就是价格低廉。

6.2.4　游击队与游击队的竞争

游击队的竞争主要靠价格、经验、口碑。

6.2.5　家装公司和目标客户

对设计师和公司来说，接单是最重要的。但现在这个社会，竞争这么激烈，客户凭什么选择你或你的公司？就不同的家装公司而言，最吸引客户的因素见表6-1。

表6-1　　各类家装公司属性表

公司类别	优点	缺点	目标客户
大公司	品牌、诸多荣誉、综合口碑、高等级奖牌、高等级资质、豪华的营业场所、大批高素质设计师、自己的施工队伍、过硬的施工质量、良好的管理和服务、可靠的售后服务、动心的广告	价格比较高、架子比较大	高端客户、中端客户
中型公司	特色口碑、不多的设计师、中低等级奖牌、过硬的施工质量、良好的服务、售后服务、价格适中、得体的广告	价格适中	中端客户为主、若干高端客户、低端客户
小公司	不多的经营骨干、一定的质量口碑、经营成本低、价格实惠、良好的服务、营业手法灵活但不规范、广告以优惠措施主打，如赠品、免设计费等	经验缺乏、眼界小、信誉不可靠、操作不规范	低端客户、若干中端客户

因此，不同的家装业主有不同的选择。经济不敏感的可选大公司，性价比好的可选中型公司。追求实惠的可选小公司。

以上只是一般意义而言。客户在选择家装公司的时候一般需经过多渠道了解，反复比较。很难说家装公司具体是靠什么东西打动客户、赢得客户。但促使客户下决心做选择，这里肯定少不了设计师最后的争取。因为很多家装公司一般都是由设计师出面谈业务的。

6.2.6　家装市场常见的竞争手段

1. 品牌经营

品牌经营是经营的一种形式。任何公司都可以采用这种经营方式。有品牌意识的企业领导人可能一开始就注意到了这个问题，并且在企业的经营过程中十分注意维护自己的品牌声誉，一切有害于品牌建设的经营行为绝不染指，有利于品牌美誉度的事情即使遭受暂时的损失也要进行。品牌被消费者认可的主要要素是可靠的质量、完善的服务、合理的价格、诚实的信誉、独特的文化、频繁的宣传等。因此品牌经营需要长期精

神和物质的投入。品牌一旦被消费者认可，成为有影响力的知名品牌，它就可以为经营者带来巨大的回报。

家装企业的知名品牌在持续的家装热中正在逐步涌现出来。如北京的东易日盛、龙发和业之峰，上海的荣欣、千思等，见图6-5和图6-6。

■ 图6-5　北京东易日盛在家博会上的展位

■ 图6-6　北京龙发在家博会上的展位

2. 概念推广

家装市场的营销概念相当重要，因此家装企业十分注重创新营销概念。例如针对目前家装材料、装修工艺环保指标不达标的普遍现状，一些公司推出 "环保家装""绿色家装"的促销活动，向消费者做出环保达标的承诺。

针对许多家装公司在家装时"甩主材"的做法，一些公司推出"集成家居""整体家装"的概念，吸引消费者。所谓"集成家居""整体家装"是指家装所需的主要材料和家居成品，家装公司根据设计要求，自己生产或通过相对固定的建材商规模化的订货，将材料、家具、橱柜等纳入家装生产流程中，并配以一体化的后续服务，形成一种适合工厂化大规模生产的家装模式。这种模式避免了

消费者因盲目消费，造成家装整体风格不协调、不统一的问题，降低了装修材料的损耗和二次污染，加快了施工的速度。并且，通过家装公司成规模的订货，既节省了消费者的时间和大量的人力、物力支出，也使装修的材料价格大幅降低。

3. 特色主打

家装企业以特色取胜。例如有些公司以工厂化集成装修为特色，他们有自己的产品加工厂，很多东西可以不在家装现场制作。如家具、门、隔断、门套、窗套等，在现场只需要进行安装。这样不仅减少了现场的污染，也可大大缩短工期。别人要三个月工期，他们只要一个月工期。因此也可吸引一大批消费者。又如北京龙发公司有一个特色，就是自己研制了一些家装材料，如电线的接头装置、特别的油漆和涂料。为此他们专门印制了宣传单页，介绍这些材料的好处，也能打动一些消费者。

4. 情谊联络

比较早介入家装市场的公司发现，有不少业主对住房的升级换代非常热衷：八十年代他们与父母一起住小面积成套房；九十年代他们独立出来，而且把住房的面积调大；二十一世纪初新的房地产热启动时，他们置换了面积更大、条件更好的新房子。在炒房热中，这些人积累了资金，有的还买到了低价的连排别墅；现在他们把目光盯在了独栋别墅或山水别墅上。也就是说这批人隔三差五地在装修"新房子"。事实上，有过2次以上家装经历的用户现在已经不在少数，而且他们装修的标准一般都是比较高的，无疑是装修公司的优质客户。于是家装公司将目光锁定到这群优质客户，巧妙地打情谊牌，吸引他们的注意，并用一些"大恩大惠"吸引他们。有的公司在2005年推出"寻找第一份装修合同的业主"的促销活动，就是以"情谊联络"为主要诉求。

5. 会展亮相

每年各地会举办不同规模的房产博览会、建材博览会、家居产品博览会、住宅产品展销会、家具展销会，甚至在汽车、电脑产品的展销会上也抛头露面，这些展会会聚集大量的人流。尤其是政府主办的节庆和会展。政府为了取得预期的效果，会利用各种政府资源进行宣传和推广，甚至动用行政权力。参会的有专业人士，也有普通百姓。大的家

装公司决不会放弃这些绝佳的亮相的机会，不失时机地建造具有视觉冲击力的宏大展馆，推出具有吸引力的优惠措施，打响具有轰动效应的设计概念，抢单夺客，提升销量，成为会展的主角，见图6-7。

■ 图6-7　各大公司在家博会摆开战场，重兵压进，激烈竞争

6. 节日吆喝

每逢节日，家装公司都不会闲着，特别是"五一"和"十一"两个长假更是家装公司承揽业务的黄金周。这两个节日恰好是上半年和下半年家装的旺季，同时又是家装业主空闲较长的日子。一般业主会利用这段时间考察市场，走访公司，参观样板房，探讨设计意向。所以，当许多公司放假休息的时候，家装公司反而要大张旗鼓地促销吆喝，争取吸引更多的业主上门。其他一些节日也是家装公司吆喝的好时机，如在教师节、护士节推出"教师护士职业优惠"，重阳节推出"夕阳红特惠"，植树节大声吆喝"绿色家装"的概念，情人节推出"婚装套餐"，中秋节举行家装业主"吃团圆月饼、谈家装理念"的活动……

7. 广告轰炸

高密度地在目标媒体发布广告，连篇累牍，长时间、大版面。手段有：硬广告——以明确的广告形式推出的广告，这种广告发布的品种多、媒体全，单页、画册、MD、平面广告、三维广告、动态广告、电视、广播、网络、灯箱、路牌、气球、车辆、礼品应有尽有；软广告——以新闻形式、通告形式、知识传播形式推出的广告，这样的广告更能解除消费者的防范心理，因而也更具渗透性。很多广告通过互联网发布，有的利用搜索引擎。

8. 优惠诱惑

利用消费者的省钱心理，通过一些花哨的优惠措施，吸引消费者，这种手段对很多消费者具有特别大的"杀伤力"。常见的优惠诱惑手段有：

（1）超级低价——推出某款材料令人心跳的超级优惠价格吸引消费者眼球；

（2）免、送——免设计费、免管理费、送家政费、送运输费、送某款家电等，令消费者动心；

（3）让利打折——对部分价格推出一个优惠的折让价格；

（4）垫资家装——消费者一般都是先付款后服务，但有的家装公司为了承揽业务，推出高风险的垫资家装业务，声称："质量不合格不付款"，以消除消费者对家装公司能力的怀疑；

（5）限时优惠——在规定的时间里享受某种优惠，促使消费者为了享受优惠而及时签约；

（6）返送——如签就送、满就送等。

见图6-8。

■图6-8　限时优惠的广告

6.3　把握家装市场的流行信息

6.3.1　什么是流行

所谓流行，是指一个时期内在社会上流传很广、盛行一时的大众心理现象和社会行为。全球品牌网2004年9月26日载孙景富先生的《从流行本质谈手机广告》一文指出："一般的流行元素中，有属于风格、个性层面的东西，例如建筑业中的巴洛克、哥特式、洛可可，绘画艺术中的印象派、立体派等；有属于潮流层面的东西，例如最近流行的确良简约潮流；也有属于时尚层面的东西，例如时装发布会上发布的每年的流行色彩。如果把时间作为一个衡量的指标，个性、风格层面的东西没有时间限制，历久弥新。潮流的东西一般五至十年为一个周期轮回，时尚的东西一般一两年就过时了。"

根据流行的内容，日本社会心理学家南博将流行分为三类：物的流行——指与人们日常生活有关的物质媒体的流行，如流行服装、流行色等，大多经商品广告传播；行为的流行——指文娱、体育活动以及人们的日常行为方式的流行，如打太极拳、练气功、跳迪斯科等的流行，大多以群众的集群行为出现；思想的流行——广义的群众思想方法和各种思

潮的流行，如尼采热、存在主义热、文化热等，大多经由舆论宣传工具直接或间接地宣传后流行。

6.3.2　流行现象的特征

1. 生命周期短

如果把时间作为一个衡量的指标，个性、风格层面的东西往往没有时间限制，历久弥新。但某种具体的个性和风格在何时为哪一类人所喜爱，却是有时间性的，没有哪种具体的风格形式是自古至今一直流行的。潮流的东西一般在较短的时间内就会过时。

2. 影响力大

一段时期被特定的人群强力崇尚。流行现象在其处于萌发期往往并不引人注目，但是因为其对人们的社会心理的契合，特别是被一群有影响力的人的示范。很快便会形成相当大的气候，像龙卷风一样，把跟风的人们裹挟进去，使得人们自觉或不自觉地跟着潮流走。

3. 群体性或社会性

流行不是个别人的行为，流行是许多人的共同行为；流行的主体具有群体性。流行性现象集中反映了某一群体成员共同具有的社会心理和思想观念。

4. 盲目性

流行的参与者一般来说并不意识到自己是某种流行的参与者。他们往往认为投入到某种流行中是一种自然而然的事情。很多情况下是很盲目地投入某种流行的怀抱之中。

5. 模仿性

模仿是形成共同的文化现象的重要原因。生物学里一个现象，即物种的行为在一个共同生活的区域里有趋同的现象。这是某物种之间行为互相模仿的结果，因为这种行为有利于物种的生存繁衍，所以互相模仿就成为物种的一种生存策略。人类也一样，模仿是人类重要的学习手段。

6.3.3　设计师需要特别关注的流行信息

1. 流行审美思潮

由于社会存在不同的阶层，这些阶层形成不同的文化特征，由这些特征形成各自独特的审美现

象，这些独特的审美观就形成了审美形式的群体趋同现象，最终形成一种社会潮流。

流行审美思潮的公式：

代表高级、先进、富裕、前卫的某一阶层创造出新的审美样式→下级模仿上级的行为→扩大的文化现象→形成大众审美共识→时尚→采用者越来越多形成高潮→逐渐消退。

国际上的政治、经济的一些重大变化对审美思潮的影响非常广泛、深刻，有时具有决定性意义。文化传统、民族习俗也是形成独特的阶段性审美思潮的重要原因。我们观察到不同的文化圈，不同的地方民俗对同一事物产生相似的想法，这与文化崇尚、民俗色彩的各自不同的隐喻有直接的关系。地域特点是形成独特审美思潮的另一个重要原因。

除了政治、经济、文化、习俗、个体背景、生活习惯和生产技术进步引发的社会思潮外，其他如影视、美术、戏剧、音乐和小说等影响人们的审美思潮。服装设计、室内设计、家具设计、建筑设计、工业品设计、纹样设计和手工艺品设计等艺术设计领域的审美情趣的变化更是对审美思潮产生较大的影响。

2. 流行色彩

装饰行业并没有发布流行色的国际组织，但这并不意味着这个行业没有流行色。相反，流行色彩对家装行业的影响相当大。家装设计师受服装流行色的启发而创作的设计作品明显受到大众的追捧。因此，关注服装流行色的变化是使设计富有时代特色的一个诀窍。

最近流行色领域的国际权威机构Fashion Snoops发布了2016-17女装秋冬流行色，分别为BABYBLUE 婴儿蓝、DUST 尘灰色、OLIVE 橄榄绿、FLAX 亚麻色、COPPERTONE 古铜色、RUST 锈红色、SCARLET FEVER 猩红色、BURGUNDY 勃艮第酒红、DARK CHOCOLATE 黑色巧克力、DIVER 潜水蓝，见图6-9（a）。这些色彩反映了全球最前沿、最权威的流行资讯，给时尚设计师很多启发和灵感。而时尚都是相通的，图6-9（b）则是家居设计师根据Fashion Snoops发布的2016-2017女装春夏流行色演绎的家居设计作品。

■ 图6-9(a)　Fashion Snoops发布的2016-17女装秋冬流行色

■ 图6-9(b)　依据服装流行色演绎的家居设计

3. 流行材料

由于知名设计师的引导，某些家装材料会成为一个时期特别流行的材料。

现在不少材料制造公司聘请著名的家装设计师设计新的家装材料，获得巨大的成功。材料商会同时聘请设计师根据这个个性材料，设计出令人耳目一新的样板房，这种样板房尤其能够引起业内人士的关注。材料商还会通过开新产品发布会，通过各种媒体的宣传和大量的广告投放推介这种新材料，引起前卫人士、时尚人士的兴趣，并很快出现在他们的生活空间中。紧接着就会有一大批人跟风，这个材料就会成为流行材料。家装设计师如果不去把握这个流行信息，作品就会显得落伍和陈旧。

当前材料市场的新材料是你方唱罢我登场，竞争相当激烈。材料的更新换代也非常频繁，在这个行业里，如果设计师一个月没有去家装市场，有时就会找不到"北"，见图6-10。

■ 图6-10 新颖的灯具层出不穷

4. 流行搭配

材料的搭配也有流行。比如卫生间原本是家庭中湿气最重的区域，人们在地面、墙壁和天花板的处理上总是把防水放在第一位，所以瓷砖和铝扣板的使用频率最高。但近年来卫生间的材料出现了新的流行搭配：卫生间的墙壁用防水漆来粉刷。有人曾把家装涂料的防水性比做荷叶，露珠绝对不会渗透到荷叶中，防水漆正是这个效果。专业点说，防水漆的配方中添加了特殊的防水透气分子，能形成致密的漆膜，使得水分子无法渗透其中，确保了墙体的呼吸功能。防水漆的好处不只是方便施工，效果独特，还有一点就是好清理，还能防止发霉呢。而且因为防水漆非常黏稠，最适合填平壁面的毛细孔，即使卫生间的墙面条件不是很好也不影响效果。防水漆的加入，使卫生间的墙面材料趋向多重组合的潮流，比如马赛克与防水乳胶漆，木材与防水漆结合使用；墙面和地面甚

至可以纯粹用水泥加颜料，罩上防水漆，做成斑驳自然的效果，很有艺术味道。

5. 流行产品

流行产品如数码产品、家用电器的推陈出新也日新月异，这些产品对人们的审美流行影响极大。一个成功的产品推出带来新的使用功能、新的款式特点、新的效果体验、新的视觉冲击，对消费者诱惑很大。这些产品的制造商巨大的研发投入甚至还扩散到产品的展示领域，这对装饰业的影响非常巨大。高技派、太空风格、金属风格、透明风格的风潮对装饰流行的影响相当地直接。有些产品还是家庭中的主角，如视听产品。平板电视、家庭影院。家装的背景墙还不得不根据这个"主角"的风格来设计，见图6-11。

■ 图6-11 家庭影院装点的温馨现代的家装效果

6. 流行工艺

装饰工艺的创新也随着施工技术的进步和施工设备的开发不断地上演着一幕一幕的好戏：水刀切割工艺可以使金属、玻璃、瓷砖像木板一样可以进行镂空雕刻，电视背景就可以用这些不寻常的材料做各种新颖图案；玻璃砖打孔工艺使高硬度的抛光砖不仅仅用于地面，而且还可作为壁饰材料，用广告钉悬挂在墙上。大块的瓷砖通过切割加工成间距不同的线条，使瓷砖形成线条疏密对比，见图6-12。

木材的防腐、防水工艺引发木材大举进入卫生间，见图6-13。当自然主义风潮主导家居装饰时，人们希望在自己的家里享受到身处田园般的乐趣，很多户外板材开始户内化。比如户外防腐地板铺在阳台上，木板铺在卫生间的地面或墙面上，使本来因为铺瓷砖而显得冰冷、生硬的卫生间，增添了不少暖意。

木板最适合出现的几个地方：一是面盆后侧。二是坐便器后侧。图6-14也是一例十分时尚的卫生间的木材应用。

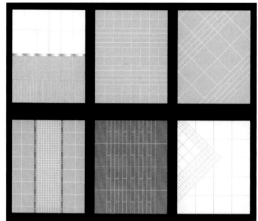

■ 图6-12　瓷砖切割加工工艺导致卫生间界面出现平面构成感极强的新面貌

■ 图6-14　木材的条状处理成为水无法流淌的洗脸台

■ 图6-13　木材的防腐工艺引发木材大举进入卫生间

▶ 图片来源

6-1~6-7　自摄

6-8　房产广告和房型图

6-9　http://art.cfw.cn/news/164271-1.html

6-10　自摄

6-11、6-12　装饰材料及家居产品广告

6-13　［日］THE NOB.JAPAN INTERIOR INC.Tokyo.82（8—12）

6-14　美·杰克·克莱文.健康家居.上海：上海人民美术出版社.2004

第3篇　解析家装规划、创意的方程

一个家是否有实用的功能、迷人的效果、鲜明的个性、高雅的品位，同设计师的功能配置与平面规划密切相关。设计师对生活的深刻理解，对艺术审美高雅的品位，对设计风格娴熟的把握，对家装市场流行趋势的洞悉，对业主要求精准的把握，对设计创意方向的领悟决定着他设计创意的思路。成功的设计师能够根据特定的业主和房层条件及市场情况，选择一个最适合的设计切入点……

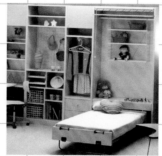

第7章

功能配置与平面规划

进入设计环节的第一个设计任务就是平面规划。平面规划是家居设计的基础，主要解决房间的分配、动线的安排、功能和家具的配置。这些直接关系到业主的家庭生活如何展开，今后的生活是否符合业主的需要，方便性和舒适度怎么样。同时它也关系到下一步的空间设计、界面设计等一系列艺术设计的要素是否能够美观，所以必须深思熟虑、精心规划。

7.1　功能配置

家居功能配置就是配置必要的生活空间和生活设施，以满足居住者共性和个性兼具的生活要求。例如要满足业主睡觉的生活要求，最起码要有床，有卧室就更好，可以关起门来睡觉，休息不受打扰。如果在卧室里配置床头柜、衣柜、电视柜、化妆台和一把椅子，这就是一个标准的卧室了。若能在此基础上再配套卫生间、衣帽间、写字间和休闲茶吧就是很周全很舒适的卧室了。又如，要满足吃饭的生活要求，最起码必须有灶和桌子。有厨房、有餐桌和餐椅更好，有独立厨房和独立餐厅就非常理想了。如果有大面积的厨房和带景观的餐厅则标志着进入了高档生活的层次！

家居功能配置的原则是：在有限制的居住条件下，为业主提供尽可能理想的生活条件，满足居住者尽可能多的生活愿望。

7.1.1　生活行为

要安排好业主的生活，首先要研究业主的生活行为。只有清楚地知道了业主有哪些生活行为，才可能给他做最理想的安排。

人们的家居可以分若干个层次：

（1）基本的生活层次。只能满足做饭、吃饭、睡觉、洗澡、大小便这些最基本的生活要求。如要在一个自我的空间内能满足这些最基本的生活要求，不讲条件，不讲空间，只要一个独立房间就可办到。至于体面和舒适就无从谈起，生活的尴尬也会随时会发生。

（2）体面的生活层次。每一样基本生活要求都有独立的空间去对应，就不会发生基本的生活尴尬，这样生活就可以体面地进行了。如果有了套房，哪怕只是一室一厅一厨一卫，就可以使这些基本生活行为达到体面的要求。

图7-1是三口之家的生活空间，虽然条件还很差，但已经可以体面地生活了。这套小户型，夫妻与孩子都有独立的空间，客厅与餐厅合二为一，厨卫独立，还有一个生活阳台，基本生活都在一个个独立的空间中展开，生活的尴尬就不会发生。

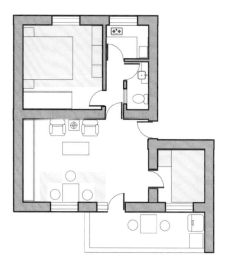

■ 图7-1　体面生活层次的小家庭

（3）舒适的生活层次。在满足体面生活的基础上，进一步讲究生活的舒适性，使其能够按照科学的生活流程进行空间布局和家具布置。

就居住面积来讲，至少达到目前我国城市的人均30平方米居住面积，也就是说三口之家有90平方米左右的居住空间。如果有140平方米以上的居住面积，就可以更加自如地安排生活了。为什么是90和140呢？因为90平方米是国家界定的普通家庭的适用生活户型。140平方米以上就是豪华型住房的标准了。

图7-2是能够舒适的生活的居住空间：三口之家，约114平方米，三室两厅两卫，每个房间都有窗户，采光和通风良好。客厅和餐厅分别在过道两侧，餐厅的边上是厨房。主卧附加了主卫，主卧边上的飘窗可以看到窗外的风景。客卫就在进门的右侧，并且干湿分离。孩子房也在阳面，还有独立的书房供家人学习工作。由于处在住宅一层，还有个独享的私家花园，从客厅就可以进入，美丽的大自然就在身旁。这样的生活虽说没有豪华，但已经比较舒适了。

■ 图7-2　舒适生活层次的空间（114平方米）

（4）优雅的生活层次。在满足舒适生活的基础上，还能"四讲"。

一讲情调。同样是餐厅，就餐气氛大不一样。有情调的餐厅餐桌周围有艺术品的点缀，灯光把餐桌上的菜肴照得鲜亮动人，餐具下面还有桌垫、碗、碟、筷、勺就像高档的餐厅那样摆放着。有时还能进行的烛光晚餐，放置艺术蜡烛的器具和位置一应齐全。

二讲品牌。家用设备、家装材料都要用品牌产品，有些还要知名品牌，高档品牌，杂牌货是万万不能采用的。

三讲风格。家装设计必须讲究风格，否则艺术性、文化性怎么体现？这种风格还要符合时代的要求。

四讲个性。自己的家必须有自己家的面貌，必须有与众不同的形象，否则就没有个性了。

优雅生活层次的卧室一定是全功能的，见图7-3。房间带有一个大的飘窗，书房组合在卧室中，爱人在旁边做他的事情，心里特别的安定。衣柜一定是走入式的。房间里只有舒适的大床和浪漫的贵妃椅，卫浴空间一定就在旁边，而且浴缸放在看得见风景的地方。浴缸旁还有一个明亮的大平台，可以放置一些情趣用品，鲜嫩欲滴的植物静静地展示着它的美丽。这样的生活已经相当优雅，完全达到小资的生活标准。

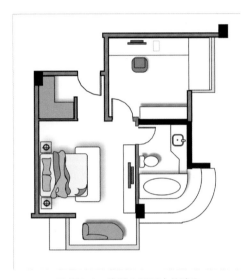

■ 图7-3　优雅生活层次的卧室

（5）豪华的生活层次。要达到这样的生活层次必须有宽大空间的条件，面积必须超大，人均60平方米以上。起居室与客厅必须是互相独立的，甚至家里不止一个起居室。凡是卧室都应该带卫生间。主卧室面积超大，由卧区、休闲区、储存区、沐浴区、洁身区、休闲按摩区和健身区等组成。浴缸必须是独立的，床最好带有帷幔，客厅不能以视听区为中心，而是应该以壁炉或名画为中心，装饰画须是名家原作。装修标准远远超平均水平，这就是通常意义上的豪华的生活标准。

图7-4展现的是豪华的生活层次的一个三层的联体别墅。一层是公共空间，双入口，双门厅，大客厅与主门厅组合在一起，客厅外面还有花园。岛式大厨房和独立餐厅毗邻。附加一个卫生间。二层是家庭空间。主要供家庭成员使用，有起居室和三个房间。其中一个大房间可供子女使用，另外还准备了客房，以备不时之需。尤其是双方的父母和至亲来访，可以在家过夜。还有一个房间可以改为书

房。中间的起居室是家人团聚、聊天、娱乐的好地方,空间不大,但氛围十分温馨。干湿分离卫生间在北面十分合理。三层是夫妻独享的空间——超大卧室。卧室内的功能应有尽有,而

且布局合理。唯一的缺陷是卫生间的门对着床。虽然面对的是盥洗室,但总是令人别扭,不过,这点毛病可以通过家装设计师的改造,轻松加以修正。

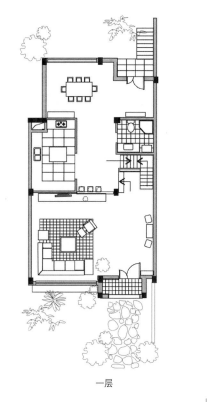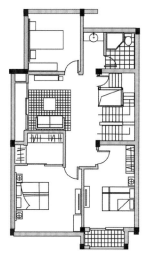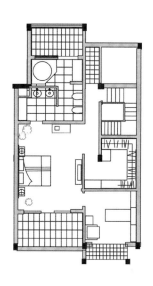

一层　　　　　　　二层　　　　　　　三层

■ 图7-4　豪华生活层次的空间

（6）奢华的生活层次。除了必须有空间的条件、面积超大以外,所用的工艺和设施都是超豪华级的。尤其是有几件标志性的奢侈品作为象征。当然奢华的程度是没有止境的。一般人也无法想象最奢华的家庭是如何生活的。有一个绝对典型的案例,可以说明奢华生活的程度:全球首富、微软公司

董事会主席比尔·盖茨的私人豪宅,这幢被当地人称为"大屋"的豪宅是一座耗资1亿美元的府邸,占地6130平方米,据报道有7个卧室、6个厨房、24个浴室、1个穹顶图书馆、1个接待大厅和1个养殖三文鱼及鳟鱼的人工湖,见图7-5。

■ 图7-5　奢华生活层次的空间

7.1.2　家居的空间单元

1. 基本空间单元及可配置的设施

不管什么家庭都会有基本空间单元,可以配置的必要功能设施见表7-1。

表7-1　　基本的空间单元及可以配置的设施表

序号	房间名称	可以配置的设施
1	玄关	鞋柜、展示桌几、主墙、造景等
2	起居室（客厅）	沙发茶几组、安乐单椅、电视墙柜组、壁炉、装饰桌几、造景区、音响、书报架、吧台等
3	厨房	厨具、便餐台、备餐台、储藏柜、冰箱、消毒柜等
4	餐厅	餐桌椅、餐柜、造景、角柜、主墙等
5	主卧室	床及床头柜组、床靠及背景组、化妆台椅、休闲椅、贵妃椅、小桌几、五斗柜、衣柜、走入式衣柜、电视柜、音响等
6	孩子房	衣柜、高低床、床组、书柜、衣柜、电脑桌、钢琴或其他设备等
7	老人房	床组、休闲椅、贵妃椅、衣柜、电视柜、书柜等
8	客房	衣柜、高低床、床组、电视柜、书柜、衣柜等
9	书房（工作室）	衣柜、沙发床、沙发、工作台、书柜、展示柜、衣柜、电脑桌、其他专用工作设备等
10	主卫	洗脸台、马桶、下身盆、淋浴房、浴缸、化妆品柜、书报架、电视、按摩床、休闲椅等
11	次卫	洗脸台、马桶、淋浴房或浴缸、化妆品柜等
12	阳台	柜子、衣杆、观景椅、秋千、网床、造景等
13	储藏室	组合衣柜、储藏箱、家政台等

2. 其他空间单元及可以配置的设施

空间条件好的大户型家庭和有特殊需要的家庭还会有如下一些空间单元和设施，见表7-2。

表7-2　　其他空间单元及可以配置的设施表

序号	房间名称	可以配置的设施
1	专用客厅	会客沙发茶几组、壁炉、装饰桌几、造景、书报架等
2	和室	衣柜、矮柜、桌几、障子门窗、储藏柜、造景等
3	娱乐室	娱乐台、椅子、茶桌、展示柜、造景等
4	外玄关	景观、鞋柜、围墙、景观台等
5	庭院	花房、观景椅、秋千、网床、造景等
6	阳光房	花房、观景椅、秋千、网床、造景等
7	佛堂	佛桌、准备桌、准备室等
8	健身房	运动器材、休息桌椅、淋浴室、厕所等
9	佣人房	床组、衣柜、整理桌椅、洗衣机、烘干机等
10	视听室	栖息沙发茶几组、电视墙柜组、音响、书报架等
11	洗衣房	洗衣机、衣柜、水斗、拖把斗等
12	密室	柜子、保险箱、工作台、椅子景等
13	禅修室	置物柜、书架、桌几等
14	设备房	备用发电机、冷气机、电器开关、智能设备等

经常听人说"时间就像海绵里的水，只要你挤，总是会有的。"空间

其实也一样，小户型看似很小，其实可以有很多方法将它做大。正因为小户型空间小，所以一定要精打细算，装修前一定要细细考量，根据需求划出不同的区域，同时决定好区域的朝向、面积大小等实际性问题。

1. 不要局限于开发商定义的空间类型

可以根据业主的生活需求，把房间改造得更加实用。始终都有一句话适合小户型："不要被现有的东西局限着思想"。如果你想在小小的房间里创造奇迹，必须打破常规，开动脑筋，见图7-6。

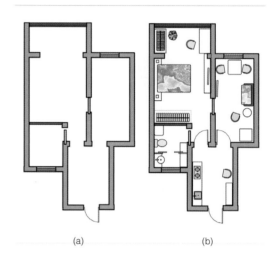

(a)　　　　　　　　　　(b)

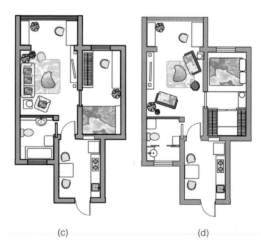

(c)　　　　　　　　　　(d)

■图7-6　不要局限于开发商的空间定义

（a）开发商定义的空间；（b~d）设计师创意的空间

2. 采用低矮家具

空间既然不大，就要尽量减少空间间隔和压抑感，用低矮家具创造出合理的通透效果。可以沿着长墙做整体组合柜，不但可以综合几个功能，而且可以避免琐碎的视觉效果，见图7-7。

■ 图7-7 努力减少家中的家具家中就有空灵的效果

3. 减少家中的家具尽量采用入墙柜

空间面积有限,所以,除了必不可少的家具以外,尽量减少其他家具。容量大的家具尽量靠墙摆放,家具的式样要尽量简洁,见图7-8。

■ 图7-8 整体的入墙柜

4. 使用多功能的家具

沙发床是最典型的用法。一般情况下是舒适的沙发,需要的时候,一张床就延伸出来了。另外,采用折叠家具也是不错的方法,不用时折叠起来,使用时展开。对小面积的家庭而言,这是变出意外空间的法宝,见图7-9。

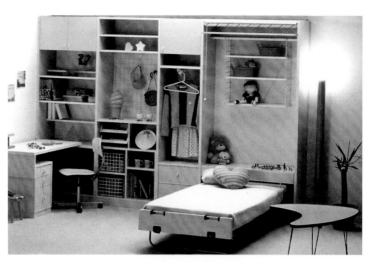

■ 图7-9 折叠式家具可以按需调整位置,随时腾出空间

5. 尽量选用可移动式家具

可移动式家具可以按需调整位置,随时腾出空间,需要时又可以随时推拉过来,成为功能家具,见图7-10。

■ 图7-10 移动式的电视柜,想在哪里欣赏就在哪里欣赏

6. 利用视错觉增大空间

利用简洁的家具可缩小平面空间的局促感;多使用镜子、壁柜等延伸有效空间;用清淡的色彩扩大空间,浓妆的颜色缩小空间;用垂直线划分增高空间,水平线划分增宽空间;用小图案纹样扩大空间,大图案纹样缩小空间;用平面材料扩大空间,凹凸材料缩小空间。还可以用<<>>线型增宽空间,用>><<线型集中空间,见图7-11。

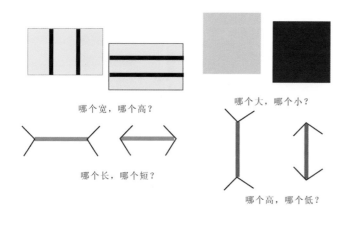

哪个宽，哪个高？

哪个长，哪个短？

哪个大，哪个小？

哪个高，哪个低？

■ 图7-11   一样与不一样

■ 图7-12   打破限制、灵活布局

7. 打破空间的限制，灵活调整功能区的布局

把墙改成移门，需要时可以分割，平时可以打通空间，使各个房间的空间相互穿插，用通透的空间增强各功能区的联系，形成大空间的心理感觉。从而把小空间变成了大空间，见图7-12和图7-13。还可以用一些软性的布帘，收放自如。放下来成了各区域之间的隔断，收起来空间又畅通无阻。尽量回避实质的隔断体，将各功能区域相对集中。用功能的差异来形成各区域间无形的隔断，这样既互不干扰，又连成一体。把一个空间制造成多功能空间，既能够出彩，又可以拓宽视野。

■ 图7-13   以门代墙，使各个房间的空间相互穿插

8. 一种空间多个用途

在开放的厨房里放一张餐台，这里立刻就成为餐厅了。起居室更是多功能的：沙发区可以起坐、会客，在沙发前面放一个移动的电脑台就能满足电脑工作的要求了，边上放一张小桌子就有了书写的区域。这里就成了一个开放式的书房。

小空间的设计一定要学会张弛有度，合理统筹，做到集中和分散的协调。

大户型不必吝啬空间，可以自由从容地安排各种生活要求，见图7-14。

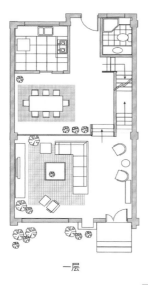

一层

二层

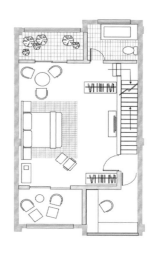

三层

■ 图7-14   大户型可以自由从容地安排各种生活要求

7. 2　动线设计

7.2.1　扬长避短是关键

在套型分析的基础上，认清套型的优点和缺点，对优点要大力发扬，对缺点要着力克服。所谓优点就是环境好、景观好、通风好、光线好、开间合理、进深适中、动线顺畅等。所谓缺点就是与优点相反。房子一般有优点，也有缺点。没有缺点的套型很少，没有优点的套型也不多。房龄较短的套型一般优点多，套型设计比较合理。房龄较长的套型，缺点较多，优点较少。在设计时一定要扬长避短，充分利用优点，尽量转化缺点。如何克服缺点，详见7. 5套型改造。

图7-15是江景房，景观美丽是最大的优点，所以起居室除了设置正常的沙发以外，面向江景的窗前还设置了一组聊天椅，三把不同坐态的舒适的椅子组成一个高品质的休闲区。隔壁的娱乐室的外面还设置了一个全天候的健身房。这样的设计充分发挥了套型的优势，是一个理想的设计方案。

7.2.2　动线设定讲技巧

1.动线简短，中枢调节

人在室内移动的点连接起来即成为动线。简而言之，动线是居住者活动的线路。家居设计一般分单动线和双动线，两种动线设定。

单动线是明确的单一的活动路径，或进或出。

双动线是复合的活动路径，同一个目标有两条到达的路线，具有包围性。

家居设计中动线以简短为宜，多安排单动线，少安排多动线。动线以简洁明确、不重复、少交叉为最佳。

小户型、窄开间的套型只要安排单动线就可以了。大户型大开间的套型可以考虑安排双动线。例如沙发区的安排，3.3~4.5米开间的起居室只要安排单动线就可以了。如果开间超过5米，就可以考虑安排双动线。除了沙发前面有一条动线以外，还可以在沙发后面安排一条动线。双动线的安排活动的形态和人的交流就会大大丰富起来。功能交叉的区域也是动线重叠的区域，空间一定要大、要宽敞，见图7-16。

户型比较长的可以以起居室为枢纽,展开简短的动线。

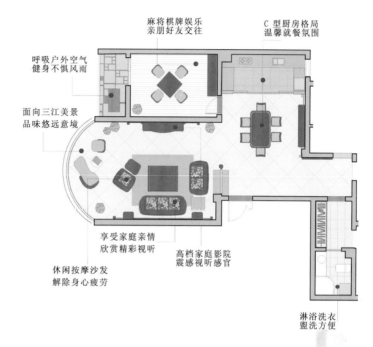

■ 图7-15　大户型的江景住宅，大落地窗和江景就是不可多得的优点

■ 图7-16　起居室大开间，设置了双动线，其余部分只要设置单动线即可

2."顺"字当头，"堵"是天敌

动线的安排直接关系到使用的方便性和舒适性。动线设计的最大原则是一个"顺"字。做事情要"顺"字当头，这样才使人顺心；最大的毛病是一个"堵"字，平面布局千万不要添堵，"堵"令人郁闷，令人心烦。

（1）顺的格局：顺畅、顺手、顺势。

1）顺畅。运动路线要顺畅，主要通道要明确、宽敞、顺便。面积小的家庭动线比较简单；面积大的家庭动线就会复杂；楼上楼下的家庭除了有平面展开的动线之外，还有垂直展开的动线。因此，动线组织一定要顺畅。否则就会很别扭，甚至产生危险。

图7-17所示的是一个168平方米的大户型家居设计案例，在动线的安排上十分独到。总体上把空间分成了动、静、过渡三个区域，动区包括门厅、厨房、起居室、餐厅。可以有两条动线进入：一是从大门经过门厅进入起居室；二是由门厅进入厨房，厨房设计成通贯式，从另一道门进入餐厅和起居室，不需要穿过起居室。使起居室不被打扰，不卫生的物品可以不必通过起居室。静区包括主卧、孩子房（包括书房和卧室）、客房主卫、客卫。主卧空间偏于一隅，相对独立，私密性很好，大主卫功能性也非常良好。孩子房是个套间，充分满足大龄孩子拼学业、拼事业的需要。客房采用宾馆标房式，给客人提供舒适的休息环境。

过渡空间是门厅部位，带一个简单的客卫。这是一个家庭中动静缓冲、公私缓冲的空间。既有良好的门厅形象，又能成为家庭中的一个交通枢纽。整个动线设计是伸展的树型结构，非常顺畅。

图7-17　168平方米的大户型

2）顺手。操作路线要顺手，要按照操作程序安排空间序列和家具放置。

3）顺势。造型线条要顺势。墙角、楼梯的扶手，家具的收尾，装饰线条的导向要顺势而为。这样才能让人在视觉上觉得很舒服。

（2）堵的格局：堵塞、阻滞、对冲。

1）开门见堵。玄关过小，餐桌挡道，这都是最不好的格局。但这样

的房型很多，要设法破解，见图7-18。

图7-18　餐桌堵在空间的中心枢纽位置，进进出出十分难受

2）动线阻滞。家具过大，形成动线阻滞，引起行动不便。图7-19所示的餐厅、厨房、阳台动线阻滞；起居室沙发和隔断柜距离太小也形成动线阻滞。另外，主卧室内主卫和床的距离太大，夜间上卫生间极为不便。

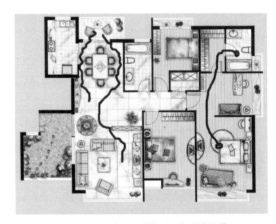

图7-19　餐厅、厨房、阳台动线阻滞

3）功能对冲。动静交替安排，动线对冲也是不好的格局，见图7-20。

3. 动静分区，依序展开

多人使用的区域为动区，要安排在中心靠外侧的部位；单人使用的区域为静区，可以安排在动线末端。年轻人使用的区域偏动，老年人使用的区域偏静。人口较多的家庭，应按年龄划分活动区域，将老人和儿童安排在远离会客中心的较安静的区域，见图7-21。

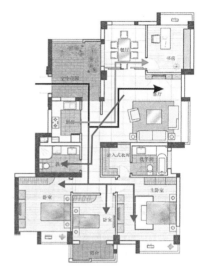

■ 图7-20　厨房、餐厅距离过远与入口、起居室动线对冲

■ 图7-21　各功能居室关系图

家居空间应动静分区，相对隔离。最好不要安排动静交替的空间序列。空间的组织秩序根据生活中的行为秩序展开，空间通过动线轴层层串接，见图7-22。

■ 图7-22　动静得体的家居空间序列

4. 单边穿行, 避免交叉

动线必然会对房间产生分割。这样的分割最好采用单边形式。树形结构和中心展开都是可以采用的格局。要避免对穿空间、斜穿空间的形式，要有效利用空间，见图7-23。

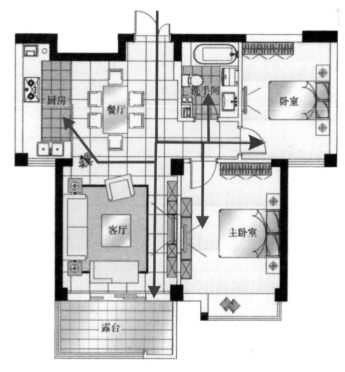

■ 图7-23　单边穿行, 免对穿、斜穿空间

5. 动线视线, 合二为一

视线是随着动线展开的，关键点对应的面应该精心安排，并以不同分隔形式来营造视觉层次。家居空间内，各类家具应沿动线两侧放置，为日常作息提供良好的环境。可以预先设想走入房间的情形，体会一下动线是否流畅。公共空间中较私密的区域可以用屏风或者高柜遮挡。走道避免贯通全室。复式或别墅的房间较多，可以利用天花板的造型和地面图案作为动线的引导。

7.2.3　精彩平淡两相宜

家庭中的空间组织，要有精彩，有平淡；有高潮，有低谷。该精彩的地方一定要精彩，该平淡的地方一定要平淡。渐入佳境与复归平淡都是家庭中需要的生活氛围。不能所有地方都很精彩，也不能所有地方都很平淡。要讲究抑扬顿挫，起承转合，有主有次，不能平均分配。就功能分区而言，动区要精彩，静区要平淡。起居室、餐厅是动区，安排要精彩；卧室、书房是静区，安排要平淡——平和淡然，宁静致远。同样是动区还要区分精彩与平淡。主视觉面精彩，其他面要相对平淡。同样是静区，也不能像白开水一样乏味，也要有适度的兴奋点。例如，卧室也有视听面，但不能像起居室的视听面的组织那样大场面，多材料。而是应该蜻蜓点水，点到为止，见图7-24。

■图7-24　大起居室是整个居家里的中心,被沙发包围的墙面是起居室里的中心。壁炉、现代装饰画在轨道灯的照耀下形成精彩的高潮

7.3　房间分配

房间的品质有好有坏,空间有大有小,方位有南有北,形状有规则有不规则,那么,房间应该如何分配?

1. 功能的主要和次要

表7-1和表7-2提到的两类空间单元并不是每个家庭都需要的。一般家庭的生活内容不会跳出表7-1里表述的内容。表7-2的空间单元并不是多数家庭都需要的,需要的家庭可以个案处理。就是在基本的空间单元内的功能也要注意区别生活重心和功能的主次。在主要功能和次要功能不能两全的情况下,以满足主要功能为主。

一般家居以二室一厅一厨一卫到四室二厅二卫为主。因此,比较多的四室二厅一厨二卫加起来也只有10来个房间,不可能安排13项内容,因此,有些功能是可以组合的。组合的原则是动静分开,开放与私密分开,干湿分开。

2. 四个主要的关系

在考虑房间分配时有以下四个主要的关系需要很好地处理:

(1)老人儿童。老人和儿童需要特别照顾,尽量将其安排在阳光充足的房间。因为老人每天待在家里,特别需要阳光。阳光可以帮助钙的吸收,经常晒太阳有利于老人的健康。儿童最好安排在东南方向。因为太阳从东方升起,孩子房安排在东面有利于他们接受朝气。

(2)楼上楼下。如果有楼上和楼下的话,一般动的功能、开放的功能安排在楼下,静的功能、私密的功能安排在楼上。但老人及小孩房例外。老人房必须安排在楼下,因为随着年龄的增加,身体机能越来越退化,上下楼梯容易产生危险。小孩好动,喜欢爬楼,最好安排在楼上。

(3)北面南面。南阳北阴,一般大家都喜欢待在有阳光的南面的房间。因此一般的原则是,重要的房间尽可能安排在南面,次要的辅助的房间可以安排在北面。还有一个原则是,经常在家的人的生活空间应该安排在南面。如果客厅与主房间只有一个可以安排在南面,那么应该怎样安排呢?这就要看主要使用客厅的人是不是经常在家。如老人,又如自由职业者,就应该将起居室安排在南面。因为,这是他们的主要活动区域。相反,如果是上班族,白天基本不在家里,可以考虑将主卧室安排在南面,这样房间可以经常受到阳光的照耀,被子里经常可以闻到阳光的味道。

(4)开放私密。玄关、客厅、起居室、和室、娱乐室、视听室、厨房、餐厅、家政室、健身房、阳台和庭院可以视为家庭中的开放区域;卧室、卫生间、佛堂、禅修室、密室等可以视为家庭中的私密区域。开放区域可以安排在靠近外侧、靠近动线的位子,私密的区域反之。

7.4　家具配置

家具配置是平面布局中的重头戏。家具的配置和选用不是一件容易的事情。有时一个空间营造好了,没放家具时,它的风格非常统一,尺度非常和谐。而当业主将自己选购的家具摆放进去以后,空间的风格就变得不伦不类了,尺度也变得别扭了。这让业主特别心烦。所以,家具的配置要在平面设计阶段就预先确定下来。

7.4.1　功能与形式

家具可以决定房间的功能与形式。一个房间放不同的家具就会成为不同功能的空间。如,放上床就会成为卧室,放上书桌书柜就会成为书房,所以,家具能够决定功能。家具决定形式是因为家具是房间的主角,装修只是个背景。形式和风格是由主角决定的,所以,家具决定形式。

在平面设计阶段就要预见到未来的功能与形式,可以说将来的效果在平面设计阶段已经确定了基调。

7.4.2　沿边与中置

家具的配置形式主要有沿边和中置两种形式。

1. 沿边

沿边就是沿着墙壁四周布置。这样布置的好处是安定,节省空间,小空间的家居和次要功能的家具可以采用沿边式布局。

2. 中置

中置就是脱离墙壁居中布置。这样布置的好处是舒适、方便地使用主功能家具。但空间比较浪费。对于大空间,主要功能的家具可以采用中置式布局,例如书房中的写字台。如果让写字台沿墙布置就有"面壁"的感觉。"面壁十年图破壁",是周恩来总理青年时期励志的诗句,但"面壁"毕竟是清苦的事情。家装时安排书桌能够不"面壁"还是不要"面壁"吧! 见图7-25。

图7-25　写字台是书房的中心家具

7.4.3　固定与灵活

在家居中,有些家具需要与装修融为一体,有些家具则适宜灵活放置。

1. 固定

固定家具指在现场制作,与装修融为一体的家具。如隔断、衣柜、储藏室家具等。其好处是比较容易利用空间,可以把一些不规则的空间利用起来,空间定义以后就不再变化了。缺点是比较死板,如果需求发生变化,也没有调节的可能了。大件家具如大衣柜,大沙发,大餐桌等一般是固定的,这样的家具摆放以后基本就不能动了。这样的家具要预先限定它们的尺寸。

2. 灵活

沙发、茶几、床、椅子、餐桌椅等灵活的家具最好在家具市场选购,无论款式、做工都比较上乘。一般选购得体的家具可以为空间画龙点睛,很出效果。有的家具装有万向轮,可以随意移动,见图7-26;有的有转化机关,如小餐桌转化成大餐桌,沙发转化成床;还有一些比较小的家具,可以随意搬动。这样的家具好处很多,如可以定义混合空间,大大提高空间的使用率;可以使空间经常发生变化,给人新鲜的视觉感受。

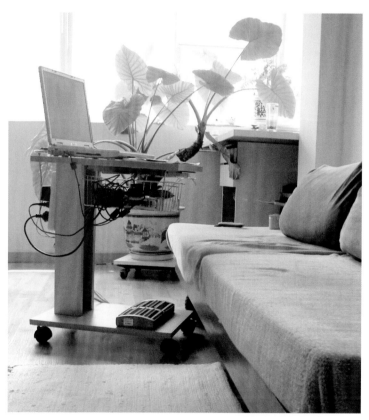

图7-26　活动家具使空间灵活多变

7.4.4　集中与分散

1. 集中

集中式的家具布局的效果简洁明了,适合于功能单一、面积较小的场所。

2. 分散

分散式的家具布局的效果丰富多样,适用于大空间、多功能的场所。布局时要注意功能合理安排,流线的顺畅。

集中和分散要有机结合。现代家居比较流行集中放置储藏性家具，而把房间的空间让出来，使房间在视觉上显得很宽大、很舒服，见图7-27。

■ 图7-27 家具布置的集中与分散

■ 图7-29 均衡的家具布置

7.4.5 对称与均衡

1. 对称

对称式家具布局的效果严肃端庄，肃穆大方。适合于正式隆重的场合。为老年人设计家居最好采用庄重的对称格局，见图7-28。

■ 图7-28 中式大家族的厅堂可以采用对称的布置

2. 均衡

均衡式的家具布局的效果活泼轻松，自由流动。适合于多数轻松、休闲、自由的场合。年轻人、未成年人比较容易接受均衡式的布置格局，见图7-29。

采用对称与均衡的两种方式布置的家具，效果完全不同。

7.4.6 大空间与小空间

根据空间的大小确定家具的尺度。任何比例都是相对的，在没有放家具之前的空间比例十分和谐并不代表放了家具之后比例也能和谐。

大空间可以放尺度比较大的家具，但小空间绝对不能放大家具。高大空间可以放高大的家具，低矮的空间只能放低矮的家具。大空间可以买现成的家具，小空间最好在现场做固定的家具，因为这样可以最大限度地利用空间。

7.5 套型改造

7.5.1 普遍存在的套型问题

1. 空间狭长

这样的套型光线差，经过房间的分割后，通风也会变得很差。特别是中间部分，不但光线昏暗，而且空气滞留，见图7-30。

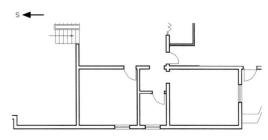

■ 图7-30 空间狭长的套型

2. 平均分割

这样的套型对房间的空间进行平均分配，各个房间的面积都差不多，没有主次，造成平淡的空间感觉，见图7-31。

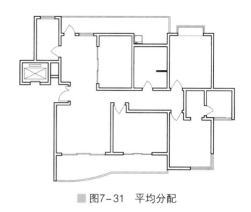

■图7-31　平均分配

3. 光线昏暗

这样的套型只有一面采光，多个房间没有光线，也没有通风，环境质量很差，见图7-32。

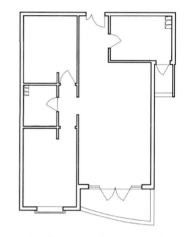

■图7-32　光线昏暗的套型

4. 房屋歪斜和空间不正

这样的套型一般出现在高层和小高层，建筑师为了外形的需要，设计了一些不规则的户型，户内势必出现歪斜的空间和不正的空间，与人们追求方正的空间愿望有抵触，同时也会造成空间的浪费，需要设计师进行化解，见图7-33和图7-34。

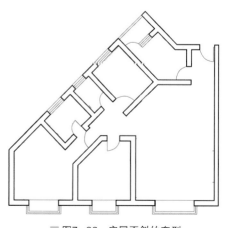

■图7-33　房屋歪斜的套型

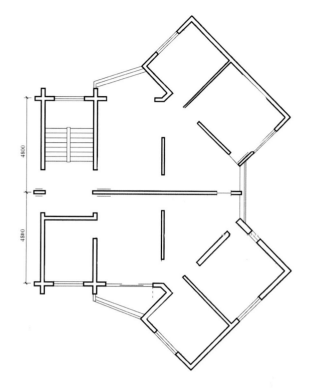

■图7-34　空间不正的套型

5. 梁柱突兀和设施阻碍

这样的套型一般出现在框架结构的户型，为了安全起见，结构工程师布置了很多柱和梁，有些尺度很大，有些还出现在门口，造成非常唐突的视觉景象，令用户头痛，见图7-35。

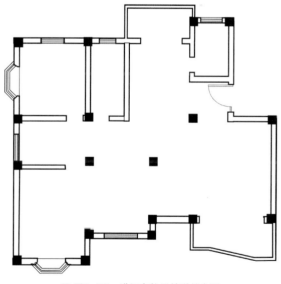

■图7-35　进门有柱子挡道的户型

6. 空气滞留

这样的套型一般出现在塔式高层。由于围绕着中心楼梯要安排多个单元，所以房间都是单面通风，无法组织对流风，造成空气滞留，见图7-36。

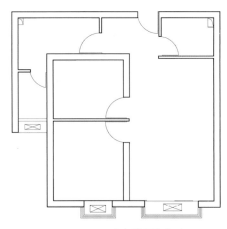

■图7-36　空气滞留的套型

7. 走廊过长

这样的套型必定浪费的空间大，到达某个房间的路长，而且需要经过一些房间，对别人造成干扰，见图7-37。

8. 房间麻雀

房间麻雀指明明是大户型，可是却把房间分割得过小，走进房间以后一点也没有大户型的气派，见图7-38。

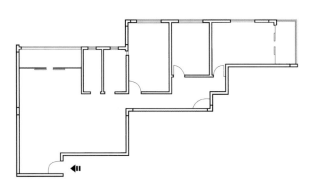

■图7-37　走廊过长的套型

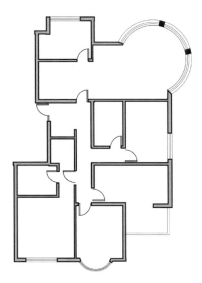

■图7-38　房间麻雀的套型

1. 小套型改造

这个小户型在未改造之前是一个两居室附带一厨一卫。经过适当地改造，现在成为功能齐备，使用舒适，空间紧凑的生活空间，适合单身或新婚用户使用，见图7-39。

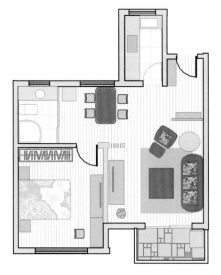

■图7-39　二手房改造案例

2. 差套型改造

图7-40这个案例是对图7-38所示的房间麻雀的套型进行的改进设计。

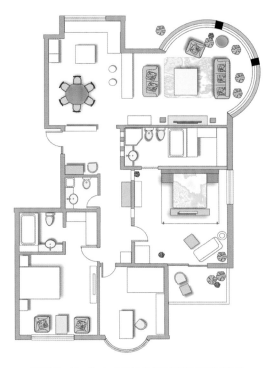

■图7-40　让大户型的空间感觉真正呈现出来

业主是三口之家，夫妻双方和一个正在外地读大学的孩子，但要为双方的父母准备一个临时的房间。原设计中，房间分割过多过小、进深过长、门厅和走廊光线昏暗、走廊狭长。还有最重要的起居室部分的空间组织不佳，视听空间非常别扭；圆弧形的阳光空间也没有很好地利用，完全没有大户型的气派和感觉。

改进的设计从以下几个方面着手：

（1）调整房间。从业主的生活要求来看，只要三个卧室就可以了。夫妻房，每天要使用，应该给最大的面枳和最好的位置。一个卧室是孩子的，虽然已经在外地读大学，但放假的时候要回家，所以这个房间也是必需的。家庭条件不错，可以为他配一个带卫生间的卧室。为有可能来访的双亲准备一个专门的房间的话，就会出现使用率不高的现象。所以，只要安排一个可以转化为卧室的书房就可以了。在儿子不在的情况下，孩子房也可以给双亲使用。这样，如果像原设计那样准备四个卧室，就显得非常多余。因为双方的父母同时来访的机会微乎其微。所以根据这样的需求，实际只要准备两个房间加一个可以由书房转化而来的房间就可以了，这样就可以大大提高房间的使用率。

（2）改善采光。拆除原来的独立厨房和餐厅、餐厅和门厅之间的墙壁，把这个空间改为开放式厨餐厅。餐厅和门厅之间只要摆放一个低柜。这样北面的光线就可以直达门厅。

（3）空间重组。将东南面的带阳台的房间重新组织，做一个带更衣室和大主卫的大卧室，主卧有东面的采光和南面阳台的采光，通风和采光条件非常好。靠西的墙面开两个固定采光窗，用双层磨砂玻璃，只透光线，不透形象。原来主卧室的部分设计成带卫生间的孩子房，孩子不在的时候也可以供客人使用。南面一个带圆弧形窗的房间是可以转化为卧室的书房。书桌在顺手采光的位置，沙发床可以起功能转换的作用。

（4）丰富走廊。局部加宽走廊，进行空间退让，并对走廊进行造景，使走廊的艺术性大大增强，一扫原先昏暗狭长的不良感觉。

（5）气派感觉。起居室进行重新布局，圆形的艺术空间组织一个生动舒适的起坐区域，布置丰富的植物。开放式厨餐厅与起居室之间用一个吧台分割，厨房部分是个L型+岛式布局，就餐空间也非常宽敞。整个房间成为一个阳光充足，生机盎然，空间宽敞，机能丰富的品质空间。绝对有大户的感觉。

经过这样的改造，空间感觉有了一个飞跃，让大户型的空间感觉真正呈现出来，见图7-40。

3. 一般套型提升

图7-41所示的是一对刚退休的恩爱夫妻的生活空间。孩子在同个居住小区有自己的居室空间，虽然经常来访，但不会过夜。原始平面是一个框架结构的套型。原来的套型应该还是不错的：二室二厅一厨二卫一阳台，但门口的部位空间比较杂乱，建筑师暗示的是一个餐厅的功能，但如果这个部分安排为餐桌就会造成进门见堵的格局。所以总体评价，这是一个很一般的套型。

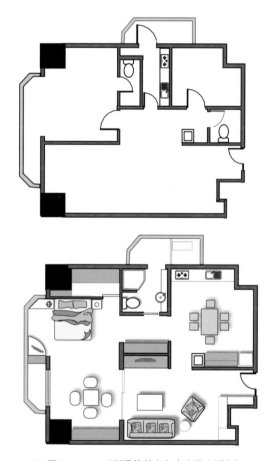

■ 图7-41　一对刚退休的老年夫妻的生活空间

改进设计：

（1）功能重组。二卧改一卧，二卫改一卫。因为只有两个家庭成员只要拥有一个大一点的、舒适一点的卫生间完全够了。客厅放在门厅的区域，和门厅组合在一起，这样入户的空间就没有局促的感觉。南面增加一个和室，和阳台及卧室组合在一起。卧室也没有必要设两个，因为孩子不会在家过夜。万一要过夜的话，可以安排在和室。原来次卧室的地方安排一个开放式的独立厨餐厅,使得进餐的条件大大改善。在卧室内设置一个储藏室,使得卧室部分除了床基本不需要安排别的家具。

（2）模糊空间。利用移动门的构件造成空间可分可合的分割,使空间的分割模糊化。移门打开的状态下,每个部分的空间感觉都很大。小客厅、小卧室、小卫生间、小餐厅、小厨房都转换成大客厅、大卧室、大卫生间、大厨房、大餐厅了,还增加了一个大和室!

经过改造一扫小户型给人的感觉,让人仿佛进入了大户型的家庭。装修实景见图7-12和图7-13。

4. 满足特定要求的套型改造

有大储藏量是很多家庭主妇的梦想。一些富庶的家庭确实需要大的储藏面积,而有些户型如果按常规进行设计就无法安排更多的储藏量。图7-42所示的案例设计就充分挖掘空间潜力,安排了尽可能多的储藏面积,在不缩小使用面积的情况下,每个房间都有一个储藏的地方。

■ 图7-42 满足大储藏量的套型改造

▶ **图片来源**

7-1   自绘
7-2   房产广告和房型图
7-3、7-4   自绘
7-5   http://www.360doc.com/content/10/0930/15/3134631_57570741.shtml
7-6   自绘
7-7   美·杰克·克莱文.健康家居.上海:上海人民美术出版社.2004
7-8   房产样板房
7-9   〔日〕THE NOB.JAPAN INTERIOR INC.Tokyo.82〔8-12〕
7-10   房产样板房
7-11   自绘
7-12、7-13   魏亚娟等.客厅/卧室/工作室/儿童房/浴室规划书.汕头:汕头大学出版社.2004.6
7-14、7-15   自绘
7-16   武勇.住宅平面设计指南及实例评析.北京:机械工业出版社.2005
7-17   自绘
7-18~7-20   房产广告和房型图
7-21   自绘
7-22、7-23   房产广告和房型图
7-24   〔日〕Erica Brown.INTERIOR VIEWS Design at Its Best.东京:株式会社 美术出版社.1980
7-25   美·杰克·克莱文.健康家居.上海:上海人民美术出版社.2004
7-26   自摄
7-27   〔日〕THE NOB.JAPAN INTERIOR INC.Tokyo.82〔8-12〕
7-28   自摄
7-29   欧美居室装饰设计资料集编委会.欧美居室装饰设计资料集.哈尔滨:黑龙江科学技术出版社.1992
7-30~7-42   自绘

第 8 章

家装设计的品位及风格 ＞＞＞

品位是一种抽象的概念，人们能感觉到它的存在但又不能套用指标进行量化。人格品位应该是学识，是气魄，是素质，是生活困苦中的乐观，是惊涛骇浪中的刚强，是百般诱惑前的坚定。设计品位更多的是一种抽象的文化感，包含哲学、历史、文学、艺术、美学等，也包括形式美、设计风格、设计流派、设计传统和设计时尚等。设计品位同时还是一种雅致的情趣，它的反义词是"俗气"。总之，设计品位究竟是什么很难准确表达，但对家装设计来讲至关重要，设计师必须时时着意如何提升自己的设计品位，并为之一生追求。

8.1　家装设计的品位

8.1.1　设计品位是家居风格的得体

设计品位是有层次差异的，不同的人生阶段对设计品位有不同的理解，不同的业主对设计品位也有不同的看法。对家装设计来讲，设计品位一定要适合业主的特点，不能用风马牛不相及的所谓设计品位去套业主。设计品位不排斥风格，每一种风格都可以设计得很有品位，但风格不能乱套对象，否则品位就失去了意义。举一个极端的例子：如果叫俄国的沙皇住中国的紫禁城，有没有品位？反过来让一个中国的皇帝住俄罗斯的冬宫，那也一定滑天下之大稽！见图8-1和图8-2。再举一个身边的例子：一个文人与一个儒商，对品位的理解肯定不同。文人与儒商相比，文化大家都有，可

是财富就大不相同了。有些设计儒商消费得了，而文人则可能消费不了。因此，不能用同样的标准。但两者同样可以获得品位，只不过品位的风格是不同的。

■ 图8-1　中国紫禁城中的正大光明殿

■ 图8-2　俄罗斯的冬宫

把握业主的喜好是使设计适合的前提，一定要挖掘业主内心深处的想法。人们内心喜欢的东西，即使不流行了，他也还是喜欢。这就是设计师要跟业主用心来探讨的，设计一定要适合业主。适合就是得体，不适合就是不得体，不得体就没有品位。

有人说客厅的沙发围着电视的设计非常俗气。来了客人，一边放着电视一边接待客人，非常不礼貌。因此，为了追求"品位"，在客厅就不能设计电视机。可是主人看电视到什么地方去呢？到卧室？到书房？难道这样就是有品位了？而没有电视机的客厅是不是一定就有品位了呢？这也很难说。对没有专用客厅的用户而言，以电视机作为起居室的主要对象也可以做出品位。

同样是厨房，年轻人、中年人、老年人的要求却有着明显差异。年轻人更注重形式，喜欢敞开式的厨房和大操作台式的橱柜，而中老年人则注重实用，他们对餐厨用品的方便使用和合理摆放有着较高的要求。见表8-1。

续，并在作品完成后给予空间应有的深度、质感及个性。例如，在一楼梯的设计中，为了增强空间的开阔度，首先在设计楼梯的整体构架上处理得十分简洁。在细部处理上，采用了延展性极强的曲线造型，再结合深沉的实木地板踏步，精致的扶手，借着巧妙的细节设计，将不同特性材料所产生的美感与空间形象同时构建，居室的品位便展露无遗，见图8-3。

■ 图8-3　精致的楼梯空间

表8-1　风格、特点适合人群表

风格类型	特点	适合人群类型/年龄层次	当前流行程度
自然风格	清新	知识人士/中、老	次流
乡村风格	质朴	知识人士/中、老	次流
简约风格	清爽	实惠型/青、中、老	主流
ART DECO风格（装饰艺术）	丰富	浪漫型/青、中、老	主流
华丽风格（新古典风格）	精致	浪漫型/青、中、老	主流
怀旧风格	文脉	知识人士/中、老	次流
工业风格	硬朗	艺术家/青、中	个别
海派风格	精巧	实惠型/青、中、老	主流
禅意风格	空灵	知识人士/中、老	个别
混搭风格	复合	浪漫型/青、中、老	次流
前卫风格	个性	艺术家/中年	个别
粗野风格	自然	成功人士/中年	个别
异域风格	别致	知识人士/中、老	个别
科技风格	高技术	科技精英/青、少	个别
梦幻风格	迷离	浪漫型/青、中	个别
贵族风格	富丽	成功人士/中、老	次主流

8.1.2　设计品位是细节处理的精致

有人说能看出人品位的地方就是细节。对家装来说，细节是十分重要的。一个优秀的家具设计，细部处理永远充盈着各个角落。所以，真正好的设计要在每一个不被人注意的角落都能坚持精心的设计。

如何将各种设计元素在满足实际功能要求的前提下，升华为愉悦的空间美感，这就需要设计师同时通过"大体"和"细部"的处理来精心营造。细部依附于空间的大构架之中，细部与基础骨架同时诞生、同时存在。

细部还表现为各种材料在室内设计中的运用。一个完美的细部，能够表现出各种材料的特质。凭借多种不同材料交接，空间观念得以延

细部处理得当还能充分体现居室的品质，见图8-4。古典风格的家居看上去非常精致——对称的空间布局，豪华的窗帘，舒适的座位，精细的家具，一切都演绎着精致的语言。

■ 图8-4　精致的起居室

但简约风格要表现精致就不那么容易了，这类风格的造型设计通常多以简洁、流畅的线条为设计语言。由于都是大块面的形体处理和简单的材料，故在细节的处理上，如工艺、尺度、比例必须十分精确，界面材质的选择和构造细节的施工都必须极其精致。如果没有这些细节的完美和精致，简约就会沦为简陋！

8.1.3　设计品位是文化内涵的丰富

美国设计师普罗斯说："人们总以为设计有三维：美学、技术和经济，然而更重要的是第四维：人性。"所谓人性，就是精神的需求，文化的需求。对此，设计师要有意识地追求。

风格的价值根源于"文化内涵"的提升，否则就会流于表象的堆砌。

文化的内涵是多层次的，如器物的层次、表现的层次、理念的层次。一件家装设计作品文化表现的途径很多，可以是造型元素的表达，也可以是形式的运用；可以是风格的表现，也可以是意境的传达；可以是设计理念的挖掘，也可以直接运用文化符号进行暗示。这一切都要统一起来，不要过多地强调了形式而忽略了设计作品本身应透露出来的内容和意境。

文化内涵有传承也有创造。

传承——人类有多得无法计量的传统文化宝库，有东方的，有西洋的。上下几千年的历史，繁复的传统浩如烟海，简约的传统也数不胜数，有足够的养料供设计师吸收。中国的文化是什么？是儒家文化？是五千年的封建文化？这些命题很难用一句话概括。但这些文化可以随着具体的事物通过视觉表现出来，如国画、书法、易经、禅学、五行、八卦等。西洋的文化是什么？是古希腊、古罗马、教会文化？是文艺复兴、巴洛克、洛可可、启蒙运动、工业革命？它们通过视觉表达出来的是建筑、雕塑、油画、教堂、家具等。这些都是文化，都是设计师的养料，见图8-5和图8-6。

创造——人类有足够的天赋，也有无尽的动力。创造每时每刻都在进行。只不过有些创造留下了痕迹，有些创造却被时代淹没。那么，设计师如果想让自己的设计在文化创造的长河中翻起点点浪花，就要做不懈的努力。设计师要努力充实自己，不断地学习、积累。俗语说："根深才能叶茂"，这也是相辅相成的。无数的根须吸收大地的养料，使大树根深、枝繁、叶茂，而树叶接受阳光产生光合作用，反过来使大树根须健壮。对设计来讲，文化涵养就是大地的养料和光合作用产生的氧气，就是健康的根须和繁茂的树叶。素养高的设计师能够吸取更多的文化养料，产生更多的光合作用。

■ 图8-5　东方文化的典型元素

■ 图8-6　西洋文化的典型元素

8.1.4　设计品位是设计气质的独特

设计品位对设计师和设计作品而言集中反映在设计气质上。气质同样是说不清道不明但又客观存在的东西。以香港设计师梁志天为上海某地产公司某楼盘设计的样板房为例，见图8-7。他以独特的简约风格，为其赋予全新的感觉。有专家将其作品描述为七种截然不同的设计气质。

酷：以前瞻性的设计笔触，在平淡和谐中突显强烈的感触，利用简洁的线条和强烈的色调对比，配合不落俗套的挂饰和家具，把酷气和帅气全面呈现，带给人耳目一新的感觉。

峻：把后现代科技的冷静和客观引进家居设计，以硬朗的肌理和明快的色调，迸发出赏心悦目、隽永怡神的效果。以清新笔触勾画钢材和银白家具，赋予空间素净明亮的神采。

闲：引进大自然的阳光、空气和树木，把满腔闲情溶化于浓淡有致的碧青和原木中，让人在紧迫的城市生活节奏下享受那难得的一刻闲暇。

净：一尘不染、素净澄明。设计师用平静的心灵看世界，利用淡淡的家具布局把原有的空间净化，把屋主的气质和品位含蓄地表现出来。

颐：是东方浪漫情怀与西方简约雍容的巧妙结合。以深木色与米白色的家具组合缔造中国的古色书香，配合风雅的挂饰和小物摆设，让空气中弥漫一股颐乐气氛。

醉：糅合巴洛克典雅风格与现代唯美主义，把宽敞舒适的空间修饰为富丽堂皇的尊贵府第，令人醉倒在满泻的浑黄灯光下……

宽：跳出框框，跃进广阔的视觉空间。以简约笔触演绎现代豪宅的气派与和谐，为偌大的空间带来家的感觉，令人开怀。

■图8-7　香港设计师梁志天为上海某地产公司某楼盘设计的样板房

8.2　家装设计的地域风格

一种风格或主义的形成，有其特殊的历史背景，同样，它的回归和流行也是需求的必然。就家装设计而言，风格的表现形式很多，但归纳起来可以分成地区风格和其他风格。本书第1章在讲到设计师修养的时候曾经

提到过一句话——"越是民族的，就越是世界的"，这句话深深地影响着家装设计师。不同地区的设计师在设计空间作品时总是有意识地将地区性和民族性的特征融入其中。地区风格中最常见的有中式风格、南洋风格、日式风格、欧式风格等。

8.2.1　中式风格

风格符号：红木家具、粉墙黛瓦、石狮子、花窗、皇家及民间园林、吉祥图案、中国X（如中国红、中国节、中国印……）等。

中式风格源于中国传统文化，它与宗教、哲学、美学、音乐等相通相融，成为典型的东方文明。它与西方的审美传统有很多观念上的差异。中式风格因其产生的时代文化背景不同而形成不同的面貌，它们有其独立的风格特性。比如隋唐、两宋、明清，其风格有着明显的不同，但又有历史延续性和共通性。要在设计中用传统风格去表现一个空间时，有必要先去了解这种风格的文化背景。在理解中表现，让作品有文化底蕴的支撑。使之不只是感官上的享受，更是文化上的感染。见图8-8。

■图8-8　中式风格的风格元素

1. 明清风格

明式装饰风格造型简洁、质朴，不仅富有流畅、隽永的线条美，还给人以含蓄、高雅的意蕴美。尤其是明式家具以结构部件为装饰部件，不事雕琢、不加修饰，充分反映了天然材质的自然美。同时以精练、明快的形式构造和科学合理的榫卯工艺，产生了耐人寻味的结构美。所以，明式装饰风格无愧为明清家具中的精华，在中国古代家具史上赢得了至高无上的地位。明式装饰风格的特点概括起来就是造型简练，以线为主；结构严谨，做工

精细；装饰适度，繁简相宜；木材坚硬，纹理优美，见图8-9。

■ 图8-9 将明式风格的家具作为空间风格的客厅

清代装饰风格是在明式装饰风格的基础上发展演变而来的，从发展历史看，大体可分为两个阶段：清初继承了明代风格的传统，风格基本上保留了明式的特点。从康熙末至雍正、乾隆，乃至嘉庆这一百年，是清代历史上的兴盛期，也是清代装饰风格发展的鼎盛期。这一时期家具和装饰的造型、结构、品种、式样等都有不少的创新，生产技术也有所进步。人们所称的"清式风格"指的就是这一时期。道光之后，经历了鸦片战争等一连串的丧权辱国事件，中国社会进入了半殖民地、半封建社会，国势开始衰微，外来影响日益扩大，传统的家具风格受到了冲击，并随之发生了变化，这就是晚清家具的特点。总体而言，清代装饰风格的特点为浑厚和庄重，用料宽绰，尺寸加大，体态丰硕，繁缛富丽。

中式风格在空间比较大的套型中相对有着更多地发挥余地，见图8-10。在布局和造型形象上可赋予丰富的变化，可更好地展示中式风格中的一些特别元素，如含有卍字纹、一根藤、如意等纹样的雕刻，而且空间上不但能表现出中式风格中素

雅、含蓄的一面，还可表现晚清风格富丽繁复的一面；在装饰上可以适当强调突出某一重点元素，但总体家居形象上依旧要保持比例和色调的统一和谐。

■ 图8-10 按清式民居风格设计的卧室

2. 新中式风格（新中式古典主义）

在现代的中式风格家居设计中，不管是公寓房还是别墅，因为时代和生活习惯的变化，全部照搬古典的元素来装饰现代家居是行不通的，新中式古典主义是很好的选择。就像一些精致的流行歌曲中流露着古雅的韵味，因此拥有的是优雅而舒适的情调。

新中式风格对传统的空间处理和装饰手法进行适当的简化，使传统的样式具有明显的时代特征，同时使其更适合现代人居住。新中式古典不是纯粹旧元素的堆砌，而是通过对传统文化的认知，将现代元素和传统元素结合在一起，以现代人的审美需求来打造富有传统韵味的事物，让传统艺术的脉络传承下去，见图8-11。

■ 图8-11 新中式风格演绎的现代卧室

区别于古典主义，新中式风格的特色是将繁复的装饰凝练得更为含蓄精雅，为硬而直的线条配上温婉雅致的软性装饰，将古典美注入简洁实用的现代设计，使得家居装饰更有灵性，使得古典的美丽能够穿透岁月，使生活变得活色生香。

8.2.2 日式风格

风格符号：方格子、榻榻米、低矮家具、浮士绘、书法，见图8-12。

■ 图8-12   日式风格的风格元素

提起日式风格，人们立即想到的就是"榻榻米"，以及日本人跪坐的生活方式。大和民族的低床矮案给人以非常深刻的印象。

典型的日式风格像近年流行的日式偶像剧里的场景。一个空明的房间，铺以实木地板，再配以原木矮桌和舒适的榻榻米坐垫，墙边所悬挂的书画，显得简洁大方、线条流畅。在一个家居中配置一间和式风格淡雅的茶室，感觉十分新鲜。在阳光暖暖的下午坐在这个茶室喝茶，慵懒放松的心情不请自来，累了还可以躺在地上美美地睡上一觉，岂不快哉？见图8-13。

■ 图8-13   日式风格的家居空间

8.2.3 南洋风格

风格符号：芭蕉叶般的热带风情作物、纱幔、泰丝靠垫、印尼木雕、泰国锡器。

东南亚地区的家居风格一般被称为南洋风格。糅合多样殖民文化的南洋风格受限于当地气候与天然环境的客观条件，总体上热闹、休闲、慵懒、香艳、舒适、明媚，室内与室外空间融为一体，既充满自然气息又极其舒适，在南方地区受到人们的欢迎。

南洋风格在设计上逐渐融合西方现代概念和亚洲传统文化，通过不同的材料和色调搭配，在保留了自身的特色之余，产生了更加丰富的变化。尤其是融入了中国特色的东南亚家具和那些具有浓郁的明代家具风格、重视细节的装饰。

色彩方面，南洋风格有两种取向：一种是融合了中式风格的设计，以深色系为主，如深棕色、黑色等，令人感觉沉稳大气；另一种则受到西式设计风格影响，以浅色系较为常见，如珍珠色、奶白色等，给人轻柔的感觉，而材料则多经过加工染色的过程。

配设方面：一条艳丽轻柔的纱幔、一双泰式绣花鞋、几个色彩妩媚的泰丝靠垫、一个流动着水中花的烛台，或者由椰子壳、果核、一粒粒咖啡豆串起来的小饰品，再加上芭蕉叶般的热带风情作物。在这种独具特色的东南亚风情里，热烈中有舒展的含蓄，妩媚中蕴藏着神秘，温柔与激情兼备，达成和谐才是其最高境界，见图8-14和图8-15。

■ 图8-14   南洋风格的风格元素

■ 图8-15　南洋风格的起居室

8.2.4　欧式风格

欧式风格是我国消费者乐见的家居风格，其中最受欢迎的有古典欧式风格、北欧风格、地中海风格、现代欧式风格。

1. 古典欧式风格

风格符号：古希腊—罗马艺术、拜占庭艺术、哥特艺术、巴洛克艺术、洛可可艺术、新古典主义艺术、前拉斐尔派艺术等西方传统的欧式风格要素。

古典欧式风格也有地区、民族、文化、地理的差别。英、法和意大利各国也不同，即使同一个国家，不同的历史时期也不一样。法国18世纪前流行巴洛克风格的家具和室内陈设，墙面、天花板、门楣、窗柜用壁画或者浮雕锦缎做装饰，显得空间开阔；家具富有柔和、浪漫的色彩。传统英国式室内装饰，房间显得阴暗、沉闷，每个房间私密性较强，家具造型、色彩和布局呆板、拘谨。18世纪时，出现洛可可风格装饰，室内装饰和家具造型趋向小巧、轻盈，采用织锦做壁挂和铺设，门窗、柜橱装饰以大型刻花玻璃镜子，悬挂晶莹夺目的枝形灯，室内还装饰有著名艺术家的绘画和雕塑珍品等，见图8-16。

2. 北欧风格

风格符号：直线条的座椅、金属的边框、松木表面的家具材质、精致的细节和精湛的加工技术。

■ 图8-16　古典欧式风格的书房

位于斯堪的纳维亚地区的丹麦、瑞典、芬兰、挪威四国的装饰风格就是通常说的北欧风格，突出的感觉是简约和精致，尤其以北欧风格的家具为代表。

北欧风格的家具最大的特点是具有直线条的椅子腿和桌腿。这些直线条的家具腿令人体会到简洁风格的魅力。目前，市场上可以看到的北欧家具主要有板式组合和松木两大类。贴木皮的板式家具集典雅和实用于一身，易于拆装的结构也十分适合现代生活的需要。比如，北欧风情家具以不易变形的中密度板为主，外部为榉木贴面或樱桃木贴面装饰，花纹结构精致美观，见图8-17。

■ 图8-17　北欧风格的风格元素

北欧风格的家具简洁而有力度，选材独特充溢着丰富的想象力，色泽自然而富有灵性，整体设计洋溢着现代风情，充满创作活力，迎合了现代人的需求，见图8-18。

■ 图8-18　北欧风格的起居室

3.地中海风格

风格符号：半户外的回廊、白手刷墙面、门窗外的蓝色景致、手工艺术的铸铁、陶砖、马赛克、编织等装饰、原木建材、显露朴质的表漆、低彩度线条简单且修边浑圆的木质家具，地面多铺地砖、陶砖，见图8-19。

■ 图8-19　地中海风格的风格元素

地中海Mediterranean源自拉丁文，原意为地球的中心。对于每一个怀抱美好旅游梦想、向往别样风景和风情的人来说，地中海都是一个美妙的乌托邦式的梦境。地中海的平易优美是如此容易地贴近人的心灵空间，不要说能住在地中海，单说起"地中海风格"就是一种莫大的吸引力。它的美，就是海与天明亮的色彩、仿佛被水冲刷过后的耀眼的白墙，可以用一些半透明或活动百叶窗让阳光直接照进来，而银色聚光灯的强烈光线有像艳阳的明亮感，就是有点刺眼。

地中海风格颜色明亮、大胆、丰厚却又简单。"地中海风格"最典型的颜色搭配是蓝与白：从西班牙、摩洛哥海岸延伸到地中海的东岸希腊、西班牙的那蔚蓝海岸与白色沙滩，希腊的白色村庄在碧海蓝天下闪闪发光，而白色村庄、沙滩和碧海、蓝天连成一片，就连门框、楼梯扶手、窗户、椅子的面、椅腿都会做蓝与白的配色，加上混着贝壳、细砂的墙面、小鹅卵石地、拼贴马赛克、金银铁的金属器皿，将蓝与白不同程度的对比与组合发挥到极致，见图8-20。

■ 图8-20　地中海风格的别墅

4. 现代欧式

风格符号：以几何形、几何直线和曲线、为主要构图元素，以黑白灰或近似黑白灰的复合色为主要色调，以金属、玻璃、皮革家具和灯具为主要材料。这主要受波普艺术、欧普艺术、极限主义艺术的影响，主要靠图形图像纯粹形式美来取悦大众，见图8-21。

■ 图8-21　现代风格的风格元素

家装的地域风格不局限于上述几种地区风格，比如还有埃及、印度、北美等。丰富的异国情调值得设计师深入挖掘，见图8-23和图8-24。

■ 图8-23　异域风格——中东地区的家居

现代风格装饰已从显示富有华贵、追求豪华气派中突围出来，趋向于功能实用和效能上。如包豪斯流派的风格，把室内装饰从传统满墙的壁挂，满室品种齐全的贵重家具、吊灯和到处布置的艺术珍品中解脱出来，追求足够的生活空间、充足阳光以及良好的通风，并使家具设备等用品的功能舒适，不拘一格。大量的磨砂玻璃的使用，既划分了功能空间又不减少通透；与磨砂玻璃效果相伴而生的配饰是亚光小五金件；直线为主的空间构成则是现代人生活节奏的最佳体现。当然，其中也不乏局部出现些曲线，增加些家的"柔情蜜意"，见图8-22。

■ 图8-22　现代风格的起居室

■ 图8-24　异域风格——印度地区的家居

8.3　家装设计的其他流行风格

除了地域风格，家装领域还有众多的其他设计风格，主要的流行有以下一些。

8.3.1　自然风格

风格符号：植物、花卉、阳光、石材、竹、藤制品、铁艺、原木本色家具、本色配饰，见图8-25。

■ 图8-25　自然风格的风格元素

现代人面临着城市的喧嚣和污染、激烈的竞争压力，还有忙碌的工作和紧张的生活。因而，更向往清新自然、随意轻松的居室环境。越来越多的都市人开始摒弃繁缛豪华的装修，力求拥有一种自然简约的居室空间。

自然主义流派在室内外空间环境设计中引入天然的山石、绿化、水体，追求田园风味。在空间界面中采用较为自然的石材和竹木等天然材料的质地，来烘托一种自然的空间氛围，追求一种天然的空间属性，见图8-26。

■ 图8-26　自然风格的起居室

8.3.2　乡村风格

风格符号：松木、石板、红砖、椽子、火炉、土灶、农家用具，见图8-27。

■ 图8-27　乡村风格的风格元素

当听到《Country road》这些节奏轻快的乡村歌曲时，或是想到电影《我很乖，因为我要出国》的小猪时，脑中不自觉便会浮现园野、小花、藤蔓、小动物等景物，这也正是美式乡村风格最显著的特征。

美式乡村家具起源于18世纪，是由一群美国人及从英国移民至美国专门为美国各地的拓荒者建造房子的工匠创建的一种美国当地的乡村居家风格，以"多色彩""原始自然"为最大的风格特征。以多色彩来说，屋外农场的青草绿、田间种植的小麦白、原野旁的小红莓或是平常工作所穿的牛仔蓝等，都成为家具的涂装或家饰布的布花。在原始自然方面，完整的木纹、甚至刻意仿古的凿痕与虫蛀的痕迹，也都可在乡村家具上发现。住在这种风格的家里如同置身于大自然，不仅轻松舒适，还能让人暂时忘却烦心事，无怪乎美国罗斯福总统也如此热爱乡村风格。

古今中外各地乡村风格各有各的面貌，各有各的美，各有各的特色。地域风情十分突出，绝对不是千篇一律的表现。

乡村风格重视基础装修，但并不需要使用昂贵的材料，鹅卵石或粗糙刷墙都可能是最佳效果的主力军。但简单且粗陋的材质却需要十分强调全面风格的统筹设计和精致的装修功夫，否则就会显得简陋粗糙，见图8-28。

图8-28　乡村风格的起居室

家具与小装饰物等乡村素材也是乡村风格的一大特征，竹藤、红瓦、窑烧以及木板等，从不会受流行左右的摩登设计的影响，代代流传下来的家具被小心翼翼地使用着，都是使用时间越长越能营造出独特风味。家具最好是用实木或藤类的天然材质制成，而且要线条简单、圆润。

8.3.3　简约风格

风格符号：排斥装饰，以纯粹的空间、线条、色彩为设计语言，表现现代抽象的形式感，见图8-29。

图8-29　简约风格的风格元素

现代主义建筑大师密斯·凡·德·罗有一句经典的设计名言："少即多（less is more）"。他的设计理念主张形式简单、高度功能化与理性化，反对繁文缛节的装饰化风格。这种极少主义设计风格在20世纪二三十年代曾经风靡一时，是西方后现代设计的里程碑，时至今日这种风格依然散发着无限魅力。

极少主义风格非常强调室内各种材料与色调的丰富对比。墙体的设计会使用面砖、镜面、铁或光洁的乳胶漆等材料。色调则以纯白、奶油白为主体，在适当的地方运用明亮而强烈的重点颜色加以突出。地板应该是墙体的有益补充。窗帘一般选择素色的百叶窗或半透明的纱质，因为这种窗帘更能增加房间的空间感，也更方便自然光线的进入。

极少主义用色总的原则是先确定房间的主色调，通常是软而亮的调子，然后决定家具和室内陈设的色彩范围。在色彩单调的情况下，用光来丰富视觉感受。极少主义设计非常偏爱良好的自然光照。软质材料的运用十分重要，例如，纤维绒、天鹅绒、皮革、亚麻布、丝、棉等。这些装饰织物的色调要尽可能自然、但质地应该突出触感。图案太强的织物不适合此类风格。

对于设计师来说，简约并非简单。事实上，以简单表现丰富是相当困难的。因为对于居室装修来说，简单而又能够传达出丰富，就意味着设计师必须具备赋予简单的东西以丰富内涵的本领。这样才不至于因为简洁而变得苍白无力，见图8-30和图8-31。

图8-30　北欧风格居室设计

■ 图8-31　简约风格的卫生间设计

8.3.4　Art Deco风格（装饰艺术）

风格符号：一切物体都有装饰情调，重点部位更要夸张地表现，看上去花了很多时间和心思。

■ 图8-32　Art Deco风格多姿多彩的

Art Deco（装饰艺术）一词起源于1925年在法国巴黎举办的"Exposition Internationale des Arts Décoratifs Industriellse Modernes"（现代工业装饰艺术国际博览会），指的是两次大战期间，大约是19世纪二三十年代的一种流行风格，主要受埃及文化及现代主义的影响，所以在颜色上及装饰上，以强烈的原色和金属色，如鲜红、鲜蓝、鲜黄、金属色等，及简单的几何图形为主，如古埃及、中南美古文化中常用的阳光放射形、金字塔形、星星形等，在造型上整体呈现利落的线条美，材质则常见木材与金属的组合搭配，见图8-32。

Art Deco风格家具造型简单、装饰丰富，并强调高贵质感，常采用昂贵的桃花心木等材质，表面并以手工绘上各式装饰线条，在实用功能外也兼具欣赏价值。Art Deco风格完全符合当时中产阶级的喜好。

8.3.5　华丽风格（新古典风格）

风格符号：用现代的设计手段将古典宫廷化的设计要素改造的精致典雅，见图8-33。

■ 图8-33　华丽风格的风格元素

华丽风格源于欧洲宫廷的洛可可风格。18世纪路易十五时期流行于法国、德国和奥地利等国。它是一种高度技巧性的装饰艺术，表现为纤巧、华丽、繁琐和精美，追求视觉华丽和舒适实用，追求柔媚细腻的情调，常常采用不对称手法，喜欢用弧线和S形线，尤其爱用贝壳、漩涡、山石、卷涡、水草及其他植物等花纹作为装饰题材，进行局部点缀。将卷草舒花，缠绵盘曲，连成一体。天花板和墙面有时以弧面相连，转角处布置壁画。

华丽风格追求华丽、高雅的古典感觉。采用高级贵重材料制作家具和设备来装饰房间。居室色彩的主调为白色。家具为古典恋腿式、家具门窗漆成白色。家具框条部位饰以金线、金边；墙面用高级材料如铝镁合金或锦缎、高级墙布、墙纸装饰；用大理石或高级木板铺地或纯羊毛地毯铺地，地毯、窗帘、床罩、帷幔的图案以及装饰画或物件为古典式。房间内再放上一些古玩或艺术珍品，这样的室内装饰金碧辉煌，充满欧式情调，见图8-34。

图8-34　新古典风格的起居室很华丽

8.3.6　怀旧风格

风格符号：有年头的古董、旧式的房屋结构、古旧的家具为设计主调，点缀几十年前的装饰品，见图8-35。

图8-35　怀旧风格的风格元素

怀旧与复古不同，怀旧是怀念自己经历过的人、事、物、空间场景组成的岁月。怀旧不仅是人之常情，而且是温馨的情感体验，特别是上了"年纪"以后。七八十岁的人会钟情三四十年代的旧，六七十岁的人会怀五六十年代的旧，四五十岁的人会怀七八十年代的旧，甚至二三十几岁的人也会怀起旧来。因此，怀旧风格经常会用到家装设计中来，见图8-36。

图8-36　怀念梦露时代的怀旧风格的餐厅

明清家具，起码都是"百岁"以上古董，没有多少人曾跟它一起"成长"、走过悠长的百年岁月。但20世纪三四十年代、五六十年代的家具就不同了。老式唱机、单人沙发，旧上海的美女月份牌、小风琴，沙发中央摆放的老唱机更添怀旧情结；复古的桌椅配上色彩对比强烈的装饰画别有一番韵味；外婆年代的五斗橱古朴却很精致；墙角的风琴不禁让人想起悦耳的乐声；Art Deco 家具与旧上海装饰画相得益彰；陈旧理发椅也能成为家居摆设。一切的一切都让你仿佛回到了哼唱"夜上海"的那个年代。如果你看腻了现代家具，不妨用这些家具或者小家饰布置自己的家具让空间增添一份怀旧的情调，见图8-37。

图8-37　古韵悠悠怀旧风格的客厅

8.3.7 工业风格

风格符号：加工痕迹明显的金属材料，结构感强的家具和房屋构造，用看似粗犷的装饰材料构成粗野的视觉感受，见图8-38。

■ 图8-38　工业风格的书房和餐厅

在空间的构成上，工业风格充分运用现代技术，崇尚现代机器美感；采用高新建筑结构技术，通过新颖别致的结构构成，力求表现出建筑结构本身所体现的装饰艺术风格。

它诞生在工业化时代，钟情于工业产品的使用，尊重那种很理性、结构感很强的"机械美"。工业风格的家居对加工技术的要求很高，因此也被为高技派。正因如此，工业风格看上去粗犷，但使用起来却很舒服。

8.3.8 海派风格

风格符号：融会中西古今，精致而聪明的细节，装饰性的体现恰到好处。

■ 图8-39　海派风格的卧室和餐厅

上海是海派文化的发祥地，它善于吸收消化各类文化的特长，融会中西文化。"豪华而不失纤美，务实而又浅透灵秀，精致而尽现巧思"是海派装修的风格的特点。作为上海地区特有的一种文化风格，另一个突出的特点就是能在面积较小的住宅内，达到平面布置合理，充分利用空间，整体设计紧凑，使居室装饰既经济实用，又舒适美观，见图8-39。

8.3.9 禅意风格

风格符号：沉稳的深色，空灵的空间，自然的材料，仪式感的饰品，见图8-40。

■ 图8-40　禅意空间—宁静的空间中神圣的象征物

禅意空间中的色彩运用，以深色系为主的风格，可以使人感觉空间的沉稳。因此，禅意空间多偏向运用木质原色、深黑色、暗红色等沉稳色调，以对比的白色墙面作搭配；装饰品起到画龙点睛的作用，偏爱竹帘的挂置提升空间的意境与质感；蜡烛、风铃、线香与石雕等饰品则加强空间空灵禅修的内涵。

8.3.10 混搭风格

风格符号：喜欢的东西哪怕是风马牛不相及的，只要有一个精神上的共同点，就将它们组合在一起，形成个性鲜明的视觉场景。

混搭风吹到了家居界。将中式、欧式、古典、现代、简约和乡村各种风格混搭在一起；木头、玻璃、石头、金属和丝绸、羊毛软硬结合也可混搭。多种元素共存，但不代表乱搭一气，混搭要确定一个"基调"。把风格迥异、材质不同的东西放在一起，需要设计师和业主具有较高的审美品位。若是不成功的混搭则叫作叫混乱。

1.今古结合风格混搭

现代流行装饰材料＋中国古典元素（如，磨砂玻璃＋中国古典窗花）。将古典元素巧妙地融入现代材料构筑的氛围之中，见图8-41。

■图8-41　古今风格混搭

2.中西合璧风格混搭

中式和西式家具的搭配比例最好是2:8或8:2。在一个中式的环境中添置几件西式的家具或物件，丰富视觉感受，但又不至于造成视觉混乱，见图8-42。

■图8-42　中西混搭

3.工业和民俗混搭

工业和民俗是风马牛不相及的，可是就是有艺术家敢于把它们搭配在一起，确实有耳目一新的视觉效果。因为混搭是没有公式的，以视觉愉悦为标准，见图8-43。

■图8-43　工业和民俗混搭

8.3.11　前卫风格

前卫艺术家的艺术创作在家居设计领域也常常有大胆的表现，他们的作品充满了想象力、个性和怪异的色彩。虽然数量不多，但很引人注目。前卫的艺术引领的是艺术的潮流，对一般的民众而言还是有相当大的审美距离，见图8-44。

■ 图8-44   前卫风格的设计

■ 图8-45   粗野风格的起居室

8.3.12   粗野风格

看似不修边幅、自然天成的肌理和粗犷、率真的形象也有其特殊的审美意趣。它被一批崇尚自由自在、个性强烈的高知识人士所喜爱。它们呈现的是休闲的、毫不刻意的感觉,材质感非常强。家居的界面其实是其中生活着的人的背景,粗犷的背景衬托着他们显得更加靓丽,见图8-45。

8.3.13   科技风格

以太空技术为代表的高科技总是吸引着大批民众特别是青少年的追捧,这样的现象在家居设计上也有体现。高科技的物体也可成为设计师的创意元素,给人耳目一新的感觉,见图8-46。

■ 图8-46   太空窗式的淋浴房

▶ 图片来源

8-1、8-2   自摄

8-3   ［美］安娜•卡赛宾.李艳萍,朱玉山译.居室第一印象.上海:上海人民美术出版社.2004

8-4   欧美居室装饰设计资料集编委会.欧美居室装饰设计资料集.哈尔滨:黑龙江科学技术出版社.1992

8-5   房产样板房

8-6   自摄

8-7、8-8   装饰材料及家居产品广告

8-9   http://blog.sina.com.cn/s/blog_aa3cc7dc01012pfg.html

8-10   http://home.cq.fang.com/zhuangxiu/caseinfo634154/

8-11（a）   http://www.meilijia.com/photo/11498/520

8-11（b）   http://news.zhulong.com/read162696.htm

8-12~8-14   装饰材料及家居产品广告

8-15　魏亚娟等.客厅/卧室/工作室/儿童房/浴室规划书.汕头:汕头大学出版社.2004.6

8-16　［日］THE NOB. JAPAN INTERIOR INC.Tokyo.82（8－12）

8-17~8-19　装饰材料及家居产品广告

8-20　［日］THE NOB.JAPAN INTERIOR INC.Tokyo.82（8－12）

8-21、8-22　装饰材料及家居产品广告

8-23　［日］THE NOB.JAPAN INTERIOR INC.Tokyo.82（8－12）

8-24~8-26　欧美居室装饰设计资料集编委会. 欧美居室装饰设计资料集.哈尔滨: 黑龙江科学技术出版社.1992

8-27　时尚家居杂志社.家装备忘录.2005.9

8-28　［日］THE NOB.JAPAN INTERIOR INC.Tokyo.82（8－12）

8-29　装饰材料及家居产品广告

8-30　http://home.sh.fang.com/zhuangxiu/caseinfo194107/

8-31　http://tuku.51hejia.com/zhuangxiu/tuku-555413

8-32　［日］Erica Brown.INTERIOR VIEWS Design at Its Best.东京:株式会社美术出版社.1980

8-33~8-35　装饰材料及家居产品广告

8-36　魏亚娟等.客厅/卧室/工作室/儿童房/浴室规划书.汕头:汕头大学出版社.2004.6

8-37　http://www.meilijia.com/collection/513

8-38　时尚家居.时尚家居杂志社.2005

8-39　装饰材料及家居产品广告

8-40　美·杰克·克莱文.健康家居.上海:上海人民美术出版社.2004

8-41　时尚家居杂志社.有故事的家/有表情的家/把家搬到郊外去.北京:中国城市出版社.2003

8-42　房产样板房

8-43　时尚家居杂志社.有故事的家/有表情的家/把家搬到郊外去.北京:中国城市出版社.2003

8-44、8-45　［日］THE NOB.JAPAN INTERIOR INC.Tokyo.82（8－12）

8-46　房产样板房

第 9 章
家装设计的创意与构思 >>>

设计师向业主提交的家装设计方案最重要的是展现亮点。亮点从何而来？创意！创意！唯有创意才能制造亮点！创意是一种思维活动，它的产生靠的是知识和经验的积累，靠的是敏锐感性的感悟，有时也可以靠有条不紊的理性分析。大凡思维活动，都有稍纵即逝的特点，尤其是灵光一现的"灵感"更是需要及时捕捉。如果茅塞顿开的时候不及时记录，它就会重新封堵。设计的诀窍还在于寻找一个合理的思维切入点……

9.1　创意与构思

9.1.1　创意与创新

1. 创意就要创新

家装设计是艺术性和技术性兼而有之的创造性劳动。在技术性方面有很多常规和规范要求，当然也不排除有技术创新的因素。然而在艺术性方面，创造性是要被突出地强调的。如果没有设计创新，设计就失去了意义。一切艺术创作，创新是一个绕不开的课题。

设计创新主要体现在创意。创意就是创造新的设计意念。严格来说，每个设计都应该有新的创意，没有新点的创意就不能叫设计，至少不能称为好设计。正是不断有创新意念的涌现，设计才在永不停息地向前走，每天给我们新的感受，新的感动，新的诱惑，新的追求。

创新离不开继承，人们常说的"标新立异""推陈出新"都是指在继承过去设计创作成果的基础上，开拓新思路，寻找新题材，发掘新的艺术表现形式。

2. 创新是设计师的使命

具有创新意识是这个职业对设计师的要求，它也是设计师应该具有的职业使命。只要你当设计师，你就要创新。设计如何创新是设计师每天要问自己的问题，如何让自己拥有源源不断的创新思维，是设计师必须毕生追求的。

创新是设计人员进行创造性思维的结果。设计人员要打破习惯性思维，变换角度，开阔视野，才能使自己的创造力得到更充分的发挥。创造性思维的形式很多，有发散思维和集中思维、逻辑思维和形象思维、直觉思维和灵感思维等。在设计中要充分注意发散思维和集中思维的辩证统一；准确把握逻辑思维和形象思维的巧妙结合；善于捕捉直觉思维和灵感思维的闪光点和亮点，这样才有可能设计出新颖、独特、有创意的作品。

3. 设计创新的任务

设计创新是对设计师的总体要求，而怎样进行创新？在哪些方面进行创新？这些是需要设计师认真思考的。就家装设计师来说，可以从下列几个方面重点探索：

（1）探索新的设计理念。设计理念需要不断创新。理念是设计之纲，纲举才能目张。理念先进了，后面的工作才有意义。理念落后，后面的工作再好，层次也不高。因此追求先进的理念是设计创新最大的任务。

（2）探索新的视觉形式。空间设计、形象设计包括造型和色彩是家装设计的重要内容，这些都属于视觉的范畴。任何设计理念最后都要落实到视觉上面，给人惊喜，给人感动。所以视觉形式的创新是设计师的主要任务。

（3）探索新的装饰构造、新的材料用法、新的技术手段、新的施工工艺。这是新的视觉形式实现的载体和技术保障。新的构造和新的材料运用会出现新的视觉效果。新的技术手段和新的施工工艺一方面可以保障新构造和新效果的实现。另一方面也可以影响新的视觉效果的产生。

这些都是具有专业特色的探索，也是促进专业进步的探索。它们是设计创新的主要任务。

9.1.2　创意的思维状态

设计师在创意阶段最好的思维状态是放松的、有目的的，但不是随时随地被目的所控制。

1. 不要冥思苦想

冥思苦想不是创造性思维的最佳状态。相反精神放松，思维闲散，海阔天空的思维状态对创造性的发挥十分有利。他如果十分呆板地在朝九晚五的上班时间，在整整齐齐的工作台前，设计灵感通常不会光顾。相反，或是在与别人的聊天中，失神的目光对着四散开去的烟雾，或是在茶馆里看着玻璃杯中飘动的嫩芽，或是翻阅刚刚出版的油墨飘香的时尚杂志，在这些不确定的时间或场合，在不经意中，并不强求结果，想法就出现了！

2. 不要设置思维禁区

思维要自由，就不要设置思维禁区。譬如想到一个新的构思，不要先用种种的理由将其否定。如造价太贵，客户可能不喜欢，过时了，太前卫，太不理性了，太怪异了等。而是先把它画下来，然后再来分析。如果设置了很多思维禁区，思维状态就不自由了。

3. 不要有惯性思维

不要因为家居设计项目不大，就采用常规的处理办法。在这样的惯性思维下做出来的设计很难给人眼睛一亮，一看就是大路货。相反，总是要提醒自己一下有没有不同的做法呢？可不可以异想天开一下呢？可能肯定是存在的。关键是你敢不敢想，会不会想。在2002年的韩日世界杯期间，日本设计师就创意了"足球空间"这样一个概念。书房、浴室、儿童房的内部空间做成足球的形状。而且用不同的造价水平，适应不同的消费者的需要，结果大受欢迎，订单不断，这样的设计就是打破了思维的惯性。

4. 不要排斥幻想

幻想是一种不现实的思想。可是对设计创意来说，幻想是一种很好的思维状态。它把思维与现实隔离，与功利隔离，与世俗隔离。光怪陆离的幻想有时候可以展现瑰丽无比的景象，可以对现实的设计以很多的启发。

9.2　设计构思的切入点

创新是为了营造家居形象的新面貌。就具体的家居设计而言，如何进行设计创新，如何寻找设计构思切入点大有讲究。漫无目标的思维在创意阶段应该鼓励，但在实际构思设计阶段还是应该有的放矢地进行思维，要找到好的设计思维的方向，就要找准设计思维的切入点。

通过功能切入、形式切入、风格切入、热点切入、优势切入、爱好切入等，获得有效的设计构思，进行设计创新。

9.2.1　功能切入

从功能创新入手是家装设计思维的基本切入点。功能设计是家居设计的第一步。在这个阶段思考如何进行功能创新和功能扩展是很实际的创新思维方式。

1. 功能创新

对家居新功能的追求是没有止境的。以卫浴设计而例，除了对产品质量的要求以外，对卫浴多重功能的追求已成为注重生活品质的象征。因此各种人性化、多功能的卫浴产品就不断地呈现出来。例如，带有自洁技术的卫生洁具、采用感应式自动开关水龙头、多功能电脑坐便器及具有恒温技术的花洒等设备的开发与应用就是一种有效的功能创新。要及时运用新材料、新设备，创新家居功能，这方面的追求是生生不息的。

对厨房而言，做饭可不可以变为一种娱乐？事实上，在技术上已经能够实现。当今的厨房设计要强调智能化。在厨房中，利用计算机芯片，将所有的家电，甚至碗柜、灶台、家具互连，构成了一个家用厨房智能网络。有了这个厨房智能网络，在办公室就可以使用遥控器将厨房的电饭锅打开，同时选择你喜欢的方式做饭。放在厨房的电冰箱在提供冷藏和冷冻食物的同时，在液晶面板上可以看到里面放有什么食材、有效期、数量，而且还有加工方法的推荐，甚至在烹饪美味的同时可以收看到新闻和喜爱的电视剧。

2. 功能扩展

常规的家居设计是根据功能布局将其划分为客厅、卧室、厨房、阳台等，空间的功能无形中被特定化。但我们的生活内容随着时代的发展变得越来越复杂多样了，限定的空间格局也会限定了我们的活动范围。尤其是信息化、电子化延伸到家居生活中的各个角落，使住宅的很多功能在空间上融为一体，卧室同时也是书房，卫生间也可以化身为听音乐的空间。于是，突破原有家居空间区域的机械划分，将功能空间的界限模糊也是一种功能扩展。

充分利用自然采光条件，通过对色彩、材料、居室功能的综合利用，如用玻璃砖、镂空的屏风、移动家具、大型盆栽植物等，营造出空间多义，功能多样，富有生活情调的绿色家居，使我们的生活更加方便、舒适、精彩。

9.2.2　形式切入

家居的形式是业主非常关心的一个设计要素。用形式创新的效果给客户带来惊喜是设计师的重要责任，也是很好的设计构思切入点。形式思维是设计师特有的思维方式。具体地说，形态构成、色彩构成、形式美的规律都是形式思维可以应用的媒介，可以用它们对空间界面形象进行创造性的探索。

1. 形态构成

形态构成是研究形式的一个很好的途径，也是一门专业的造型基础训练课程。点、线、面是其表现的基本语言，重复、渐变、近似、特异、发射等是其表现的手法。它在界面设计中非常有用。

（1）点、线、面。点线面是构成所有复杂图形的基本元素。它们有自己独特的属性。

1）点是相对较小的形象。单独的点具有焦点的作用，能够引起注意。组合的点以其不同的形式可以形成不同的效果，见图9-1。

■图9-1　由点的组合形成的艺术背景

2）线是一种相对细长的形象。分水平线、垂直线、斜线、折线、波浪线、曲线、自由曲线等。各种线型具有不同的性格。单独的线具有分割的左右，也具有导向的左右。排列的线具有明显的节奏感，见图9-2。

■图9-2　直线与曲线形成的不同视觉效果

3）面是较大的平面形状。扩大的点就是面，加宽的线也会转化成面。面有积极和消极之分。积极的面形成图的感觉，消极的面形成地的感觉。图和地有时是可以相互转换的。

直线形明快、简洁、有序、理性，适合现代感和科技感极强的设计；曲线形比直线形复杂而变化丰富，它给人优美、弹性、张力、柔软、亲和力强的感受；偶然形是在不经意中偶然获得的图形。它浑然天成，没有人工斧凿痕迹，自然、新颖、独特，见图9-3。

■图9-3   面的对比

（2）重复、渐变、近似、特异、发射。这些都是利用点、线、面进行平面构成的具体方法。图9-4的顶棚采用发射的形式。

■图9-4   发射形式的顶棚

（3）视错觉。视错觉是既普遍又特殊的现象。它的产生有生理原因，也有心理原因。生理上，我们主要是通过眼睛来感受空间环境，但经实验证明，人眼具有一定的欺骗性；再加上心理因素的影响，我们常常会对周围事物做出错误判断，从而产生了视错觉。在装饰中合理巧妙地应用视错觉原理可以化腐朽为神奇，改善室内的空间效果。将小的空间扩大，低的空间增高。用视觉原理改变空间的感觉是一种比较经济的装修手法。

1）矮中见高。这是在室内设计中最为常用的一种视错觉处理办法。在居室的共同空间中，一部分做上吊顶，而另一部分不做，那么没有吊顶的部分就会显得变"高"了。

2）虚中见实。通过条形或整幅的镜面玻璃，在一个实在空间里面制造出一个虚的空间，而虚的空间在视觉上却是实的。这一种视错觉的效果，也是设计师常常运用的，见图9-5。

■图9-5   虚的空间在视觉上却是真实的

3）粗中见细。在实木地板或者玻化砖等光洁度比较高的材质边上，放置一些粗糙的材质，例如复古砖和鹅卵石，那么光洁的材质会越显得光洁无比。这就是对比下形成的视错觉，见图9-6。

■图9-6   粗中见细

4）曲中见直。一些建筑的天花板往往并不太平整，当弯曲度不是很多的情况下，可以通过处理四条边附近的平直角造成视觉上的整体平整感。

2. 色彩要素

色彩也是重要的形式要素。用色彩作为设计创新的主角非常自然，设计师可以借助一些实用的色彩思维形成设计的创新点。这些方法有性格色彩、年龄色彩、季节色彩和流行色彩的线路。

（1）性格色彩。不同性格的人喜欢不同的色彩，这是一个普遍规律，见图9-7。根据客户的性格及色彩喜好确定其家庭的色调是很对路的设计方法。在初步设计前可以通过"闲聊"了解客户最喜爱的颜色。

■ 图9-7　色彩性格强的设计

■ 图9-8　色彩年龄

一般说来，热情奔放、喜欢交际的人喜欢暖色调系列的色彩；而性格内向、喜欢独享自我空间的人喜欢冷色调系列的颜色。当然这只是一个参考，不是绝对的。人对色彩的喜欢很复杂，而且非常情绪化。总体来说，家居的色彩运用不能过于性格化，不能过于强烈。人在强烈的色彩环境中容易疲劳，也容易厌倦。如要选用强烈的色彩，注意千万不要大面积地使用。如用红色作主色调，一般只用在一个背景墙面，其他的墙面就用比较柔和的色彩进行衬托，这样配色的效果比较好。

（2）年龄色彩。年龄大小对色彩的爱好变化有一定的规律。这可以从不同年龄人的衣着表现中看出来。虽然存在着一些个体的差异，但这只是其中的一小部分。总体来说年龄越大，选择的色彩越沉稳；年龄越小，选择的色彩越鲜亮，见图9-8。以红色系为例：幼儿喜欢的色相基本在原色的范围里。他们一般选择大红或者橙红。进入了少儿，喜欢的红色其纯度就会下降，粉红、玫瑰红、洋红就会成为选项。到了成年，对色彩的理解大大加深，选择的范围也会大大扩展。在这个阶段主要根据其性格来选择色彩，红色这类鲜明的色彩只会在需要的地方进行点缀。进入了中年，一般倾向于选择比较沉稳的色彩，即使选用比较鲜明的颜色，其中一定加入了相当多的复色，若选用红色系列的色相，一定是"酒红"或者是"枣红"。

（3）季节色彩。色彩季节论是一种流行的配色方法。服饰搭配、化妆配色也经常运用这种方法。季节的交替自然带来季节色调的交替。春、夏、秋、冬每个季节色彩都很有个性。人在大自然里年复一年地生活，已经习惯了这样的色彩变换。人们可以看到每个季节的色彩组合都很丰富，但各种各样的色彩都统一在所处的季节中，十分协调。从中我们可以学到色彩的搭配方法。春季型色彩轻盈欢愉，夏季型色彩浓烈明快，秋季型彩色鲜亮艳丽，冬季型色彩淡雅轻快。这些色型都可以运用到家居的搭配中，而且都有迷人的效果，见图9-9。

■ 图9-9　季节色彩

（4）温度色彩。色彩与温度感有密切关系。暖色系给人温暖的感觉，冷色系给人清凉的感觉。就家居而言，人们一般喜欢与季节色彩相反的色彩。如冬季的色彩是冷的，而人们在家居中则乐于见到温暖的色彩；夏季的色彩是比较浓重的，而人们在家居中乐于见到清淡的色彩，见图9-10。是利用视错觉原理调节空间温度感的有效办法。例如当我们在房间里大面积使用深蓝色时，那么生活在里面的人们在心理上就会觉得温度下降了2~3度。设计师要考虑家居的装修交付在什么季节，如果在冬季交付，最好将家居色彩确定为暖色调。那么在家装交付时，业主住进色调温暖的新居时，情绪上会非常愉快。如果在夏季交付，则把家居色调设计的清凉一些，也会受到客户的喜欢。

■ 图9-10　冷调降温

（5）流行色彩。流行色彩也是色彩创意的重要元素，设计师利用服装界每年发布的流行色将其运用到家居空间的色彩创意中，也会收到好的效果。国际权威的色彩机构Pantone近日发布的2016年流行色趋势，其中一种颜色叫孔雀蓝。它是蓝色中最神秘的一种，几乎没有人能确定它正确的色值所在，是模糊色的一种，不同的人会对它有不同的诠释，代表的意义是隐匿。将这种颜色应用到家居设计之中，使空间具有一种神秘的力量，见图9-11。

■ 图9-11　2016流行色之孔雀蓝

3. 形式美原理

运用形式美原理进行空间和界面形象的设计创新是形式思维的有效手段。

（1）统一与对比。这是形式美法则的总则。统一是指性质相同或类似的形态要素并置在一起，通过和谐、有序的组合而形成协同一致的感觉，见图9-12。要注意的是，画面的过分统一会让人觉得单调乏味。而对比是反差悬殊的形态、色彩或质感并列在一起，形成强烈的具有紧张感的图面效果，见图9-13。如能在对比中寻求多样的统一，就能获得高层次的审美感觉。

（2）对称与平衡。绝对对称是以对称轴为中心，或左右、或上下完全相同。以某一点为中心，让图形产生旋转且刚好与另一个形完全重叠，这是镜像对称。对称有很好的安定感，适于表现静止的、传统的效

果。对称设计保守性强，使人感到限制过严，缺乏变化，见图9-14。

■ 图9-12　统一的设计

■ 图9-13　明暗对比强烈的设计

■ 图9-14　对称的设计

在家装设计中，对称经常被应用到立面和平面设计中，尤其是欧式、中式的古典风格。

平衡是通过视知觉来判断画面的形态、色彩、肌理等视觉元素，或左右，或上下不对称但在分量上是均等的安静的状态。它具有安静、协调和均衡的视觉美感。平衡分对称平衡与不对称平衡两种。对称的平衡具有秩序、稳定、沉静、庄重的视觉心理效果，具有秩序美。不对称的平衡构成灵活、生动、活跃的效果，富有一定的生命活力，具有动态美，并有新奇感和紧张感。图9-15是大块面的白色与小块面的黑色在分量上取得均等的设计。

■ 图9-15　均衡的设计

（3）比例。它是谋求统一均衡的数量秩序；是设计艺术的基本结构基础，也是形成美感的关键手段之一，见图9-16。

■ 图9-16　比例舒适的室内空间

黄金比是古希腊先民发现的一种完美比例，从人的两眼视力范围加以考证，黄金比1：0.618最

接近视圈。黄金比在生活中运用广泛，如常用的16开、32开本的书籍、电视屏、电影屏幕等。在古典中式及欧式建筑和室内中，一些造型分割尺寸、大小都接近这一比例，证明这一比例很早就被发现和利用。在家装设计中，比例主要指室内空间的局部与局部，局部和整体之间的各部分大小、长短、体积等所占空间位置的关系。

（4）节奏和韵律。原指音乐中的"节拍"和"旋律"。音乐的美感大多由此产生。在造型设计中"节奏"意味着重复、规律，"韵律"意味着起伏和变化。一般讲设计的韵律感不够，是指设计形式缺少变化，过于呆板；讲节奏感不强，主要指变化缺少条理规则。

在室内设计中，造型语言的节奏与韵律应用非常广泛。建筑上的窗柱结构就表现出一种节奏感，建筑及装饰造型要素有规则的变化，使之产生高低起伏，远近间隔的抑扬律动，产生"韵律"。楼梯也是产生韵律感的好媒界，见图9-17。

■ 图9-17　旋转楼梯产生的韵律很有设计感

（5）特异。特异是规律的突破和秩序的局部对比。特异可形成"视觉中心"，"视觉中心"能满足人的视觉美感的需求。在设计中通过异常的大小、质地、图案、线条、色彩、空间等设计要素进行对比，出其不意形成重点空间和"视觉中心"，见图9-18。室内的空间形态有色、有质、有形、有内容、有精神含义，它们的组合在视觉上必然会出现主与次，中心与周围，精彩与平淡，实与虚等形式现象。这里的"主""中心""精华""实"就是指室内的"视觉中心"。室内要达到一定的美感，需根据面积，设一个或若干个"视觉中心"。

■图9-18　特异的设计

9.2.3　风格切入

设计师根据对业主类型的判断，将适合的设计风格推荐给他们，这是很自然的家居设计构思切入点。家装设计风格是业主最为关心的设计内容之一。设计师的责任是将家居风格的设计和业主的意愿相统一。根据对大量消费者跟踪调查，以下几种风格是消费者最为关注，使用频率最高的家装风格。

1.上班族——清爽愉悦

对普通上班族来说，职场节奏快，闹心事多。回家后就想放松，就想安静，家是心灵的休憩地。他们的家套型一般比较适中，使用面积100平方米左右，三室一厅户型为主，装修造价15万元左右。设计风格尽量清爽简洁，不要过多的装饰也不要太高的造价。整体设计感觉温馨、惬意、宁静，是一个可以让内心情绪平复，精神愉悦的港湾，见图9-19（a、b）。

■图9-19(b)　清爽愉悦的卧室

2.富裕层——华丽优雅

富裕阶层，追求优雅的生活品质是无可非议的，华丽风格自然成为选择。他们的住房面积一般较大，150平方米左右房型，装修造价50万元以上。华丽的设计风格可以选择新古典类的，包括欧式或中式新古典。设计感觉追求从容稳重、华贵内敛，现代中渗透出浓郁的古典气息，具备古典与现代的双重审美效果。要有看得见的精致，看得见的豪华，看得见的讲究，看得见的优雅。总之，能够明显体会到业主绚丽、舒适的富裕生活，见图9-20（a、b）。

■图9-20(a)　华丽风格

■图9-19(a)　清爽的客厅

■图9-20(b)　华丽的家具

3. 文化范——艺术情调

对文化人来说，生活就是要讲究格调，文艺范是他们喜欢的格调。他们的住房面积一般在130平方米左右。三室二厅户型为主，装修造价30万元左右。比较钟情Art Deco之类清新雅致的风格，讲究文化内涵，讲究艺术格调，所有装饰和器物都很有格调。除了背景尤其重视软装。"雅致"两字要恰到好处地体现在这些软装饰上，使人一看就知道业主对生活的品位和追求，见图9-21。

■ 图9-21　文艺范的家居

4. 成功者——古典贵族

对成功的商务人士来说，追求生活享受无可非议。他们的住房面积超大，别墅也很常见。装修造价没有限制。追求的是真正的古典风格，如巴洛克风格、洛可可风格和明清风格。这类风格因其造价高、工期长、专业程度要求高等特点，在视觉上是经典的、正宗的欧式古典、美式古典或中式古典场景，贵族气派一览无余，见图9-22（a、b）。

■ 图9-22(a)　壁炉为中心的起居室

■ 图9-22(b)　正宗的欧式餐厅

5. 小清新——时尚明快

小清新一般比较年轻，个性鲜明，文化程度高，主张"我的空间我做主"。他们的住房面积一般在80平方米左右。房型以二室二厅为最佳，装修造价10万元左右。时尚现代的前卫风格是他们钟情的。设计上讲究光、影的变化，用大胆的色彩对比来装饰空间，用不规则的空间切割来丰富视觉。装修材料上大量运用钢化玻璃做半透明墙面和隔栏。讲究色彩与材质的对比，适当运用插花等软装饰来点缀居室环境，见图9-23。

东西，都陈列在家的某个角落。推荐的设计风格是精致的"过时"风格。具有年代感的东西能够引起同时代人的强烈认同和共鸣，见图9-25。

■ 图9-24　简约起居室

■ 图9-23　小清新设计风格

6. 工作狂——简约高效

对以工作至上的人来说，生活就是要简单。家庭空间其实是另一个工作场所，家庭环境其实就是一个背景。他们因为工作出色也得到较多的回报，住房面积一般在140平方米左右。装修总价20万元左右。可以从简约风格中获得设计灵感。总的效果是简洁明快、实用大方、讲求功能至上，所有形式都要服从功能。在设计吊顶、楼梯、灯具、主题墙时要去掉繁复的装饰，没有太多实用价值的造型能省则省，背景可留白，现代主义的审美趣味尽入眼帘，见图9-24。

7. 资深型——怀旧情调

由于资深，有生活阅历，所以怀旧成为情不自禁地事情。发黄的照片，成排的古书，年代感强的物件都是设计的主角。生命中割舍不下的

■ 图9-25　具有时代记忆的卫生间背景墙

8. 驴友群——异国情调

见多识广的驴友一族对异国情调情有独钟，地中海、纯泰、英国乡村、美式、北欧、埃及、印度……各种异国风格总有一款深得其心，见图9-26和图9-27。这类设计最主要把握的关键是设计师要把业主喜欢的某一种风格的设计要素研究透彻，能够自然而然地运用在家居环境中。例如地中海风格就是要展现其蔚蓝色的大海和白色的沙滩这样最有魅力的蓝白色搭配，以及建筑构件特别的个性化造型和整体环境的休闲和轻松。只有抓住了各类异国情调最经典的视觉特点，就必定能引起这类目标客户的内心共鸣。

■图9-26　埃及风格的家居

■图9-27　印度地区的家居

9.2.4　热点切入

利用大众共同期盼的社会热点进行设计创新，容易引起业主的共鸣。因此，设计师可以将这些热点作为设计构思的切入点。设计师要关心当今的社会热点，并把不断思考如何把它们转化为设计的亮点。

1. 绿色与环保

绿色和环保涉及健康与环境保护，这是事关家装目的的两大命题。家装的目的是什么？不就是为了使人类生活得更加健康，更加美好？家装设计师对家装空间科学和艺术的设计，使业主的居住环境具有健康、环保的品质，无疑会受到业主的欢迎。

现代社会"那些曾经是稀松平常的、人人都有的东西——空间、宁静、清洁的空气、纯净的水、不靠化肥浇出来的食物、自自然然、健健康康长大的动物身上的肉，以及没有污染的水里的鱼都已经成了稀罕物，我们现在都管它们叫作奢侈品。"露西·波斯特《奢侈的定义》面对日趋严重的环境危机，环保意识应该是一种教养、一种文明、一种良知。"可持续生活"应该是二十一世纪最有品位的生活方式。"可持续生活"其实就体现在一些生活的细节上，见图9-28。

■图9-28　绿色和环保

现在有些高层住宅好多是单向户型，通风不好。见图9-29。即便通风好的户型，因为雾霾严重，也不能随意开窗。针对这个现实，东方早报曾报道复旦大学陈良尧教授研制的"负压通风系统"能够在不开窗的情况下，使室内空气新鲜。陈教授利用自己的物理学知识，巧妙地打造出了一个"会呼吸的房子"，见图9-30。他的这个120平方米的房子14年都不开窗户，室内依然空气常新。而且这样的改造花费极少，成本只有7000元。如果能够在设计时构思时引入这类思路，那么就能给业主创造绿色环保生活空间。

■ 图9-29　高层住宅常见单向通风户型

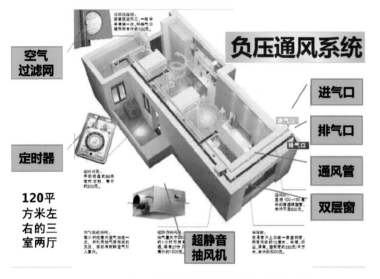

■ 图9-30　复旦大学陈良尧教授研制的"负压通风系统"

2. 节能

　　家居的能源消费总量是十分惊人的。一个家庭在设计时考虑到使用的经济性，并作出有关节能的设计对策，必定受到消费者的欢迎。

　　家居的能耗主要来自以下几个方面：

　　（1）升温或降温的能耗。南方地区通常在冬季和夏季有三个月时间需要人工调节空气温度。选择能耗指标低的空间产品尤为重要。

　　（2）照明的能耗。尽量省略不必要的装饰照明，减少能耗。

　　（3）通风的能耗。尽量采用产生对流风的空间格局，减少人工通风设备进行强制通风，节省耗能。

　　（4）水的能耗。避免热水器与水龙头的距离过长，冬天使用热水时可少放掉许多冷水，减少水的消耗。

　　家装设计中的其他节能措施：

　　（1）在装修设计的时候可以通过改善墙面、地面、顶面的构造加强内围护的效果，从而减少热能或冷能的消耗，见图9-31。

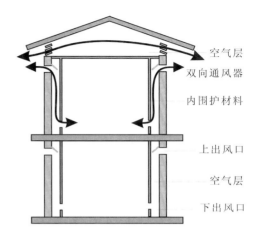

既有住宅内围护构造示意图

■ 图9-31　节能的构造

　　（2）在建筑底层的地面上重新制作保温地面，可解决保温、防潮等一系列问题。

　　（3）改善门窗的构造。门应采用防撞条构造，一方面减少关门撞击的噪声，同时也可提高密封性能。大门朝向西北方向的住宅，应采用有独立门斗的构造。所有的窗应采用中空塑钢窗，代替铝合金窗，从而满足导热系统的要求。

　　（4）改善遮阳设施的构造。一般装修只考虑内遮阳，这种情况应该得到改变。从效果来说，外遮阳远远胜于内遮阳，因而在装修的范围内，可以考虑一些外遮阳的设施。

　　现有建筑加装外遮阳，如同戴太阳镜一样简单。这些最好在外墙装修时就加以考虑，见图9-32。

■ 图9-32　德国电脑控制的外遮阳的设施

　　（5）要积极使用低辐射镀膜玻璃（LOW-E）。这种玻璃既可以达到在冬季有效利用太阳辐射热能加热室内物体，并阻止室内红外热辐射通过玻璃向室外泄漏的保温效果；在夏季又可以达到阻挡室外的红外热辐射影响室内温度的隔热效果，从而实现降低住宅建筑总能耗的目的。

（6）隔热涂料也应积极推广。应大力应用墙体内侧隔热涂层、断热涂层、屋顶外表高反射涂层、调温涂料等隔热保温的新型涂料。

3. 新材料、新科技

新材料、新科技是使设计呈现新面貌的最便捷的途径。对旧材料的新用法也能改变人们对材料价值的看法。如透着年轮的乌金木树桩茶几、水草编成的收纳盒、晕着深紫色的陶艺瓷碗，这些稍显粗糙、原始的做工，质朴、粗犷，甚至有手工感、肌理丰富的用料成为家居材质的新选择。

大理石、花岗石、枫木、榉木、曲柳等，这些取材自然的天然材料制作的家具能够拉近人和自然的距离，见图9-33。

■ 图9-33　天然材料制作的家具拉近了人和自然的距离

玻璃、金属、织物等材料在现代家居中的使用也很普遍。玻璃茶几、玻璃隔断，既通透明亮，又简约美观，富有现代感。铁艺制品装饰性强。在局部地方作些点缀，会有意想不到的效果。布艺饰品手感舒适，色彩丰富，已越来越为人们所喜爱，见图9-34。

新技术在现代卫生洁具、厨房产品中的应用越来越广泛，新产品层出不穷。新型涂料如温控变色涂料、自然芳香涂料、自洁涂料不断来到我们的面前。新型五金为家居的各种移动组合带来了很多可能。轻质移门、轻便的下拉式储物架，方便的

折叠五金使笨重的家具可以轻便地收藏起来……

■ 图9-34　大面积使用玻璃的家居

4. 人文的关怀

在家居设计中拾起儿时的记忆和曾经的激情，用人文的关怀去展现中国特有的生活艺术和民俗文化，展现当今时代的无限精彩，见图9-35。

■ 图9-35　浓浓的中国风

在灯光方面，柔媚素雅将会逐渐代替金属时代的冷峻和理性。更多富有人情味的柔美光影在犹抱琵琶半遮面的含蓄效果之中，会让"家"的意境得到充分渲染。

9.2.5　优势切入

这里说的优势指业主住宅本身的独特优点。对所有住宅自身的优势一定要加以利用，这是设计构思的重要原则。在设计之前要很好地审视业主住宅在地理位置、阳光、构造、套型等方面的优势，并将它们发挥到极致。

1. 地理优势

如有的房子地理位置特别优越，景观条件很好，对这样的优势要充分地利用，大力强化，把它作为设计的主要亮点。图9-36的设计对地理优势的利用达到了"天作"的地步。在这样的空间中就餐、休闲那是何等的生活享受啊！

■ 图9-36 对地理优势的利用达到了"天作"的地步

2. 阳光优势

阳光是很多住宅所没有的天然优势。特别是以顶面采光的方式获得的阳光。当有这样的条件可以获得天然采光时，千万要把它好好地利用起来。图9-37就是利用玻璃顶棚和落地玻璃把阳光和景观都利用起来了。

3. 构造优势

某些房屋的结构构造具有独特的造型特点，对这样具有结构美的房屋要尽可能顺势而为，把原有房屋的风格特点展现出来。图9-38就是一个极佳的案例。这个木屋空间的构造很自然也很美观，所以装修时只要将其暴露即可，不必再做其他装饰。

4. 套型优势

有些房子的套型先天条件很好，如东面的大窗，南面的大阳台，中空的挑高空间、屋顶的天窗等。对原套型的优点一定要尽可能地保留，设计时只能强调优点而不能抹杀优点。

■ 图9-37 利用玻璃顶棚和落地玻璃采光

■ 图9-38 利用自身构造装修

▶ **图片来源**

9-1　http://home.sh.fang.com/zhuangxiu/caseinfo1288325/

9-2　http://blog.sina.com.cn/s/blog_976f81f70102wafo.html; http://tuku.51hejia.com/zhuangxiu/tuku-597011

9-3　http://home.sh.fang.com/zhuangxiu/caseinfo1589683/

9-4　欧美居室装饰设计资料集编委会.欧美居室装饰设计资料集.哈尔滨:黑龙江科学技术出版社.1992

9-5　http://blog.sina.com.cn/s/blog_6460b8b80100xoej.html

9-6　装饰材料及家居产品广告

9-7　欧美居室装饰设计资料集编委会.欧美居室装饰设计资料集.哈尔滨:黑龙江科学技术出版社.1992

9-8　https://www.douban.com/group/topic/81610021/?type=rec; http://home.tj.fang.com/zhuangxiu/caseinfo1738920/

9-9　房产样板房

9-10　深圳市南海艺术设计有限公司.装潢世界.海口:海南出版公司(07－08)

9-11　http://info.texnet.com.cn/detail-556928.html

9-12　http://home.cd.fang.com/zhuangxiu/caseinfo1349675/

9-13、9-14 [日] THE NOB.JAPAN INTERIOR INC.Tokyo.82 (8－12)

9-15　http://www.haozhai.com

9-16　http://home.sjz.fang.com/zhuangxiu/caseinfo195964/

9-17　深圳市南海艺术设计有限公司.装潢世界.海口:海南出版公司(07－08)

9-18　[日] Erica Brown.INTERIOR VIEWS Design at Its Best.东京:株式会社 美术出版社.1980

9-19　http://home.cd.fang.com/zhuangxiu/caseinfo1539032/

9-20 (a、b)　http://sheji.pchouse.com.cn/zuopinku/jianzhu/1211/239661_all.html

9-21　欧美居室装饰设计资料集编委会.欧美居室装饰设计资料集.哈尔滨:黑龙江科学技术出版社.1992; http://www.ixiumei.com/a/20141223/158114_3.shtml

9-22 (a)　欧美居室装饰设计资料集编委会.欧美居室装饰设计资料集.哈尔滨:黑龙江科学技术出版社.1992

9-22 (b)　http://blog.sina.com.cn/s/blog_7539cbc30102vji4.html

9-23　http://home.cd.fang.com/zhuangxiu/caseinfo1539032/

9-24　http://home.sjz.fang.com/zhuangxiu/caseinfo195964/

9-25　http://home.cq.fang.com/zhuangxiu/caseinfo1725578/

9-26~9-28　欧美居室装饰设计资料集编委会.欧美居室装饰设计资料集.哈尔滨:黑龙江科学技术出版社.1992

9-29　http://shanghai.qfang.com/sale/7922221

9-30、9-31　自绘

9-32　自摄

9-33　[日] THE NOB.JAPAN INTERIOR INC.Tokyo.82 (8－12)

9-34　http://pinge.focus.cn/z/38820

9-35　http://www.meilijia.com/photo/11498/520

9-36~9-38　[日] THE NOB.JAPAN INTERIOR INC.Tokyo.82 (8－12)

第4篇　玩转家装艺术和技术 >>> 的魔方

　　为什么每家每户的家庭有千变万化的动人的面貌？为什么温馨家庭的氛围这么吸引万千大众？为什么家居文化在千百年的历史发展中能够历久弥新，每个时代有每个时代的面貌？原来是一个的神秘魔方在永不停息地转动……

第 10 章
家装设计的艺术要素

空间、界面及构造、装饰构件、色彩、肌理、光线、陈设是家居设计中最常用的艺术要素，设计师如能深刻理解、灵活运用这些要素，就能为家装业主带来美轮美奂的设计效果……

10.1　空间

10.1.1　空间关系

1. 固定与灵活

固定空间通常是由固定不变的空间界面围合而成，空间的使用属性和功能不变且位置固定。国家相关法规将成套住宅的卫生间、厨房确定为固定空间，建造阶段就有相应的防水处理，这两个空间是不准改变位置的。而其他空间如起居室、卧室、书房等住户可以按自己的生活行为方式进行自由限定，见图10-1。

灵活空间是为适应不同使用功能变化的需要，在室内空间中采用灵活的限定空间的方式。通常采用一些灵活的构件如推拉隔断、折叠门、推拉门、活动隔墙、活动地面、吊顶棚等来分割空间，构成可变空间，见图10-2。

2. 静态与动态

静态空间的构成较为封闭完整，空间形态也较为稳定单一，空间界面以平面形态为主，给人一目了然的视觉感受。

动态空间也称为流动空间，其空间布局具有视觉上的导向性和空间上的连续性，空间构成富有变化，能吸引人的视线沿一定的空间序列进行转移，见图10-3；空间界面组织也具有一定的节奏和韵律，界面形态或曲或直，空间形态或静或动，构成了具有流动变化特点的室内动态空间。

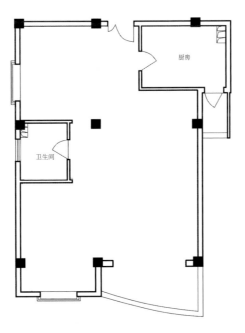

■ 图10-1　某公寓中的厨卫空间位置已经确定，不能更改

■ 图10-2　通过推拉门扇构成了可变空间

■ 图10-3　具有多向动态感的交通空间

被设计师广泛应用于空间的过渡、联系、延伸等，如门廊、阳台、过厅等空间。

在同一个空间中，通过界面局部变化使空间得以确定和限定，如地面局部下沉或升起、顶棚局部升高或降低、界面色彩或材质变化等方法都是确定、限定空间的办法。

■ 图10-4　落地玻璃窗营造了通透开敞的空间感觉

3. 开敞与封闭

开敞空间是根据使用功能及与周围外部环境的关系，在空间形态处理上采用开敞的空间形式，利用空透或透明界面，使得室内外空间相互渗透、相互流动，扩大了视野。还可将优美怡人的室外景观引入室内，满足人的视觉及心理需求，给人心理上以开朗活跃的感觉。公共性质的室内空间也可作开敞处理，使室内空间灵动流畅，见图10-4。

封闭空间是一些使用性质上属于私密性较强，界面封闭、完整，感觉安静的空间。如住宅建筑中的卧室和传统意义上的卫生间等均为封闭空间，见图10-5。

4. 模糊与确定

在空间的形态处理上，室内外空间之间、开敞与封闭之间、静态与动态之间、固定与可变之间，难以界定彼此。在空间的过渡部分，模棱两可、亦此亦彼、似是而非，这样的空间称为模糊空间。模糊空间由于其独有的模糊性、不确定性和多义性，所构成的空间较含蓄和耐人寻味，故

■ 图10-5　具有简约风格的主卧室封闭空间效果

5. 虚幻与实在

在室内空间中,通过在界面(地面、顶棚、墙面)上设置镜面,使人产生幻觉,这种空间效果即称为虚幻空间,见图10-6。在狭小的室内空间中,可以设置镜面或镜画来扩大空间,构成虚幻空间的效果,丰富室内景观。而与之相反的空间则是实在的、真切的。人们的活动空间是依靠这些实在的空间展开的,虚幻的空间只给人心理上的扩大感。

■ 图10-6　墙面采用的镜面材料,构成了虚幻空间

10.1.2　空间效率

空间效率就是空间的利用率。

1. 大空间的设计策略

对大空间而言,空间效率就是空间的好感觉。大空间要有大空间的派头,只要面积足够,就不要把大空间的房子变成很多小格子。

(1)从从容容。由于空间大,不用为空间斤斤计较,摆放功能家具绰绰有余。还可通过一些陈设把空间表现得尽善尽美。一个15平方米的客厅与一个30平方米的客厅不能相提并论,前者只能满足基本的功能且所有家具都要沿墙放置。后者则十分从容,家具摆放的形态可以采用岛式,而且可以大小茶几、落地灯、植物等相互配合。千万不要把30平方米的客厅分成两个15平方米的房间,这样大空间的感觉就消失殆尽了。

(2)宽敞气派。宽敞的大空间,配置得体的家具和陈设,就会有气派的感觉。有高空间决不降低,有大空间决不割小。不仅如此,还要利用空间的穿透、扩散、引导等制造更高、更大、更深、更广的气派感觉。

(3)功能专用。每个主要的功能都有专用空间,如专用的玄关,专用的餐厅,专用的客厅,不必与起居室混在一起。大户人家不仅采用专用的主卫和客卫,而且在主卫中还实行五个分离:干湿分离,淋浴分离,厕浴分离,男用女用分离,洗脸、洗手、洗脚分离,见图10-7。

2. 小空间的设计策略

对小空间而言,本来空间就不富裕,因此不能放弃任何可以利用的空间,要千方百计形成大空间的感觉。

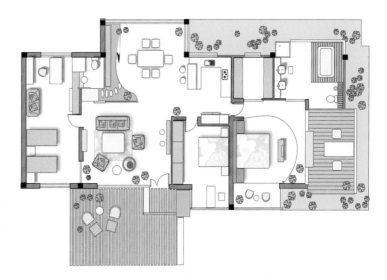

■ 图10-7　某别墅大空间的平面设计

(1)斤斤计较。小空间的住家其功能与大空间的家庭是相似的,可是空间却相差很多。通常只有一室一厅、二室一厅,至多是三室一厅,而且房间的面积都较小。例如起居室只有12平方米,厨房只有三、四平方米,卧室也只有十来平方米。在这样的空间中要出现气派的感觉是不可能的,但实用、温馨的氛围还是可以营造的。设计师对空间要斤斤计较,转角空间、上部空间、下部空间都可以做文章。活用不起眼的死角,如将楼梯踏板可做成活动板,利用台阶做成抽屉,作为储藏柜用;楼梯下方设计成架子及抽屉,让其具有收纳的功能;挑高的房子更可做出夹层楼板,多出一至二间的房间;将床的高度提高,床下的空间可设计抽屉、矮柜;小孩高架床的床下可设置书桌、书架、玩具柜、衣柜;沙发椅座底下亦可加利用;对储藏空间要精心算计,像CD和书籍、录像带等物品,最好事先取得精确的尺寸,定做相当的搁板或收纳柜,这样可以避免空间的浪费,而且,整理起来有条不紊,视觉上也很整洁,见图10-8。

■ 图10-8　小空间的设计策略

割清楚。还要在家具设计上做文章。把家具巧妙设计成多方向、多功能、多用途，这是节省空间的一大妙方。除此之外还可以重叠使用，使用抽屉床、可拉式桌板、可拉式餐台、双层柜、抽屉柜等家具，充分利用空间的净高，增加房间的使用面积，见图10-9。

■ 图10-9　多义空间的典型案例，卧室中的柜门一打开，就出现了一个工作台，功能就发生了转化

（2）复合多义。空间的性质不是单一的，相反是多义的、复合的、混合的。一个空间既是客厅，又是餐厅，还是书房，甚至还是卧室。这是单身公寓的设计策略。一个40平方米的单身公寓，如果什么都要专用那是无法设计的。可是空间一混合，可能就出现了。无怪房地产商会"吹嘘"：40平方米的客厅，40平方米的餐厅，40平方米的书房，40平方米的卧室！可整套房子的面积一共也只有40平方米。奥秘在于家具带有轮子，空间的功能可以瞬间转换。卫生间没有门！厨房也没有门，与客厅、书房融为一体，共同以开放的姿态同处一室。家虽小，却未见局促。功能齐备，分

（3）减肥瘦身。如果想让空间显得宽敞一些的话，不要用大体量的家具，尽量使用前后纵深不大、较低矮的家具。低矮的家具可使墙面显得开阔许多，见图10-10。在客厅里可以试着放置没有靠背的沙发。将沙发做成长而窄的形状，然后放几个靠垫当成靠背。这种没有靠背的沙发，可以使房间面积感增大，是个不错的创意。

■ 图10-10　低矮的空间用低矮的家具

（4）通透延伸。空间后面有空间，空间就会活起来，见图10-11。可利用橱柜作为隔屏，隔出另一个空间。其次，尽量使用透光的质材做隔间，也是小面积住宅的设计要点。因为透光的隔板，如雕花玻璃、毛玻璃、彩绘玻璃等，不但可以透光，让室内更明亮，而且可以让视觉有延展性，使室内感觉更宽敞。遇到卧室需要考虑私密性，这类透明隔间可以加上布幔或百叶帘等，需要时可以随时切断视线。

■ 图10-11　空间后面有空间，空间就会活起来

10.2　界面及构造

界面就是房子视觉可见的各个表面。一间房屋通常有六个视觉界面——东、南、西、北、上、下，异形的房子另当别论。通俗地说就是东南西北的各个墙面加上顶面及地面，各界面围合，构成空间。空间界面是视觉的主要感受的对象。在家装设计中各个界面的设计是设计师的主要工作。

界面设计通过立面设计实现。形状、形式、材料、色彩、肌理是设计要素。界面的风格决定家居的风格，见图10-12~图10-14。界面形式的好坏，直接影响整个空间品质的好坏。

■ 图10-12　简约风格的界面设计，主要运用的设计元素是平面设计的形式美，点线面，黑白灰

■ 图10-13　是欧式风格的界面设计，主要运用的设计元素是欧式风格的程式、形象和线条

■ 图10-14　古老家具透露着历史文脉的信息

界面设计是家装施工图的主要内容,也是施工的主要依据。具体的表现形式就是立面设计和平面设计,界面设计必须面面俱到。

构造是把装饰的外表形象通过科学合理的结构设计将其构筑出来,构造设计是实现装饰效果的技术基础。没有科学合理的构造设计,装饰效果就无法实现。装饰构造还有保护建筑物的功能。构造设计也是施工图设计的重要内容。构造设计的技术要求是安全、坚固、耐用、可行。

10.2.1　墙面

1. 设计要点

(1)区分主次。一个房间的墙面一般设计有四个面。墙面的四个面围合成房间。这四个面在视觉上和功能上的地位是不同的。有的是主要视觉面,有的是主要背景;有的是重点视觉面,有的是衬托面。各个面主次不同,设计时不能平分秋色。图10-15是一个卧室平面图,它说明了这个房间功能不同的界面:(A)是主要背景面,(B)是重点视觉面,(C)是主要视觉面,(D)是衬托面,见图10-15。

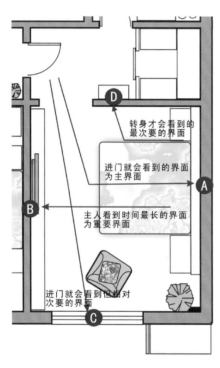

■图10-15　功能不同的各个界面

(2)强调重点。主要背景面和主要视觉面应该是设计的重点。尤其是主要视觉面可作为高潮处理,不但要完整,而且要完美。主要背景也要重点设计。衬托面是相对比较次要,设计内容可松弛一些,有的甚至可以用空白来处理。

(3)风格呼应。墙界面造型要同家具的风格和造型呼应,见图10-16。

(4)甘为背景。墙界面设计要衬托家具和墙面前的装饰品,心甘情愿成为背景。在构图上要追求完整,色彩和材质上的变化要追求均衡的视觉感受,使人在感觉上比较松弛。

■图10-16　同家具的风格和造型呼应

2. 墙界面设计的主要形式

图10-17列举了15种常见的墙界面设计的主要形式及构造,这些当然不是全部。其中的每一类界面设计还可以做无穷无尽的变化。

(1)主题式。这类墙面是室内的主要景观,它决定室内的主题和风格。其他墙面的设计就要为它让路,作为陪衬,不要与之争夺注意力。这类界面可以作为风格鲜明的起居室和走廊的主墙面。

(2)织物式。这类墙面以织物作为主要材料和表现手段,风格比较柔和,比较女性化,是卧室界面设计很好的选择。织物的造型和色彩是设计的重点。

(3)罩面式。这类墙面以装饰木夹板作为墙面的罩面材料。油漆也以本色为主,感觉比较温和自然,具有家庭气氛。罩面式界面对墙面有很好的保护作用,罩面的形式设计也很自由,简约的、欧式的、中式的都可以。还可以做局部的罩面,如墙裙等,是大众比较喜欢的一种设计形式。

(4)造景式。这类墙面的造景具有一定的立体空间效果,在墙面背景前面用多种的装饰材料做艺术造型处理。具有壁画和盆景的复合感觉,视觉效果比较丰富。它适合空间面积比较大,对视觉艺术要求比较高的住户。

(5)透明式。这类墙面局部运用透明或半透明的玻璃,或者用烤漆玻璃,它对扩大空间的感受方面具有一定的效果。用玻璃做界面材料近年来比较流行。但要注意最好不要大面积地使用,一方面是从安全性考虑,另一方面玻璃的吸声效果很差,对音质要求比较高的用户就不合适了。

（6）软包式。这类墙面是用软包作为主要材料装饰，视觉上比较温软，触觉也很好，吸声效果也很好。缺点是耐污能力比较弱，而且不能大面积使用。最好设计成小块组合的形式，在施工上比较容易做出效果，如果污染了更换也比较容易。适合做卧室的墙面。

（7）平面式。这类墙面在构造上只要把墙面找平就可以了，表面可以用乳胶涂料或壁纸。界面效果比较干净，造价也比较低，适合简约风格和实惠型的家庭选择。

（8）立体式。这类墙面是采用凹凸比较明显的立体化处理，墙面有一定的厚度。适合于比较豪华的装饰风格。如欧式风格，层层叠叠的线条，大大小小的分割，很有视觉效果。采用这样的墙面还有一个前提是房间的空间面积比较大，小空间的家庭不宜采用这类界面。

（9）框线式。这类墙面用装饰线条作为主要材料，运用顶角线、踢脚线、框线等形成一定的图案。除了线条，基层墙面是平的，一般用乳胶涂料或墙纸进行处理，框线可以用白色油漆或本色油漆。如果采用本色油漆，要求线条的木纹比较美观。

（10）空白式。这类墙面是完全空白的，只要做平，加上踢脚线的保护就可以了。以纯白为主，采用淡雅的颜色也可以。装饰效果主要靠前面的装饰画和装饰品。墙面很空灵，类似中国画的空白。这种装饰效果很平实，造价也很低，效果还很保险。

（11）均衡式。这类墙面构成形式是相对于对称形式而言，形式比较活泼轻松。如追求休闲轻松的家庭氛围，就可以采用这种界面形式。当然均衡不仅体现在色彩、质感，而且也体现在感觉上。

（12）家具式。这类墙面以整体的家具作为墙界面，不但美观而且实用，比较适用于卧室。有些框架结构的房子干脆可以用整体的柜子家具作为房间的分割墙，一物两用。

（13）雕刻式。这是一种造价比较高的

墙面，界面的图案采用工艺雕刻或浮雕，效果很豪华。一般的家庭并不适用，只适合经济实力比较强、居住空间又很大的业主。

（14）镜面式。这类墙面是以镜面作为主要的材料。镜面的反射性可以有效地扩大视觉空间。

（15）复合材料式。这类墙面是由几种材料复合构成的，视觉效果比较丰富。要注意的是材料的搭配不仅要色彩协调，还要质感相称；轻重、虚实也要注意；材料的品种不要出现得太多。否则很容易出现琐碎和杂乱的视觉感受。

（1）　　　　　（2）　　　　　（3）
（4）　　　　　（5）　　　　　（6）
（7）　　　　　（8）　　　　　（9）
（10）　　　　　（11）　　　　　（12）
（13）　　　　　（14）　　　　　（15）

■ 图10-17　15种主要的墙界面设计形式

10.2.2 顶棚

1. 顶棚设计要点

（1）隐藏构造缺陷。顶棚设计的一个主要目的是隐藏毛坯房的构造缺陷，如突兀横梁，见图10-18。

■ 图10-18   根据不对称的横梁，增加了若干假梁，形成了井字形的对称顶部格局。经过简单的吊装，保持顶面原有层高，减低施工量和造价

（2）为走线、布灯创造条件。合适的顶面设计为走线、布灯创造了条件。适当的顶棚可以隐藏必须穿行的电线管道。许多灯具需要有个安装构造，适度地吊顶可以为这些灯具的安装提供方便，见图10-19。

■ 图10-19   顶棚的凹凸设计为走线、布灯提供了方便

（3）调整房间感受。顶面的设计还可以调整房间的形状和高度感受，使顶界面显得整洁美观，见图10-20。

（4）界定空间。顶面设计也可以界定空间区域感觉。适度的吊定可以勾勒空间的轮廓，加强空间的整体感受，见图10-21。

■ 图10-20   大弧线的顶棚设计使房间的感觉整洁、美观、时尚

■ 图10-21   不同标高的顶棚界定了不同的空间

（5）风格形成。顶面设计有助于形成适当的风格感受，见图10-22。

■ 图10-22   假梁的顶棚设计是出于整体风格的需要

（6）增加层次。顶面设计要形成一定层次感，增加空间的丰富性，见图10-23。

■图10-23　有层次感的顶棚设

（7）形成主次。适当的顶棚设计可形成适度的主次感，见图10-24。

■图10-24　复式客厅上空的顶棚主次有别

■图10-25　和室风格的顶棚设计上下呼应

（8）呼应地面。顶面风格要与地面设计呼应，形成统一设计的感觉，见图10-25。

（9）详细标注。顶平面设计时要明确吊顶的轮廓和形状，标注标高，标注材料和施工工艺，见图10-26。

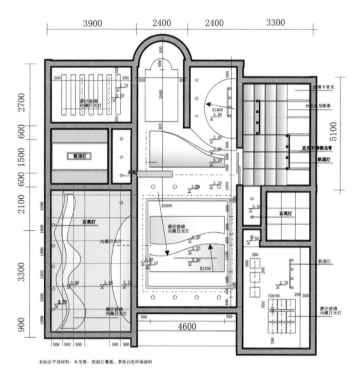

未标注平顶材料：木龙骨，纸面石膏板，表面白色环保涂料

■图10-26　标注详细的顶平面图

2. 顶棚设计的主要形式

（1）层级过渡式。两个区域的空间可以用层级式的构造来分割空间，营造比较自然的过渡。见图10-27（A、F）。

（2）围边式。沿墙边向下拉一圈吊顶，中间自然形成藻井，藻井边沿可以布置轮廓灯，边上的吊顶部位可以布置嵌入式灯光。一般都为对称的形式，效果比较平稳端庄。见图10-27（B）。

（3）单边下沉式。房间的某一侧吊顶下沉，造成空间的变化，同时也方便布置灯光。见图10-27（C、D）。

（4）围线。不拉顶或只拉平顶，四周用装饰线条作为主装饰。在这类形式中欧式或中式风格"四菜一汤"的图案比较受欢迎。见图10-27（E、L）。

（5）格子式。空间比较大，层高超过3m的大空间可以用格子式构造的吊顶，它立体感比较强，面积小、层高低的空间不适宜用这样的构造。见图10-27（J）。

（6）平顶式。要么不拉吊顶，要么全部拉平，顶面与墙面的转角处可以设置装饰边线，效果也比较典雅。简约的风格也可以不用装饰边线。见图10-27（K）。

（7）就错式。房间中间的横梁本来是一个令人头痛的缺陷，可是在设计时将这个缺陷转化为一种设计构造，将缺陷转化为设计意匠，见图10-27（H、M）。

（8）对比式。两种设计方式进行对比，见图10-27（I、G）。

（9）扣板式。塑料、塑钢、铝合金的扣板型材可以比较方便地拉出整洁的吊顶。表面不需要再用油漆或涂料进行装饰。

（10）自由式。采用比较自由的灵活的吊顶形式，以视觉平衡为原则。

（11）拱形式。层高比较高的空间可以用这样的形式，比较富丽堂皇，见图10-27（N）。

10.2.3　地面

家居的地面设计总的说来有三种：

1. 平面式

平面式的地面设计有单一材质和多种材质两种搭配。

（1）单一材质。多数为全地板，地板地面是很多业主喜欢的选择，见图10-28。纯木质地面有一种天然亲和力。天然木纹的色彩和纹理要精心挑选。如果采用复合地板，色彩和木纹有更多的选择，见图10-29。单一的材质在视觉上可能比较单调，可以通过地毯和家具进行适当的变化。还可以采用艺术油漆彩绘来处理地面，不过这种形式并不常见。

（2）复合材质。客厅有时可以采用地板以外的材质，如抛光砖、大理石、花岗石、文化石等，见图10-29。其他房间则采用地板。有的在玄关部位采用石材，甚至是玻璃。这样可以造成一定的视觉变化，而且也符合使用功能的要求。采用两种以上的材质要注意色彩的搭配和过渡。

■ 图10-27　顶棚设计的不同形式

■ 图10-28　全地板

■ 图10-29　石材铺就的地面

2. 地台式

　　空间大的房间可以采用局部地台，如客厅的一边有一个和室。地面自然抬高一点，自然形成另一个区域，见图10-30。

■ 图10-30　阳台上设计了地台丰富了空间效果

3. 下沉式

　　在普通家居中这样的设计一般很少有机会应用。除非是很大的别墅，如果是底层房屋可挖一个小水池，做水景造型。图10-31是用下沉地面营造的特殊效果。

■ 图10-31　下沉式地面

10.3　装饰构件

　　家居中的主要装饰构件有柱子、楼梯及栏杆、门窗、壁炉等。它们对家居空间的作用与界面相比也很明显，因此也是设计师的设计重点。这些构件在功能上是不可缺少的，但有碍观瞻的构件需要重新设计。

10.3.1　柱子

　　柱子是建筑的承重构件，它的位子是结构设计师根据力学原则决定的。但在室内，承重用的柱子在视觉上非常突兀，而且位子往往也很不得体。因此，它需要设计师巧妙设计，将其变成悦目的视觉对象，见图10-32。

■ 图10-32　有碍观瞻的柱子会变成别致的装饰构件

柱子有的是靠墙的，有的是凌空的。毛坯的柱子上下的垂直度和柱面水平度往往有扭曲，尺寸也有差异。通过设计师大胆的想象和巧妙合理的装饰设计，可以将有碍观瞻的柱子变成令人赞许的装饰构件。

1. 加强的柱子

位子合适并且对称的柱子可以加强为装饰构件。加强的设计要注意风格的统一，或简约或夸张。欧式风格的装饰可以用罗马柱，中式风格的柱子可以运用中国元素。现代风格的柱子也可以在造型、材质方面进行强化设计。柱子一般都是三段式的，由柱头、柱尾和柱身构成，见图10-33。

■ 图10-33　欧式柱子是空间中的主角

■ 图10-34　将方柱子变成圆柱子

柱头和柱尾在设计时一般都要夸张一点，尺度大于柱身，使它在感觉上能够承托天花和横梁的巨大重量。柱尾还有保护柱身的作用。简约的风格对柱子不进行夸张的设计，相反是通过设计使其尽量使起消失。有的作为背景处理，有的作为柜子处理，装饰完成以后使人们感觉不到它们的存在。

柱身是柱子的主体。土建的柱子一般都是方的，但为了形成别样的视觉效果，可以根据需要把方柱设计成圆柱或其他异形的构造，见图10-34。

2. 隐蔽的柱子

位子不合适的柱子可以将其隐蔽。隐蔽的手段之一就是加宽，并让其成为墙面的一部分。也可用另外一种材质对墙面进行分割，使柱子在视觉上消失。

3. 空间中的焦点

无法隐蔽的柱子可将其精心设计，让它成为空间中的焦点，吸引人们的目光，见图10-35。

■ 图10-35　空间中突兀的柱子经过刻意设计变成了视觉的焦点

10. 3. 2　门和窗

每个房间都有门和窗，它作为立面的重要组成部分，其形体、色彩、质感对构成居室理想气氛起着不可或缺的作用。

1. 门

门的形式很多，原则上一户人家尺度相同的门其格式应该是统一的，只有尺度不同的门可以有独特的形式。例如所有标准的木门采用立体凹凸门的形式，而阳台门则可采用格子玻璃门，卫生间门可以采用玻璃百叶门，厨房门可以采用轻质玻璃移门，位置小的地方可以采用折叠门。门的安装还需要有门套构造的配合。

（1）门的形式及构造。门的基本构造有下面几类：

1）平板门。主要在外贴面材上进行面板分割及材质变化，现代构成、金属感等形式也成为流行趋势。所用的方式多为渐变、特异、序列、超长比例等。有的在木门上加入金属的镶嵌，达到质感对比的效果。在色彩上，混油、黑胡桃等中庸的色彩依然占据市场主流，亲和力极强的紫葳、樱桃木也会被一部分人接受，见图10-36。

■ 图10-36　平板门

2）立体门。基本采用欧式古典的款式，如巴洛克式的拱形加平线，对称设计。材质基本是实木，油漆基本是清漆，显露木纹，它在家居设计中应用广泛，见图10-37。

■ 图10-37　立体门

3）玻璃门。主要是为了改善屋内的采光条件，也为了丰富空间的层次。另外市场上形形色色的玻璃选择余地很大。就风格而言，玻璃门主要有欧式、中式、现代三大类。玻璃门的构造主要有单层玻璃和双层坡墙。双层坡墙门在隔音和保温上具有很好的功能，见图10-38。

■ 图10-38　玻璃门

4）百叶门。有真百叶和假百叶之分，真百叶主要有通风的功能，常用于衣柜门、鞋柜门、卫生间门。假百叶主要是为了装饰风格的需要，形成线与面的对比，见图10-39。

■ 图10-39　百叶衣柜门

5）防盗门。主要用于进户门，由专业厂家生产，只要选择中意的品牌和款色就行了，见图10-40。

■ 图10-40　各种款色的防盗门

6）铝合金或塑钢门。一般用于厨房门和阳台门，主要形式是移门。近年来比较流行轻质的铝合金移门，框细，表面处理讲究，玻璃大，款式多，五金滑溜，造型新潮，深得业主的喜欢。

7）个性门。材质、色彩、构造变化无穷无尽，主要用于个性突出风格鲜明的空间，见图10-41。

■ 图10-41　个性门

（2）门套。门套构造主要是为了使门能够天衣无缝地合实和开启，能够准确地定位，见图10-42。同时也可调整门洞的大小。

2. 窗

当前的新商品房窗越开越大，在视觉上让房里房外更加敞亮，让窗内窗外的景色融为一体，很具有诱惑力。窗的形式和功能也越来越多。窗的分类很简单，主要以框架材料的性质来进行分类，有木窗、钢窗、铝窗、塑窗、铁窗等。

■ 图10-43 折叠门

（1）窗的形式及构造。

1）铝合金窗和塑钢窗。这是商品房选用最多的产品。铝合金门窗曾以外观敞亮、坚固耐用的特点而风靡一时，塑钢窗也是业主喜欢的材料，见图10-44。

2）实木窗。实木窗大都做工精细，感觉尊贵典雅。或欧式雕花、或和式组合、或古韵犹存、或简洁明快，演绎着不同的居室情调，见图10-45。

■ 图10-42 与门配套的门套

门套的变化主要在门贴，门贴的款式有宽窄的变化，线型的变化。

（3）门的开启形式。

1）摆动门。一般的开门，这是房门开启的主要形式。门的一边装合页，另一边装把手、门锁，门的后面装门吸。门吸主要用来定位，防止门被风吹动撞击。

2）移门。门体通过专门轨道和滑轮承重，沿轨道移动。移门的轨道一般在门的上面，同时在下面还有定位的装置，防止门摆动。单轨的移门既可以隐藏在墙里面，也可以暴露安装。双轨的移门打开时门可以重叠在一起。

3）折叠门。通过专用的吊轨和折叠合叶将门互相折叠连接，使门在收缩时占最少的空间，需要时可以最大限度地拉开门位，见图10-43。

■ 图10-44 明亮的铝合金窗装饰的中空大客厅

■ 图10-45　尊贵典雅的实木窗

平面型无框阳台窗　　　曲面型无框阳台窗

■ 图10-46　敞开无框阳台窗

3）玻璃钢窗。轻质高强、耐老化，是塑钢后时代的又一新型窗。既有钢、铝窗的坚固性，又有塑钢窗的防腐、保温、节能性能，在阳光直接照射下无膨胀，在寒冷的气候下无收缩，轻质高强无须金属加固，耐老化使用，寿命长，其综合性能优于其他类窗。

4）敞开式无框阳台窗。它能非常有效地挡风遮雨，隔断尘埃和噪声。因为没有垂直窗框，关上窗户时视线也毫无阻挡，接近自然，带给人融于自然的清新感受，使阳台成为充分休闲的阳光室，而且从整个建筑的外形看，无框阳台窗完全不破坏建筑立面，使建筑外形更显美观，见图10-46.

5）中空玻璃内装自动百叶的新型窗。该窗把易损、不易保持清洁的百叶窗巧妙地安装在中空坡璃中，以摇控的方式来控制百叶窗的开启及方向，为窗又添新品种。这种集隔热、隔声、采光调节和室内装饰等多功能于一身的全新概念新型窗，是将普通中空玻璃中间的空气层距离扩大，中间安装百叶窗帘，在确保隔热及隔声性能的同时，可以用遥控器进行自动调节。

（2）窗套。窗洞需要用窗套进行装饰。它可以使窗更加整体美观。窗套的构造形式主要有窗台和窗框两类。

（3）窗台。窗台面积虽小，可是也很有表现力，常见的方法是将窗框作为一个镜框，在窗台上造景。窗台的材料可以用木质的，也可以用石才定制，最好是耐擦洗的，见图10-47。

■ 图10-47　丰富的窗台

（4）窗帘。窗户是居室的眼睛，一幅搭配得体的窗帘对于提升居室的氛围有非常重要的作用。

窗帘形式很多，从材质看有纸帘、布艺帘、纱帘、PVC帘、金属帘等；从制作工艺和用途看有布帘、百叶帘（其中包括木质和PVC材质）、卷帘、百褶帘、罗马帘、竹帘等。

1）布艺窗帘。有轨道式和杆式。布艺窗帘的面料和款式变化无穷，是多数家庭的选择。布艺窗帘一般分内帘和外帘，外帘是窗帘的外层，面料一般比较厚，色彩和纹样比较完整，同时需要承担遮光的功能。内帘是衬在外帘内一层清薄的面料，一般以纱帘居多，既可保证隐秘，又可不影响光线，见图10-48。内外窗帘配套是比较受欢迎的窗户装饰方法。

■ 图10-48　双层窗帘具有不同的功能和效果

2）百叶帘。百叶帘多为PVC材质，这种材质的颜色丰富，搭配方便；木制的百叶帘可以与多种装饰风格搭配，是乡村风格和中式风格装饰的首选。还有一种百叶帘是金属材料制成的，表面是不同颜色的烤漆，感觉比PVC材质高档，见图10-49。

■ 图10-49　中式百叶帘营造的优雅环境

3）卷帘。有拉珠式卷帘、弹力式弹簧卷帘和电动卷帘三大类，应用十分广泛。面料选择有半透光性、半遮光性、全遮光性。表面的色彩和纹样很丰富，有的还有摄影的形式和独幅画的形式，见图10-50。

■ 图10-50　卷帘

4）百褶帘。这种窗帘可以上下调节，收放方式比传统的百褶帘灵活，即使是在白天也不用担心窗帘拉上后影响室内的光线。如果担心传统的百褶帘会缺乏布艺窗帘的柔和感，可以在百褶帘外面加装一个布艺帘头或是干脆再加一道布艺窗帘。只要二者的颜色搭配和谐，会令窗户的装饰更加精致，见图10-51。

■ 图10-51　百褶帘

10.3.3　楼梯和栏杆

楼梯和栏杆是垂直交通的建筑构件，同时，它也是很有表现力的空间元素。从形式上看，楼梯大致可以分为几种：

1. 直梯

直线展开的楼梯，步道的"净高度"至少应为2米。直梯比螺旋楼梯需要的空间更大，如果设计空间较大时可选择直梯，见图10-52。

■ 图10-52　直梯

2. 折梯

是最为常见也最为简单的楼梯，通常为两段式，直梯加拐角平台。层高高的空间需要多段折梯，见图10-53。

■ 图10-53　折梯

3. 弧型梯

弧形梯以一条美丽的曲线来实现上下楼的连接，美观活泼，而且可以做得很宽，行走起来没有

直梯、折梯拐角生硬的感觉，是行走起来最为舒服的一种楼梯。但其占用的空间面积较大。这类楼梯不能成批生产，它们始终属于手工精制品，见图10-54。

■ 图10-54　弧型梯

4. 旋梯

悬梯占用空间最小，但行走起来会产生眩晕感，适合面积不大的复式房屋。其中可细化为：四分之一的螺旋式楼梯；半螺旋式楼梯；中心柱螺旋式楼梯；见图10-55。

■ 图10-55　旋梯

10.4　色彩

10.4.1　色彩感受

色彩虽然只是一种物理现象，但人们却能感受到它的情感。这是因为人们长期生活在一个色彩的世界中积累了许多视觉经验，一旦知觉经验与外来色彩刺激发生一定的联系时，就会在人的心理上引出某种情绪。

1. 温度感

在色彩学中，把不同色相的色彩分为热色、冷色和温色。从红紫→红→橙→黄→黄绿色都是热色，其中以橙色为最热。从青紫→青→青绿色称冷色，以青色为最冷。但是色彩的冷暖既有绝对性，也有相对性。越靠近橙色，色感越热，越靠近青色，色感越冷。如红比红橙较冷，红比紫较热，但不能说红是冷色。温度感在家装设计中常被用来调节季节性的视觉温度。

2. 距离感

色彩可以使人感觉进退、凹凸、远近的不同。一般暖色系和明度高的色彩具有前进、凸出、接近的效果，而冷色系和明度较低的色彩则具有后退、凹进、远离的效果。室内设计中常利用色彩的这些特点去改变空间的大小和高低。

3. 重量感

色彩的重量感主要取决于明度和纯度。明度和纯度高的显得轻，如桃红、浅黄色；明度和纯度低的显得重，如深蓝色、褐色等。

4. 尺度感

色彩对物体大小的作用，主要由色相和明度两个因素决定。暖色和明度高的色彩具有扩散性，因此物体显得大。而冷色和暗色则具有内聚性，因此物体显得小。不同的明度和冷暖有时也通过对比作用显示出来。室内不同家具、物体的大小和整个室内空间的色彩处理有密切的关系，可以利用色彩来改变物体的尺度、体积和空间感，使室内各部分之间关系更为协调。

5. 色彩的心理感受

色彩除了上面的物理效应外，还有心理效应。它能刺激感情，产生兴奋、消沉、开朗、抑郁、动乱、镇静的心理感觉。它还有象征意义，产生庄严、轻快、刚柔、富丽、简朴等视觉感受。

色彩的这些特性被人们像魔法一样地用来创造心理空间，表现内心情绪，反映思想情。人们对色彩的感情和理智反应不完全一样。根据画家的经验，采用暖色相和亮色调占优势的画面容易造成欢快的气氛；而用冷色相和暗色调占优势的画面容易造成悲伤的气氛。这对室内色彩的选择也有一定的参考价值。任何色相、色彩性质常有两面性或多义性，我们要善于利用它积极的一面。例如，红色令人兴奋，给人温暖、热烈的感觉，是喜庆和吉祥的象征；橙色明度很高，能给人愉悦感，在众多的颜色中异常醒目；黄色最为明亮和鲜艳，给人以年轻活泼和健康的感觉，是

一种极佳的点缀色；绿色给人强烈的视觉感受，有自然、清新、亲近、生命的感觉；蓝色让人联想到宽广、清澈的天空和透明、深沉的海洋，给人带来活泼和沉稳，等等，这些都是高纯度的色彩感觉，在家装设计中尤其是要注意中性色的心理感受。淡黄色除具有明亮的特性，其柔和的色感与肤色相近，成为体现肤色的最佳色彩；淡绿色是一种稳定情绪的沉静色，给人一种初春的感觉；淡蓝色又称天空色，是蓝色中最为明净之色，它代表健康、活泼和清凉，广泛受到人们的喜爱；淡紫色柔美中又带有幽雅，它是纤细和幻想的表现，并有成熟的风韵；淡茶色给人安逸、舒适和凉快的感觉，等等。

色彩的心理感受在更多的情况下是通过对比来表达的。有时色彩的对比五彩斑斓、耀眼夺目，显得华丽，有时对比在纯度上含蓄、明度上稳重，又显得朴实无华。

创造什么样的色彩才能表达所需要的感情，完全依赖于自己的感觉、经验以及想象力，没有什么固定的格式。每一种色相，当它的纯度和明度发生变化，或者处于不同的颜色搭配关系时，它的表情也就随之变化了。色彩可以营造千千万万的效果，给人千变万化的感受。用色彩营造家居室内的氛围是最有效的。

多数业主比较喜欢的家居的色彩感觉是：绚丽、绚烂，温暖、温馨，明快、明亮，文静、高雅，经典、精致，清新、清丽，华丽、华贵，朴实、平实，端庄、大方。

10.4.2　搭配技巧

配色的方法和技巧很多很多，不同领域的视觉艺术有不同的方法和技巧。对家居设计来说，也有几种比较有效的方法：

1. 白加X色

白色可搭配任何色彩。在白色的色彩环境里加上一个明亮的色彩——红、蓝、黑、黄、紫……色彩氛围就活跃起来了。这种色彩搭配非常讨巧，又很容易出效果。相反的，黑色搭配任何色彩在理论上也都能协调，但这样的搭配对家居来说就可能比较沉闷，一般多数业主不喜欢这样的色彩搭配，见图10-56。

■ 图10-56　白色可搭配任何色彩

2. 同类色和对比色搭配

　　这是两类色彩搭配的方法，见图10-57。前者是色环相近或相邻的色彩组合在一起，这样的色彩搭配比较协调。需要注意的是，色光也必须相近或相邻，否则，效果比较怪异。而用对比色的色彩搭配方法能营造很有精神的空间氛围，但搭配不好容易火气，也容易不协调。诀窍是要注意面积的对比，对比双方面积要有明显的差异，如2:8，1:9，3:7。如果4:6或5:5这样的对比效果就比较差。另外一个诀窍是其中的一方要减低纯度或明度，这样对比双方没有正面冲突，效果也就可以接受了。

■ 图10-57　同类色和对比色搭配

10.4.3　常用色调

1. 红色调

　　红色是强有力的色彩，是热烈、冲动的色彩。色彩学家约翰·伊顿教授描绘了受不同色彩刺激的红色。他说，在深红的底子上，红色平静下来，热度在熄灭着；在蓝绿色底子上，红色就像炽烈燃烧的火焰；在黄绿色底子上，红色变成一种冒失的、莽撞的闯入者，激烈而又寻常；在橙色的底子上，红色似乎被郁积着，暗淡而无生命，好像焦干了似的，见图10-58。

■ 图10-58　红色调

2. 橙色调

　　橙色是十分活泼的色彩，是暖色系中最温暖的色彩，它使我们联想到金色的秋天，丰硕的果实，因此是一种富足的、快乐而幸福的色彩，见图10-59。

■ 图10-59　橙色调

3. 黄色调

　　黄色是亮度最高的色，在高明度下能够保持很强的纯度。黄色灿烂、辉煌，它是光明的色彩，又是智慧的色彩；它还象征着财富和权利，是骄傲的色彩。在黑色或紫色的衬托下，可以使黄色达到力量无限扩大的强度，见图10-60。

■ 图10-60   橙黄的色调用在餐厅非常适宜

4. 绿色调

鲜艳的绿色非常优雅，纯净的绿色也是很漂亮的颜色。绿色很宽容、大度，无论蓝色还是黄色的渗入，仍旧十分美丽。黄绿色单纯、年青；蓝绿色清秀、豁达；含灰的绿色是一种宁静、平和的色彩，就像暮色中的森林或晨雾中的田野那样，见图10-61。

■ 图10-61   绿色调

5. 蓝色调

天空和大海等最辽阔的景色都呈蔚蓝色。无论深蓝色还是淡蓝色，

■ 图10-62   蓝色调

都会使我们联想到无垠的宇宙或流动的大气。蓝色在纯净的情况下并不代表感情上的冷漠，相反代表一种平静、理智与纯净，见图10-62。

6. 紫色调

约翰·伊顿对紫色做过这样的描述：紫色是非知觉色，神秘，给人印象深刻。一个暗的纯紫色只要加入少量的白色，就会成为一种十分优美、柔和的色彩。随着白色的不断加入，也就不断地产生出许多层次的淡紫色，而每一层次的淡紫色，都显得很柔美、动人，见图10-63。

■ 图10-63   紫色调

7. 灰色调

灰色是比较被动的色彩，属于中性色，依靠邻近色获得生命。灰色一旦靠近鲜艳的暖色，就会显出冷静的品格；若靠近冷色，则变为温和的暖灰色。灰色意味着一切色彩对比的消失，在视觉上最为安稳，见图10-64。

■ 图10-64　灰色调沉稳的与卧室需要的氛围相适应

8. 白色调

　　白色具有圣洁和不容侵犯性。如果在白色中加入其他任何色，都会影响其纯洁性，使其性格变得含蓄。在白色中混入少量的红，就成为淡淡的粉色，鲜嫩而充满诱惑。在白色中混入少量的黄，则成为一种乳黄色，给人一种香腻的印象。在白色中混入少量的蓝，给人感觉清冷、洁净。在白色中混入少量的绿，给人一种稚嫩、柔和的感觉。在白色中混入少量的紫，可诱导人联想到淡淡的芳香，见图10-65。

10.5　肌理

　　肌理就是材料和界面的表面效果，它既作用于视觉，也作用于触觉，是很好的造型手段，能大大丰富界面的视觉效果。肌理分自然肌理、人工肌理、视觉肌理和触觉肌理。

1. 自然肌理

　　指自然状态下存在的自然纹理。如树皮、大理石、树叶、飞禽走兽的毛皮、水的波纹等。

2. 人工肌理

　　指经过人为加工后，形成的一种仿物纹理。如皮革、布料、墙纸、软包等。

3. 视觉肌理

　　是一种视觉感受。如我们远眺高山的密林、平缓的沙漠、起伏的波浪、变幻的云影时，其表面肌理是不能直接触知而只能靠视觉觉察。

■ 图10-65　白色调

4. 触觉肌理

　　是人能直接触知的肌理。如表面凹凸不平的纹理，有些近于浮雕的感觉；松软的毛毯，皮制的沙发等。

　　在装饰手段日益丰富的今天，肌理的运用也越来越成为设计师常用的手法。适当的肌理运用对人的视觉是个平衡，对风格的形成也有莫大的作用。肌理可以用对比的效果进行描述：细腻和粗犷、透明和反射、大面和细格、柔软和坚硬、沉稳和飘逸、平整和起伏、光亮和亚光、毛茸和平滑。设计时也可以运用这种对比的手段强化时尚的感觉。

10.5.1　光洁与粗糙

　　粗糙的材质表面如毛石、织物、未加工的原木、磨砂玻璃、砖块等。同是粗糙的面，不同材料有不同质感，如毛石和长毛地毯，表面虽都粗糙，但质感一硬一软，一重一轻。光滑的材质表面如抛光石材、抛光地砖、玻璃、不锈钢、釉面陶瓷、丝绸等。同样光洁的面丝绸与玻璃、陶瓷与不锈钢感觉也大不相同，见图10-66。

■ 图10-66　利用不同的肌理形成的室内空间界面

室内设计中经常采用粗糙和光滑进行材质对比。如现代的住宅或餐厅设计中，明亮、简洁的立面中重点突出餐桌对面的毛石背景墙面，使肌理产生对比，在视觉和触觉上产生美感。

10.5.2 透明和反射

同样是玻璃，有的透明，有的半透明，有的反射，这就造成了丰富的感觉。除了玻璃以外，纸、丝绸、金属等装饰材料都有不同的透明和反射的效果。

透明度的差异也是材料的一大特色。利用材料的透明和半透明的特性，可增加室内的空间感，晶莹剔透的感觉和隐隐约约的朦胧感就是用不同的透明机理造成的。

利用材料的反射可以营造虚拟空间，可以扩大视觉空间的范围，这些都是现代设计中最常用的设计手法。镜面反射是最典型的反射，可以造成镜面反射的材料有玻璃、镀铬的金属、高光亮的油漆、大理石、搪瓷釉面砖、镜面等。反射材料的表面非常平滑，易于清洁，见图10-67。

■ 图10-68 大面与细格

■ 图10-67 利用玻璃的反射功能丰富空间的感觉

10.5.3 大面与细格

它是一种视觉上的疏密关系。在一个大的平面中，根据平面构成的原理，在没有色彩和空间变化的前提下，利用疏密关系进行肌理变化，造成丰富耐看的视觉效果。这在界面设计中经常被用到，见图10-68。

10.5.4 柔软与坚硬

软的物质如丝绸、软包、海绵、织物等，它们都有柔软的触感和良好的温度感。硬的物质如石材、墙砖、金属等常具有凉爽感。硬的材质一般都有很好的光洁度，它能使室内生机盎然。但从触感上说，人们大都喜欢光滑、柔软，而不喜欢坚硬、冰冷，见图10-69。

■ 图10-69 柔软与坚硬

处理好室内的软硬材质搭配，往往是室内设计成败的一个很关键的因素。在住宅环境设计中，卧室设计一定要柔软，舒适，不能放太多玻璃和不锈钢；相反在办公环境设计中，材质要坚硬、冰冷些，这样才能表现出现代高科技感觉的时尚而冷静的办公环境。

10.6　光线

1. 自然光的照射方式

　　就是用自然光进行采光。自然光对我们生理、心理都有非常重要的意义。它节能、环保，有很多积极的意义。建筑设计上如果对自然采光有所考虑的话，室内设计师就要很好地将其利用、强调。如果要很好地利用自然光，前提是必须要有一个好的朝向。

　　自然光显色性很好，造型性也很好。光和影，对于家居空间的视觉效果有很大的影响力。光和影的变幻，可以使室内充盈艺术韵味和生活情趣。自然光的照射方式有以下几种，见图10-70。

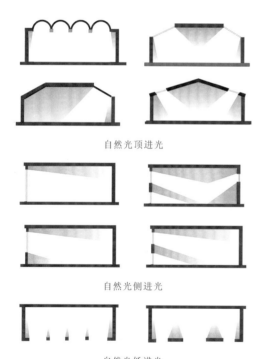

自然光顶进光

自然光侧进光

自然光低进光

■图10-70　自然光的照射方式

　　日光，不仅明亮，而且有利于身心健康。光线的射入主要是透过阳台和窗口。按照国家建筑标准，居室窗口面积与地面面积之比不能小于1∶7。卫生间窗口面积与地面面积之比不能小于1∶10。

　　为了追求采光效果，窗户宜用无色、透明玻璃。为了追求艺术效果，可以用磨砂玻璃、彩色玻璃或镂花玻璃等，但这些只能调节日间的采光效果。

　　（1）顶进光。顶楼和别墅的居家有可能利用顶进光的采光方式。建立玻璃屋、采用玻璃顶棚、开各种各样的天窗都是从顶面利用自然光的好办法，见图10-71。

■图10-71　顶进光的效果

　　（2）侧进光。除顶楼外的其他多层、高层、小高层的用户，利用自然光一般只能依靠侧窗采光的途径，见图10-72。近年来，在商品房中出现了很多大面积的落地窗和转角窗，也出现了一些景观房。对这些设计师的任务是如何修正室内的采光效果。因为房地产商为了外观效果，在一些不该采用大面积采光的部位也采用了大面积的落地窗，最典型的就是"圆筒楼"。东面和西面都是一样的处理。可是这样的设计对东面的住户来说有可爱的自然光，对西面的住户来说有可恨的自然光！因为西晒太阳的"毒辣"是尽人皆知的。如果遇到了这类房子，设计师的任务就是如何消除这"可恶"的自然光。光靠室内窗帘不能很好地解决这个问题。

■图10-72　侧进光的效果

（3）模拟自然光。有些没有采用自然光条件的房子，业主又希望获得自然光的感觉，设计师可利用灯光的特殊照射方式，获得模拟自然光的效果，见图10-73。

■图10-73　模拟一线天的自然光

2. 自然光的利用

自然光有可爱的一面，也有可恨的一面。所以对自然光的利用有两种方式，一种是直接利用，一种是经过适当的修正之后再进行利用。

（1）直接采用自然光。在靠近窗前的位子自然会形成优美的光影效果。在冬季这样的光线非常宝贵，不要放弃对自然光的利用，见图10-74。

■图10-74　直接利用自然光

（2）经过修正后采用的自然光。对自然光进行修正的方法是采用一些有不同透光率的材料，如各种各样的玻璃和窗帘织物对自然光进行调节，形成各种各样丰富的感觉，见图10-75、图10-76。

■图10-75　自然光进行修正

■图10-76　自然光经过折光以后的效果

3. 窗前的位置

无论是直接利用的自然光或经过修正的自然光，窗前的位置都特别宝贵。"床前明月光，疑是地上霜"描写的床前月光的迷人景象。窗前的位置是家居空间中的黄金位置，一定要把这块地方用作最常用、最需要的功能，见图10-77。

■ 图10-77　窗前的位置是享受自然光的黄金位置

10.6.2　人工光

夜幕降临后，灯光驱走了黑暗，给室内带来了光明。灯，是居室照明的重要手段。今天，灯已不只是满足生活照明的基本要求，它的功能更多的是借助于光影效果巧妙地烘托室内氛围。

灯光的强弱、多寡、变化与色调，能给人以多种感受：兴奋、抑制、舒畅、沉闷、喜悦、哀伤、紧张、轻松，等等。工作、学习一天之后，回到家居小天地里，总希望多一些静谧与温馨，尽享光影带给人的情趣。

家居的基本光源有三种：一种是白炽灯；另一种是日光灯（荧光灯）；还有一种是冷光灯（节能灯）。

值得一提的是视觉上人的脸色好坏和灯泡的色光有很大的关系。在一些设计装饰精致的高档饭店、餐厅，你会发现里面人的气色、肌肤显得红润、细腻，这就是灯光的效果。灯泡的色温和颜色两种指数影响光的效果。家中最好选用色温在2700~3000K的暖光灯。色温指数越高，则越偏蓝白色，其照明效果就像阴天，让人心情、气色都不好。

10.6.3　光的投入方式与相应的感觉

1. 直接照明、间接照明、半直接照明

（1）直接照明。也叫目标照明，是灯直接投向照明对象。它的特点是光线集中，目标明确，投影明显，对塑造对象的立体感效果很好。

（2）间接照明。也叫气氛照明，它是将灯光投向照明对象相反的方向，通过反射，将光线折回来。它的特点是光线柔和，主要目的是营造氛围。

（3）半直接照明。介于上述两种照明方式之间的照明。

各种照明方式如能巧妙地综合使用，因物而异，交相辉映，与室内陈设彼此烘托，会造成千姿百态、神秘莫测的光影环境。

2. 全体照明和局部照明

（1）全体照明。是利用多种照明手段将居室的整体照亮。它可使人觉得豁亮宽敞，整体感很强，所以也被称为整体照明。

（2）局部照明。是在需要的部位进行照明，它能给人在心理上造成"安定感"和"领域感"。比如，书桌上放一盏台灯，光线集中能排除周围的干扰，使人专注地阅读或写作；沙发旁投来柔和的灯光，为与亲友促膝交谈提供了良好氛围。光影下悉心品味对方的心情，共叙友情；餐桌上方的可升降吊灯，给人提供了一方适宜就餐的小天地。其他地方的壁灯、落地灯、床脚边的暗灯，均会产生异样的迷离氛围。灯光周围放些盆栽花卉，间隙中造成枝叶光影婆娑，也为室内平添几分大自然气息。窗帘盒下的灯光，可以映出窗帘的图案、纹样和褶裥，有舞台气息。橱柜里的灯光，映照一些小摆设，光怪陆离，幻觉丛生，为室内烘托出魔术般的景象。人工光的照明效果见图10-78。

■ 图10-78　人工光的照明效果

3. 点照明、线照明、面照明

（1）点照明。是利用灯具或点状镂空面板透出的光线形成点的感觉，例如满天星，感觉浪漫，见图10-79。

■ 图10-79　点照明的梦幻卧室

（2）线照明。是利用灯具形成线的感觉，多以灯带的形式出现，勾勒轮廓效果很好，感觉神秘。

（3）面照明。是利用灯具形成面的感觉，多以灯棚的形式出现，可以模拟自然光，感觉明快。

4. 照明方式和照明感觉

人工光的照明方式很多，各种照明方式有不同的效果，见图10-80。无论是投光灯还是散光灯或是其他灯具，光线照射的角度是非常重要的，这关系到被照射物体的立体感、质感和美感，以及是否会产生刺眼的眩光。比如，给梳妆台配备灯具，应使光线从人脸部的两侧前方照射，看来非常舒适。或是从上部设小瓦数的荧光灯也较适宜。书桌上的光线不要直接反射到人的眼部，最好用不透光的灯罩遮住四周光线。安装在橱柜上的灯光，不要形成强光反射，那样会使人难以看清楚橱柜内部的物品。又如，投光灯照射的字画、摆设、工艺品，都应使之更具魅力，成为室内视觉中心，易于观赏，饰物艺术效果更加突出。总之，光线的射向设计应分清主次和用光的目的。

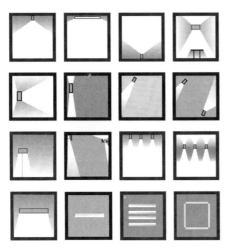

■ 图10-80　人工光的照射方式

一般的居室，多在顶棚中央悬挂一盏吊灯，作为整体照明以亮全家，见图10-81。

■ 图10-81　门厅顶棚中间悬挂一盏吊灯

然而，单一的光源又难以满足多种活动内容的需要，所以人们又会附加局部照明，如台灯、壁灯、落地灯等，变室内单一光源而为多种光源；变平面照明为立体照明，从而满足人在居室中不同的采光需要。这不仅使室内光线丰富多彩，还能增加环境美感，起到用光线划分室内空间的作用。另外，厨房、浴室、厕所、走道、阳台等不同需要的暂用灯，也需按照实际情况设置，见图10-82。

物体在不同光源照射下，会产生不同的色彩效果，这就是光源的"显色性"。比如在荧光灯的照射下，红色变得不明朗，黄色则被强调；在白炽灯的照射之下，红色被强调，青色则变得不明朗；在红色光源照射下，绿色物体显得很灰暗；在黄色光源的照射下，紫色物体失去鲜明。只有在一种高显色的荧光灯的照射下，物体才能正确地反映其本色。根据这一原理，如何运用不同光色，照射室内不同陈设的物体，使之显现异样的光彩效果，也是居室布光的创意艺术的手法。

■图10-82　立体照明

10.6.4　灯具

1. 灯具的种类

（1）按照明方式分。

1）直接型灯具。上半球的光通占0%～10%，下半球的光通占90%～100%。光照优点是灯具效率高；缺点是顶棚较暗，容易眩光，光线方向性强，阴影较重。主要用于是直接照明。

2）半直接型灯具。上半球的光通占10%～40%，下半球的光通占60%～90%。由于将10%～40%的光线射向顶棚，故室内亮度分布较好，阴影较淡。直接照明和间接照明兼而有之。

3）均匀扩散型灯具。上半球的光通占40%～60%，下半球的光通占40%～60%。室内亮度分布较均匀，光线柔和。直接照明和间接照明兼而有之。

4）半间接型灯具。上半球的光通占60%～90%，下半球的光通占10%～40%。主要用于间接照明。

5）间接型灯具。上半球的光通占90%～100%，下半球的光通占0%～10%。其光照特征和直接型灯具相反，室内亮度分布较均匀，光线柔和，基本没有阴影。但是这种灯具光通利用率低，主要用于营造氛围的间接照明。

（2）按安装方式分。

1）台灯。放在桌子或柜子上的灯具。是区域照

明和直接照明的灯具。灯架和灯罩形状、色彩、质感、材料的变化是其主要的设计手段。

2）壁灯。装在墙壁上的灯具。特别强调灯具的造型和灯罩的形状、色彩、质感、材料的变化，基本用于氛围照明。

3）吊灯。底座装在天花板上，灯具悬垂在空中的灯具。

4）吸顶灯。底座和灯罩都装在天花板上的灯具。一般出现在房间中央，做直接照明。

5）镜前灯。装在镜子前面的灯具。主要服务与盥洗区的照明。灯光的颜色要特别注意，不能有奇怪的色彩，安装的位置也不能太高。

6）落地灯。放在地上的灯具，有直立式和悬挑式之分。是区域照明和直接照明的灯具，沙发和单椅旁常常出现。

7）轨道灯。装在轨道上的灯具，可以沿轨道移动。一般用于墙面的照明，着重照亮墙上的艺术品或强调墙面的质感。

8）嵌入灯。装在夹层里面的灯具。

9）灯带。绕放在夹缝里的灯具。主要用于氛围照明，用于勾勒天花造型或背景造型的轮廓，见图10-83。

■图10-83　以间接光和轮廓光为主的气氛照明

10）灯珠。用电线串联起来的灯珠，可以做满天星式照明的灯具。主要做特殊地区的氛围照明。

以上1～8种灯具宜做目的照明，见图10-84。

■图10-84　以直接光和轮廓光为主的目的照明

（3）按投射方式分。

1）射灯。光束集中投向某一个方向的灯具，是直接照明。主要用于强调特殊目标。如墙上的画，桌上的工艺品等。

2）豆旦灯。光束集中投向某一个方向且能控制光线形状。主要为了增加照射区域的生动性，如打在沙发上，被照亮的区域和未被照亮的区域有明显的光晕变化。

2. 光源的种类

（1）热辐射光源。任何物体的温度高于绝对温度零度，就会向周围空间发射辐射能，当金属加热到1000K以上时，就会发出可见光。温度越高，可见光在总辐射中所占比例越大。利用这一原理制造的照明光源就称为热辐射光源。此类型灯有：白炽灯和卤钨灯。

（2）气体放电光源。是利用某些元素的原子被电子激发而产生光辐射的光源。此类型的灯具有荧光灯、紧凑型荧光灯、荧光高压汞灯、金属卤化物灯、钠灯、氙灯、无电极荧光灯等。

3.灯具的造型

造型优美的灯具，应是室内很好的装饰与点缀，但还必须与室内的整体设计格调相协调。选择灯具，主要是看它的光效，也就是灯光开亮以后的映照效果。如果只注重灯的造型、样式，仅仅把灯饰看作是一种装饰品，那就会忽略了灯的实用价值。现代灯具形式丰富多彩，不仅有通体发光的灯具，还有用电脑控制的声、光、色综合为一体的艺术灯具。但"华灯妙影自有情"，灯光会带给人以不同的情趣。灯饰应与室内整体设计的风格浑然一样，或古朴，或新韵，或怀旧，或前卫，或田园乡音，或都会情怀，都可以透过光影辉映折射出来，让人尽享灯光之美感，见图10-85（a、b）。

■ 图10-85（b）　夸张的灯具造型为空间增添艺术气质

10. 7　陈设

艺术品、家具、织物、植物都是家居陈设品。它们有两个属性：一是实用；二是观赏。

10. 7. 1　艺术品

1. 艺术品的种类

（1）平面类的艺术品

1）书法。书法作品是我国独有的艺术陈设品，表现形式有楹联、条幅、中堂、匾额、碑刻、篆刻等。这些东西具有浓厚的东方文化的色彩，特别适合装饰在具有传统风味的家居环境中，见图10-86。

■ 图10-85（a）　夸张的灯具造型为空间增添艺术气质

■ 图10-86　书法作品使空间具有浓郁的文化氛围

2）绘画和摄影。绘画作品的种类也很多，有油画、国画、版画、水彩、水粉、丙烯、蛋彩、素描、海报、广告等。绘画作品一般都有很强的艺术效果和明确的主题，适合不同氛围要求的空间。摄影作品一样是家居空间装饰的宠儿，各种影像都能引起人们无限的兴趣。生活照记录着过去情感的岁月；风光照记录着走过的足迹；老照片引起人们对逝去日子的追忆；异国风情的照片触动人们周游世界的冲动……见图10-87。

■图10-87　绘画作品成为视觉焦点

（2）立体类的艺术品

1）小雕塑。雕塑的种类也有很多，泥雕、石雕、各种金属雕塑等都是雕塑艺术家的艺术作品。适合家居陈列的雕塑最好是具有亲和力的小品。除此之外，还有民间的装饰雕塑如树根雕、竹雕、木雕、玉雕等。这些也可以归入工艺品的范畴。

2）工艺品。品种浩繁、形式多样。有瓷器类、陶器类、锈品类、服饰类、金银饰品类、印染类、泥塑类、竹、木、石、玉、牙、树根雕类、剪纸类，等等，还有许多天然工艺品，如雨花石、夜光石、花纹美丽的石材等。各类工艺品都有自己的特色和欣赏点，有一定的艺术及经济价值，见图10-88。

■图10-88　艺术品装点室内环境

3）生活器皿。在很多生活器皿中有许多造型优美效果别致的艺术品。如玻璃器皿、灯具、茶具、钟表、兵器、乐器、酒器、运动器材等具有较强的装饰性，可以作为艺术陈设。有些古老的生活用品摇身一变成为现代人怀旧的宠物。如斗篷、蓑衣、草鞋、草帽、古装、脸谱、留声机、老爷车、旧窗格、旧窗花、旧家具、老烟具等。在颇为现代的空间里放上一两件怀旧的物品，很能引起人们怀旧的思绪，见图10-89。

■图10-89　是用生活器皿装点环境的效果，具有浓郁的怀旧色彩

4）盆景。是我国传统的园艺品种，以"小中见大""缩龙成木"为手段，一草一石表现千树万峰，一枝一叶表现江河湖海，意境深邃，回味无穷，很能代表中国的传统文化和哲学，见图10-90。

■图10-90　盆景

5）古玩文物。古玩文物是高级的陈设品，它具有极高的文化和艺术欣赏价值，同时具有极高的经济价值和较好的陈列效果，见图10-91。

■图10-91　用古玩文物装点环境的效果

2. 艺术品的陈列方式

（1）墙面悬挂。墙面悬挂，一般以平面艺术品为主。书法、摄影、美术作品最为常见。也可以悬挂一些小型的立体饰物，如刀、枪、箭、弓、羊头骨、浅浮雕等。悬挂的构图一定要与原来环境的背景相联系。风格端庄的环境可采用对称的构图或采用单幅画布局。风格活泼的可采用均衡的构图和多幅画布局。墙面悬挂陈设品不要只注意陈设品的效果，还要注意背景的效果和形状，要让陈设品有"呼吸"的空间，见图10-92。

■图10-92　墙面悬挂艺术品装点环境效果

（2）桌面布置。桌面布置一般以鲜花与花瓶、烛台、茶具、咖啡具、小型工艺品为主，在办公桌、会议桌、餐桌、茶几、窗台上都可摆设。桌面摆设因为都是近距离观赏，所以陈设物一定要特别的精致耐看，小巧玲珑。桌面布置的陈设品一般随着主人的兴趣会经常更换。要注意的是一个房间里的摆设应该保持一种风格，见图10-93。

■图10-93　用桌面布置的方法装点环境的效果

（3）架上展示。一些古玩、茶具、精致的艺术品适宜架上陈列。现在的人们对这些东西越来越热衷。收藏艺术品的队伍越来越庞大。架上陈列艺术品有许多讲究：一要讲究陈列柜的造型和格调；二要讲究陈列物的主题和内容；三要讲究陈列的效果。位置、背景、灯光都要精心设计。许多地方已经把博物馆、画廊的陈列手法移植到普通的居家。中国文人的博古架与陈列品在陈列方面很有品位。明清风格的博古架构图活泼隽永，与陈列的瓷器、花瓶、茶具浑然一体、相得益彰，有很高的欣赏价值，见图10-94。

味和节日感觉。中国传统文化中经常用"张灯结彩"来描写节日的气氛，见图10-96。

■ 图10-95　地面陈列

■ 图10-94　卫生间设计了展示架提高了空间的品位

（4）地面陈列。有些尺度大的陈列品适宜落地陈列，如雕塑、小品、大型盆景，植物造景、座钟、瓷瓶等。落地陈列的位置相当重要，作为主题、主角的陈列，要安排在空间的醒目位置。相反作为陪衬、点缀的陈列，则宜安排在转弯抹角或走廊尽端的地方，见图10-95。

（5）空中悬挂。一些轻质的装饰物如旗帜、风筝、气球、花球、灯具、中国结等陈设品，适合空中悬挂。有的挂在屋檐上，有的挂在梁柱上，有的挂在屋顶的构架上。空中悬挂的形式有浓浓的喜庆

■ 图10-96　运用空中悬挂装饰灯具的方式装点空间

10. 7. 2　家具

1. 家具的分类

家具的分类方法很多,我们这里以功能、材料、构造、组成、用途为线索进行分类。

（1）以功能分类

1）坐卧类家具。凳子、椅子、沙发和床具等满足人类坐卧需要的家具。

2）凭倚类家具。对人的活动起着支撑作用,如桌、台、几、案等家具。

3）贮存类家具。主要是协助人类管理贮藏使用的物品,如架子、柜子等。

4）装饰类家具。主要以美化人的生活、丰富空间效果为目的,同时也有阻挡视线等功能。如屏风、博古架、花架等。

（2）以材料分类

1）木材家具。一种是原木家具,另一种是以锯末、树皮等制成的人造板做成的板式家具。为了节省木材保护自然资源,通过深加工技术把木纹美丽的木头切削成薄皮,加工成贴面板,贴在普通实木的表面,也成为一类特殊的实木家具。

2）竹藤家具。它质地轻、强度高、色泽自然,特别是特有的弯曲性能和韧性使它有别于普通木材,可以加工成造型优美、线条流畅、风格独特的家具。

3）金属家具。适合制造家具的金属一般都是合金,如钢、铝、铜、钛、铁等。为了减轻质量,大都采用管材。金属的加工成型的性能极好,而且强度高,不易损坏,所以经常用来做家具的支撑和骨架。但由于金属触感寒冷,常常需要与另外的家具材料配合,如皮、麻、纤维、玻璃、木材等及其他材料。

4）塑料家具。家具制作常用的塑料有ABS树脂、聚氯乙烯树脂（PVC）、聚乙烯树脂（EP）、丙烯酸树脂、发炮塑料、玻璃钢（PRD）等。塑料的特性是强度高、重量轻、耐磨、耐腐蚀、加工成型方便、色彩鲜艳、光洁度高、原料丰富、成本低、易于工业化生产等。缺点是表面易擦毛,在日光下容易褪色老化、开裂、强度下降。

5）织物家具。以棉、麻纤维包裹海绵材料制成的织物家具很受消费者欢迎。织物家具以触感舒适、色彩自由、造型可能性大、可洗涤等优点被人们广泛接受。织物美丽的纹样和特有的编织属性使织物家具特别具有亲和力,具有其他家具所不具有的优越性。

6）复合家具。由多种材料制成的家具可以称为复合家具。除了上述材料以外,还有石材、皮革、玻璃等材料大量应用于家具。它们以造型精巧、感觉丰富、做工细腻、材质得体、表现力强的特点受到人们的青睐。

（3）以构造分类

1）框式家具。类似于建筑的框架结构,用水平或垂直的档料组成家具的框架,再嵌入其他搁板材料。框式家具以木材和金属材料为主。

2）板式家具。是通过一定模数的板材及特定的五金件进行组合和装配,板材既可作为承重又可作为围合。这种家具现在十分流行。特别是表面经过处理的人造板材经过精心的设计,成为商品化极强的家具商品,如厨房家具。

3）折叠家具。有些家具为了多功能的要求或是为了节省空间,将其设计成折叠结构,如折叠餐桌和沙发床等。这类家具特别适合于贮藏、运输、携带,也特别适合于一些需要经常变化功能的场所。

4）充气家具。它们一般用封闭性材料制造,通过特殊的气囊,在需要的时候,充入气体,使之成形。这类家具特别轻巧,也特别节省空间。

（4）以组成分类

1）单体家具。每一件家具都是一件功能完整的独立的家具,可以单独使用。

2）配套家具。配套家具需要有几个家具配合起来,其使用功能才完整地显示出来。如许多办公家具是由台面、围板、小柜子、书架等组成的一套功能齐备的办公家具。若拆分开来,有的不能使用,有的功能不够完善。

3）组合家具。是由若干个具有一定模数关系的部件组合在一起,形成一个家具的整体。其结构形式有的采用板式结构,有的采用框式结构,有的采用小单体组合成大单体的形式。现在的商品家具大多是组合家具。组合家具最大的优点是它的可变性和可移动性,这一优点使它一直占据着家具市场的主要地位。

4）固定家具。是固定在建筑物里面的家具。固定家具的做法可以归入到装修的领域。因为,固定家具不能移动,是一次性的,固定家具都是现场制作的。

2. 家具尺度

评价一件家具的好坏,主要是使用的舒适性和观赏的美观性。而这两者都事关尺度。例如,一张写字台设计的是否好坏,一是看它高低,桌面大小是否合适,桌下的空间能否让双腿自由伸展。这些都是使用功能的尺度指标。二是看它的造型比例是否得当,形式是否美观,色彩是否协调,而这些就是观赏功能的尺度指标。所以,评价一件家具,无论从实用的角度还是从艺术品的角度,都会用"尺度如何"这个重要的标准去衡量。因此,尺度是家具设计成败的一个重要的指标。

（1）尺度的依据。从使用的角度就应该用人体工程学的原理做依据。从观赏的角度应该用形式美的原理作为依据。

1）人体工程学原则。例如床的设计首先要明白这个床是给谁睡觉的？是大人还是小孩？是一个人睡觉还是多个人睡觉？是为某一个特定的人定制的还是为一群人考虑的？是为健康人设计的还是为为了健康的人而设计的？是仅仅用来睡觉还是另有其他的用途？如果回答了上述问题，那么设计这张床的尺度就会明晰了。这些问题都是围绕着人体工程学而提出的。

2）美学原则。主要是形式美原则中的比例关系。

（2）尺寸的确定。主要依据人体工程学原理：人本身和各种姿态的测量数据；人在使用这件家具过程中的肢体活动的范围；生理健康的要求；作业的流程和工作效率；视觉与触觉的要求；安全因素，见图10-97。下面就家庭贮藏柜尺度的确定举

例说明：

1）家庭贮藏柜的目的是有序地贮藏物品。

2）家用物品有常用、间隔使用之分，将它们分类储藏。储藏区应分为多段式。

3）下蹲取物区——不舒适取物区尺度500mm以下。

4）弯腰取物区——尚佳取物区尺度500~1000mm。

5）直立取物区——最佳取物区尺度1000~1700mm。

6）借助支撑物取物区——有一定的危险的取物区尺度1900 mm以上。

10.7.3　植物和插花

在居室里放上一些色彩鲜艳、造型优美的植物和花卉，会给室内增添不少生机，使人赏心悦目。除此之外植物和花卉可以改善空气质量缓解人的疲劳，使人的精神得到放松。

1. 植物

室内绿化主要以耐阴植物为主，常见的有盆栽式、悬垂式、攀缘式、水养式、壁挂式、瓶栽式等，各有特色，设计时要注意与花盆、花架和花器相协调。与家具以及其他装饰相协调，在室内空间组织中发挥积极作用，见图10-98。

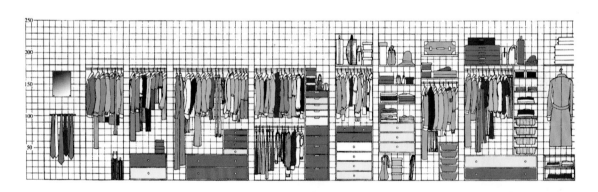

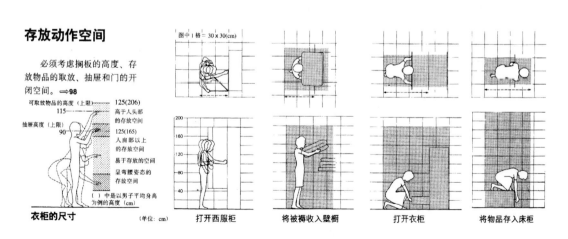

■ 图10-97　取物区区域划分图

■ 图10-98　植物和花卉

2. 花卉

花卉有自然花卉和插花两种，花卉相比植物更加鲜艳缤纷，给室内空间带来浪漫的气氛。花卉在室内空间中的配置要讲究花器搭配和花语。尤其在节假日，花卉渲染气氛的功能是其他陈设不能企及的，见图10-99。

■ 图10-99　插花在空间中起了点赞作用

10. 7. 4　织物的种类和功能

1. 实用装饰型

（1）帷幔。主要有两种：一种是作为软隔断的织物，另一种是施于床笫周围的垂挂物，见图10-100。

■ 图10-100　帷幔的主要功能是限定空间，强化功能空间的含义，加强私密性和安全感，渲染空间气氛

（2）窗帘。窗帘的主要功能除了挡视线、阻光、防风、防尘、调温、隔声外，主要有调节室内空间色彩，软化室内空间感觉的主要功能。窗帘本身的面料、质地、图案及窗帘的构造安装形式也有很多变化，值得设计师用心思考好好设计。窗帘也是软装设计的主要角色，见图10-101。

■ 图10-101　薄如蝉丝的窗帘营造出卧室温馨的氛围

（3）床上用品。床上用品主要有床罩、枕套、被套、靠垫套、脚垫等，成套的床上用品品种非常丰富，高、中、低各种品类应有尽有。面料、图案、款式、色彩、肌理应有尽有。

由于它的成套性和覆盖面大的特性，它在美化居室空间上可以作为居室装饰的主要手法，见图10-102。

（4）其他织物用品。生活中的其他织物品种很多，如桌布、靠垫、地毯、沙发巾、毛巾、浴布、信插、餐巾、杂志袋等。除了它们保护家具，保护器物的主要功能外，还能起到环境的装点和气氛的调节作用。

■ 图10-102　床上用品

2. 艺术欣赏型

（1）织物壁画。就是用壁毯、刺绣、蜡染、扎染等材料和工艺制作而成的艺品。与绘画性壁画相比，它们的质感更加强烈。不同的材料和工艺有不同的特色，也有鲜明的地域和民族性，在室内空间点缀上能产生强烈的空间效果。

（2）织物雕塑。将织物通过折、缝、吊、挂、剪、包、圈、拉毛、拼接、剪缺等手法结合支架、挂勾等物体，可以制成具有特殊表现力的织物雕塑。它可以产生一定的空间形态，见图10-103。

■ 图10-103　用挂毯装点空间

（3）纤维壁挂。纤维壁挂近几年来获得比较大的发展，它的材料及编织语言很多、形成的肌理感很强烈，表现手法也非常丰富。它已成为被人们所喜爱的具有特殊语言的软雕塑。

10. 7. 5　陈设与空间效果

1. 用陈设品来分割空间

这是一种很灵活的分割空间的办法，可与其他物品相结合，如与博古柜相结合，与挂帘、织物相结合，在需要的地方对空间进行间隔和区划，见图10-104。

■ 图10-104　陈设分割空间同时成为视觉中心

2. 用陈设品来引导、暗示空间

在家居环境中陈设可以引导空间和暗示空间。如在过道空间中依次挂一些陈设品，在空间的转折处设一尊小雕塑来暗示另一个空间等，见图10-105。

■ 图10-105　转弯处用画和植物来暗示另一个空间

3. 用陈设品来沟通空间

为了加强上下或左右互相比邻的两个空间之间的联系性,可采用陈设品跨空间吊挂,以使两个空间产生一体感。

4. 用陈设品来虚拟空间

陈设品的大小、群化、组合可以形成虚拟空间。

5. 用陈设品来填补空间

当室内空间中家具、织物、灯具以及墙面、地面、天花板等布置停当之后,要审视一下整个居室环境,如有空间或墙面不适当地空闲着,就可用陈设品来作点缀,填补空间的空缺,见图10-106。

■ 图10-106　陈设营造的艺术空间

6. 用陈设品来调整空间的比例

有时家具与墙面不能形成悦目的尺度关系,这时可用挂画或其他陈设品来调节它们的比例关系。

7. 用陈设品来更新空间

一般家庭空间中家具的格局是固定的,轻易不会做大的变动。但设计得再好的室内环境,时间久了,也会产生陈旧感。因此需要经常地更新空间的感觉。用变换陈设品的办法来更新空间感觉,是一个简便、有效的办法。因为陈设品的可变性比较强,它对空间的感染力也比较强,在室内挂上一张新的画可使室内产生全新的感受,特别是当它位于室内的主要景观面上,或是当它本身的尺度较大时,这种更新的感觉尤为强烈。

1. 陶冶情操

陈设既有实用的功能,更有精神的功能。特别对于一件优秀的陈设而言,它首先具有视觉吸引力。人们对陈设往往是精神认同在前,物质认同在后。对陈设的款式、色彩、造型、肌理、尺度的要求放在比较突出的位置,对其他因素放在相对次要的位置。而这些放在突出位置的因素正好作用于人们的精神领域,与人们的情操、爱好、品位有极大的关系。设计师要通过自己的独特的立意、巧妙的构思、合理的搭配,把一件陈设的意蕴表达出来,从精神上不知不觉地影响受众。

2. 影响室内风格

室内的风格是由多种因素共同组成的,其中陈设可以起到主导的作用。在设计一个空间作品时,风格的表现往往可以通过陈设来实现。例如在一间什么也没有的房间里,放进什么风格的家具,那么这个房间就变成什么风格。放进中国的明式家具,它就透露出中国明代的风韵;放进西方现代陈设,它就泛出西方流行的时尚。陈设在室内空间中是能起主导作用的,所以它的风格、它的品质直接决定空间的风格和品质,见图10-107。

■ 图10-107　家具影响室内风格

3. 调节环境色彩

陈设在室内空间中比较能够引起人们的注意。因此,它的色彩对室内环境也能起到较大的调节作用。例如有时设计师会对空间的界面用比较沉着的色彩,而用色彩比较活泼的陈设去点缀气氛。反过来,空间的界面采用比较鲜明的色彩,就通过色彩沉稳的陈设来使空间平衡,见图10-108。

■ 图10-108 软装调节室内的色彩氛围

4. 反映民族特色

很多陈设地域性强的特点决定了陈设具有强烈的民族性。形形色色的陈设其民族性的特点特别显眼。越是民族性的东西在世界上越是有地位,越是民族性的东西越是有魅力。如用陈设体现民族性就能起到"四两拨千斤"的作用,做起来特别讨巧,特别有效果。在空间中放上个性独特的民族陈设,空间的风格一下子就体现出来了,见图10-109。

■ 图10-109 家具决定了空间的民族特色

1. 陈设的选用原则

虽然当前的家装多数陈设都是业主从市场选购的,但陈设选购不是一件容易的事情。有时一个空间营造好了,没放陈设时它的风格非常统一,尺度非常和谐。而陈设摆放进去以后,空间的风格就变得不伦不类,尺度也变得别扭了。这让业主特别烦心。其实这是一个专业性很强的工作。选择陈设要注意以下几点。

(1)比例大小。根据空间的大小确定陈设的尺度。任何比例都是相对的,在没有放陈设之前的空间比例十分和谐并不代表放了陈设之后比例也能和谐。有一个这样的例子,一个12平方米的书房,没放家具之前比例十分和谐。设计师向业主建议,买小体量的写字台。而业主没有听从设计师的建议,而是随着性子买来了豪华的大班桌,结果可以想象。这种错误不仅业主会犯,有时设计师在尺度完全不同的购物空间里也会失去对尺度的把握。所以在选陈设时不能凭估计,更不能感情用事。要事先确定尺度,事中进行测量,这样才能避免犯此类错误。不能凭感性目测,因为目测有时是不太可靠的。

(2)色彩倾向。色彩不协调,也是选购陈设时常犯的错误。色彩的协调跟尺度一样,是相对的。本来协调的色调可能因为加入了新的色彩因素而失去色彩的平衡。另外在商场的环境中,色彩协调的陈设在换了一个色彩环境后,可能出现不协调。精明的商家为了推销自己的商品往往动用各种手段,其中就包括色彩的手段。为了突出某样陈设,在周围配置得体的衬托色彩,加上刻意的灯光投射,陈设会显得特别迷人。人们在这种情况下,特别容易"上当"。

(3)情调风格。情调与风格也是一个重要的考虑因素。陈设的情调和风格一定要与空间的情调和风格保持一致,千万不要与之冲突。如为风格鲜明的空间选购陈设,一般不怎么会犯错误。例如在"中国风"的环境里不太会用现代陈设。但究竟是选择明式陈设,还是选择清式陈设就不易把握了。明式陈设风格清朗洒脱,而清式陈设风格细腻繁复。同样中国风格,格调却绝对两样的。又如欧式风格中包括北欧、西欧、中欧等不同风格,其中北欧风格似乎更简洁一些。在这样的情况下选择陈设就需要一定的眼力和丰富的知识。在有些风格中性的环境中,选择陈设也有一定的难度。一不小心风格和情调就会走样。

2. 陈设的布置要点

当我们想用陈设品来装点建筑内外环境时,就必须从家居的整体环境出发,进行恰当的选择,见图10-110。陈设品在家居环境中的布置要点主要有四条。

(1)陈设形式与环境的功能有内在的联系。

(2)陈设的大小与环境的尺度相宜。

(3)陈设的色彩和肌理与环境协调。

(4)陈设的品位与环境的品位统一。

■ 图10-110   家具与陈设和室内风格保持一致

▶ **图片来源**

10-1   自绘

10-2   ［西］•亚历杭德罗.巴哈蒙编 张宁译.小型公寓.大连:大连理工出版社,2003.10

10-3   http://www.xiugei.com/xiaoguotu/xingudian/louti/#9345

10-4   http://blog.sina.com.cn/s/blog_aa3cc7dc01012pfg.html

10-5   ［西］•亚历杭德罗.巴哈蒙编 张宁译.小型公寓.大连:大连理工出版社,2003.10

10-6   http://nj.qizuang.com/caseinfo/221771.shtml

10-7   自绘

10-8   http://www.weyou360.com/jzxgt/jiudian/8296.html; http://www.fevte.com/tutorial-16621-1.html;［日］Erica Brown.INTERIOR
        VIEWS Design at Its Best.东京:株式会社 美术出版社.1980

10-9   ［西］•亚历杭德罗.巴哈蒙编 张宁译.小型公寓.大连:大连理工出版社,2003.10

10-10   深圳市南海艺术设计有限公司.装潢世界.海口:海南出版公司(07-08)

10-11   http://www.whjzw.net/news/3/51862.html

10-12   深圳市南海艺术设计有限公司.装潢世界.海口:海南出版公司(07-08)

10-13   自绘

10-14   http://jiaju.qingdaonews.com/content_jiaju/2015-10/13/content_11298871.htm

10-15   自绘

10-16、10-17   http://www.home.frous.com

10-18   妹妹出版有限公司.美化家庭 (219)

10-19   ［西］•亚历杭德罗.巴哈蒙编 张宁译.小型公寓.大连:大连理工出版社,2003.10

10-20   http://home.cq.fang.com/zhuangxiu/caseinfo247969/

10-21   http://home.nb.fang.com/zhuangxiu/caseinfo1737271_7_1_1_0/

10-22   http://www.neeu.com/news/2012-02-09/26992_1.html

10-23   http://home.sh.fang.com/zhuangxiu/caseinfo1637972/

10-24   http://www.worldshow.cn/show/a_60633.html

10-25   吴宗锦.杰出室内设计精选.台北:泉源出版社.1980

10-26   自绘

10-27   房产样板房

10-28   http://zixun.jia.com/article/369204.html

10-29　http://www.shijuew.com/content-554-8971-1.html
10-30　http://news.hfhouse.com/html/2354886_all.html
10-31　深圳市南海艺术设计有限公司.装潢世界.海口:海南出版公司(07-08)
10-32　欧美居室装饰设计资料集编委会.欧美居室装饰设计资料集.哈尔滨:黑龙江科学技术出版社.1992
10-33　http://blog.sina.com.cn/s/blog_a034c5450102v8ti.html
10-34　欧美居室装饰设计资料集编委会.欧美居室装饰设计资料集.哈尔滨:黑龙江科学技术出版社.1992
10-35　http://home.fz.fang.com/zhuangxiu/caseinfo412879/
10-36~10-38　装饰材料及家居产品广告
10-39　http://blog.sina.com.cn/s/blog_a646bf960102vr7f.html
10-40　装饰材料及家居产品广告
10-41、10-42　欧美居室装饰设计资料集编委会.欧美居室装饰设计资料集.哈尔滨:黑龙江科学技术出版社.1992
10-43　深圳市南海艺术设计有限公司.装潢世界.海口:海南出版公司(07-08)
10-44　http://www.jia360.com/cizhuan/20140814/1408001970036.html
10-45　http://tupian.baike.com/442220/1.html
10-46　装饰材料及家居产品广告
10-47　欧美居室装饰设计资料集编委会.欧美居室装饰设计资料集.哈尔滨:黑龙江科学技术出版社.1992
10-48　http://www.shejiben.com/sjs/407408/case-156299-1.html
10-49　http://zx.meilele.com/qiangzhi/article-21665.html
10-50　新居室.新居室杂志社.2003
10-51　[日]Erica Brown.INTERIOR VIEWS Design at Its Best.东京:株式会社 美术出版社.1980
10-52　[美]安娜•卡赛宾.李艳萍,朱玉山译.居室第一印象.上海:上海人民美术出版社.2004
10-53　[日]Erica Brown.INTERIOR VIEWS Design at Its Best.东京:株式会社 美术出版社.1980
10-54　中国建筑技术研究所.城市住宅. 2001
10-55　[日]Erica Brown.INTERIOR VIEWS Design at Its Best.东京:株式会社 美术出版社.1980
10-56　新居室.新居室杂志社.2003
10-57~10-59　http://trendsmag.com
10-60　http://home.cq.fang.com/zhuangxiu/caseinfo1334659/
10-61　http://trendsmag.com
10-62　房产样板房
10-63　http://trendsmag.com
10-64　http://blog.sina.com.cn/s/blog_6731c89b01011dqf.html
10-65　http://trendsmag.com
10-66　http://www.jiuzheng.com/baike-detail/id-44963.html
10-67　http://home.cq.fang.com/zhuangxiu/caseinfo70245/
10-68　美•杰克•克莱文.健康家居.上海:上海人民美术出版社.2004
10-69　时尚家居.时尚家居杂志社.2005
10-70　自绘
10-71　[西]•亚历杭德罗.巴哈蒙编 张宁译.小型公寓.大连:大连理工出版社,2003.10
10-72　[日]Erica Brown.INTERIOR VIEWS Design at Its Best.东京:株式会社 美术出版社.1980
10-73　http://home.fang.com/album/wuhan/caseinfo1616981/
10-74　房产样板房
10-75　吴宗锦.杰出室内设计精选.台北:泉源出版社.1980
10-76　美•杰克•克莱文.健康家居.上海:上海人民美术出版社.2004
10-77、10-78　[日]Erica Brown.INTERIOR VIEWS Design at Its Best.东京:株式会社 美术出版社.1980
10-79　妹妹出版有限公司.美化家庭 (219)
10-80　自绘
10-81　http://home.gz.fang.com/zhuangxiu/caseinfo1731726/
10-82　http://blog.sina.com.cn/s/blog_c387a1e20101c4wb.html
10-83　深圳市南海艺术设计有限公司.装潢世界.海口:海南出版公司(07-08)
10-84　欧美居室装饰设计资料集编委会.欧美居室装饰设计资料集.哈尔滨:黑龙江科学技术出版社.1992
10-85　http://blog.sina.com.cn/s/blog_78a103880100tykm.html
10-86　http://home.cq.fang.com/zhuangxiu/caseinfo634154/10-87
10-87、10-88　http://www.shijuew.com/content-554-8267-1.html
10-89　[日]Erica Brown.INTERIOR VIEWS Design at Its Best.东京:株式会社 美术出版社.1980
10-90　[美]安娜•卡赛宾.李艳萍,朱玉山译.居室第一印象.上海:上海人民美术出版社.2004
10-91　欧美居室装饰设计资料集编委会.欧美居室装饰设计资料集.哈尔滨:黑龙江科学技术出版社.1992
10-92　http://www.tangrenjv.com/anli/507/3611
10-93　魏亚娟等.客厅/卧室/工作室/儿童房/浴室规划书.汕头:汕头大学出版社.2004.6
10-94　http://home.wh.fang.com/zhuangxiu/caseinfo1612707/
10-95　新居室.新居室杂志社.2003
10-96　http://blog.sina.com.cn/s/blog_c508355f0102uxhy.html
10-97　自绘

10-98　http://home.suzhou.fang.com/zhuangxiu/caseinfo417879/

10-99　http://www.shejiben.com/works/663902/

10-100　［日］Erica Brown.INTERIOR VIEWS Design at Its Best.东京:株式会社 美术出版社.1980

10-101　http://www.xiujukoo.com/xgt/2014120417475.html

10-102　http://chinasspp.com

10-103　http://www.shejiben.com/sjs/695850/case-1029201-1.html

10-104　http://www.shijuew.com/content-554-8267-1.html

10-105　刘超英•张玉明.建筑装饰设计第二版.北京:中国电力出版社.2009

10-106　http://www.n2.com.cn/DesignFront/yangbanfangpeishi/1383.html

10-107　http://home.cq.fang.com/zhuangxiu/caseinfo634154/

10-108　http://blog.sina.com.cn/s/blog_b491762d0102vxjy.html

10-109、10-110　http://home.cq.fang.com/zhuangxiu/caseinfo634154/

第 11 章
家装设计的技术要点

在当今的家庭，我们可以自由调节和控制温度和照度；可以用声音控制灯光的开和关，调节灯光的强弱；可以像在影院和音乐厅一样观赏引人入胜的国际大片以及激动人心的音乐；可以在家里了解世界上发生的一切，也可以在外面了解家里的一切；可以在回家前的30分钟打开家里的空调；当小偷光顾时可以自动报警；每个月的水电气的耗费可以自动读取；如需小区物业协助只要按下按钮……所有这一切，就是因为有各项现代家庭科学技术设计为我们提供了各种可能和可靠的保障。

家装设计师除了做艺术设计之外还需要做相应的技术设计，安排好水、电、气、家庭智能化，设计好空气、温度、声光等家庭的物理及环保环境，选择好相应的家用设备，使这个家装设计达到环保、健康和智能的使用要求。

进行家庭技术设计涉及很多专业的知识，家装设计师应认真学习这些专业知识，掌握相应的设计及规范要求，以便在实际的工程设计中加以应用。对一些要求高、系统复杂的工程设计，一般需有专业的公司和技术人员来专门负责。这时家装设计师要会学与其他专业人员的配合，尽可能使整个工程达到完美的状态。

家装设计师必须掌握以下这些基本的家装技术设计的概念、内容、常用材料、常规做法及设计要点，以便在方案设计时能够为各类的技术设计做必要的正确的设计配合，为复杂的技术设计留出合理的空间。

11.1　水、电、气

11.1.1　水

1. 给水

（1）室内给水系统。

1）引入管。是室外给水管网与室内给水管网之间的连接管。

2）水表节点。是在引入管上装置水的计量设备，即水表。水表前后有阀门。前阀门的作用是关闭室内外管网，以利水表拆卸；后阀门的作用是放空室内管网中的水，以利水表和管道的维修。一户一表供水的家庭每家每户都由独立的水表节点。

3）管道系统。由水表至各个用水终端的通水管道组成。冷水管要与热水管组成线路。

4）给水附件。是管路上安装的各类阀门和龙头，调节控制管网中的水流量，满足各项使用的需求。

5）加压和储水装置。当室外管网给水压力不足或室内用户需要较稳定的供水水压的要求时，能够提供达标压力的储水装置。如水泵、气压给水装置等。

6）室内消防设备。对消防要求高的家庭应设置自动喷淋装置或水幕装置。

（2）室内给水方式。

1）直接给水方式。近年来新建的商品房大都采用直接供水方式，也就是通常所称的一户一表供水方式。

2）单设水箱的给水方式。室内高位水箱与室外管网相连，利用外网压力向水箱供水。多数高房龄二手房是用这种给水方式。这种给水方式容易造成水箱污染，水压也比较低，需要使用冲浪浴缸、淋浴屏等大出水量设备的用户必须加装加压泵。

（3）室内给水系统常用管材。

1）铝塑复合管。铝塑复合管是目前市面上较为流行的一种管材，由于其质轻、耐用而且施工方便，其可弯曲性适合在家庭中使用。

2）无规共聚聚丙烯管（PP-R）。由于在施工中采用溶接技术，所以也俗称热溶管。由于其无毒、质轻、耐压、耐腐蚀，正在成为一种常用的材料。这种材质不但适合用于冷水管道，也适合用于热水管道，甚至作为纯净饮用水管道。

3）铜管。是价格比较昂贵的传统管道材质，比较耐用。在很多进口卫浴产品中，铜管都是首位之选。价格高是影响其使用量的最主要原因，另外铜蚀也是一方面的因素。

（4）室内给水管道的设计原则。室内给水管网，应考虑下列几点原则。

1）走最短的路线。根据业主提供的设想，结合平面布置和房屋建筑结构，按最佳的管线走向，尽可能节省管材。同时还要考虑热水管的供水和出水的距离尽可能地缩短距离，以节省能源。

2）走最合理的路线。管道一般不得铺设在卧室、书房、客厅、贮藏室和风道内。如需穿越时管道走向设计最好从顶部穿越。尽量布置在吊顶或装饰层内，避免直接埋设在地面混凝土内。

3）厨房、卫生间内管线不得铺设在地下。最好由顶部再通过墙体铺设。否则万一被钉子打穿及意外渗漏会给楼下用户造成很大的损失。

4）地面铺设必须有保护措施。厨房、卫生间内管道，如遇门、窗、柱子、管井、通风井，承重墙等无法开槽嵌设时则可根据实际情况改为空中铺设。

5）管道不穿梁打洞。管道从顶部穿越，如遇横梁等不可打洞穿越时，需绕道穿行。

6）地面铺设不可取。如顶部无吊顶或装饰层，客户又不愿管线明露，则可改为地面铺设，但需业主签字认可。

7）管子在地面铺设或穿越孔洞时，不得将管子直接浇筑在混凝土中。如确需和无法避免的则需采取保护措施，如采用PVC硬塑料管、管罩盒等。

8）管道穿越墙壁、楼板及嵌墙铺设时应留洞、留槽。其洞槽尺寸可按下列规定执行：预留孔洞尺寸较管外径为30~60mm。嵌墙暗管，管槽尺寸的宽度可为管道外径加20~30mm，深度可为管道外径加10mm。嵌墙铺设铜管外径不宜大于22mm，宜采用塑覆铜管。架空管采用专用活动支吊架固定顶上面净空为150mm。明装管道，其外壁与墙面的净距宜12~15mm。

（5）相关出水口高度的一般规定（以毛地坪为基准相对高度）。

1）热水器：1250mm。

2）洗衣机：1150mm。

3）冲淋龙头：1050mm。

4）厨房水槽：550mm。

5）台盆：500mm。

6）浴缸：700mm。

7）坐便器：分体250mm、连体150mm。

8）污水池：650mm。

9）洗碗机：300mm。

10）小便斗：1250mm。

如有特殊要求应以业主要求为主。

2. 排水

（1）室内排水系统。室内排水系统由下列内容组成。

1）排水横管。连接卫生器具和坐便器的水平管段称为排水横管。其管径不应小于100mm，并应向流出方向有1%~2%的坡度。当坐便器多于一个或小便器多于两个时，排水横管应有清扫口。

2）排水立管。管径不能小于50mm或所连接的横管直径，一般为100mm。立管在底层和顶层应有检查口。多层建筑中则每隔一层应有一个检查口，检查口距地面高度为1.00m。

3）排出管。把室内排水立管的污水排入检查井的水平管段，称为排出管。其管径应大于或等于100mm，向检查井方向应有1%~2%的坡度。管径为100mm时坡度取2%，管径为150mm时坡度取1%。

4）通气管。在顶层检查口以上的一段立管称为通气管，用以排除臭气。通气管应高于屋面0.3m（平屋面）~0.7m（坡屋面）。

5）排水附件。排水附件通常有存水弯、地漏和检查口等。

6）卫生器具。常用的卫生器具有坐便器、小便器、浴盆、水池等。

（2）室内排水系统常用管材。常用的PVC（聚氯乙烯）塑料管是一种现代合成材料管材，适用于电线管道和排污管道。

（3）室内排水系统的布置要求。立管的布置要便于安装和检修。立管应尽量靠近污物、杂质最多的卫生设备（如坐便器、污水池等），横管连接立管应有坡度。排出管应选择最短路径与室外管道相连，连接处应设置检查井。排水管道选用较粗的管径，应尽量减少转弯以免阻塞，且不加阀门等配件。

11.1.2　电

电有强电与弱电之分。强电指动力及照明用电;弱电指电话、电视、电脑等智能布线。

1. 强电的设计内容

（1）根据装饰设计的功能和灯具安排要求,首先需要技术计算。这些计算包括:各类用电设备的负荷计算,应包括总负荷计算、一级和二级负荷;电器设备的选择计算,包括开关电器、配电电器、保护电器、计量仪表;各个房间的照度计算。

（2）列出设备灯具选用表格。见表11-1a~e,统计负荷分配回路。

（3）技术设计。设计电路分支回路和走向,为灯光和用电设施供电,选取电线和控制设备,确定开关插座位置,画出配电系统图、电器平面图、灯具平面图、插座平面图。

表11-1a　　案例: 某小区某宅设备及灯具选用表

序号	房间	设备及型号	功率	数量	负荷	备注
1	客厅	空调	2500W	1	2500W	单放回路
2		电脑	300W	2	600W	设备回路
3		电视	200W	2	400W	
4		音响/DVD/功放	200W	3	600W	
5		电扇	50W	1	50W	
6		按摩器	200W	1	200W	
7		饮水器	200W	1	200W	
8		备用设备	300 W	1	300W	
		设备回路消耗功率小计			2350W	
9		日光灯	40W	8	320W	照明回路
10		豆胆灯	50W*3	2	300W	
11		石英灯	30W	8	240W	
12		吊灯	25*10	1	250W	
		照明回路消耗功率小计			1110W	

表11-1b

序号	房间	设备及型号	功率	数量	负荷	备注
1	卧室	空调	2000W	1	2000W	单放回路
2		电脑	300W	1	300W	设备回路
3		电视	200W	1	200W	
4		音响/DVD/功放	100W	1	100W	
5		电扇	50W	1	50W	
6		备用设备	300 W	1	300W	
		设备回路小计			950W	
7		日光灯	40W	8	320W	照明回路
8		豆胆灯	50W*3	1	150W	
9		石英灯	30W	4	120W	
10		吊灯	25*3	1	150W	
		照明回路小计			740W	

表11-1c

序号	房间	设备及型号	功率	数量	负荷	备注
1	厨房	微波炉	1000W	1	1000W	设备回路
2		电磁炉	800W	1	800W	
3		消毒柜	400W	1	400W	
4		电饭煲	800W	1	800W	
5		煤气热水器	30W	1	30W	
6		脱排油烟器	60W	1	60W	
7		煤气表	30W	1	30W	
8		报警器	30W	1	30W	
9		电扇	60W	1	60W	
10		备用设备	300 W	1	300W	
11		冰箱	200W	1	200W	
		设备回路小计			3710W	
12		空调	1000W	1	1000W	单放回路
13		日光灯	40W	4	160W	照明回路
14		筒灯	40W	3	120 W	
		照明回路小计			280W	

表11-1d

序号	房间	设备及型号	功率	数量	负荷	备注
1	卫生间	热水器	2500W	1	2500W	单放回路
2		电脑	300W	1	300W	设备回路
3		浴霸	1500W	1	1500W	
4		电视	200W	1	200W	
5		排气扇	50W	1	50W	
6		马桶	50W	1	50W	
7		备用设备	300 W	1	300W	
		设备回路小计			2400W	
8		日光灯	40W	2	160W	照明回路
9		吊灯	25*3	1	150W	
		照明回路小计			310W	

表11-1e　　各房间回路分配表

房间	回路性质	功率	回路设置	备注
起居室	单放回路	2500W	1	起+卧
	照明回路小计	1110W	0.5	
	设备回路小计	2350W	2	
卧室	单放回路	2000W	1	起+卧
	照明回路小计	740W	0.2	
	设备回路小计	950W	0.5	
厨房	单放回路	3710W	2	厨+卫
	照明回路小计	310W	0.15	
卫生间	照明回路小计	310W	0.15	厨+卫
	设备回路小计	2400W	1	
	热水器单放回路	6000W	1	
合计			9	

2. 设计要求

总的原则是：安全可靠、方便灵活、美观、经济。具体要求如下：

（1）安全可靠。

1）符合标准。工程所用电器、电料的规格型号应符合国家现行电器产品标准的有关规定。

2）满足最大输出功率。电源配线时所用导线截面积应满足用电设备的最大输出功率。按照新标准规定，每套住宅进户线截面不应小于10平方毫米。普通家庭一般的经验是灯具用1.5平方毫米的线，开关插座用2.5平方毫米的线。安装空调等大功率电器，线路应单独走一路4平方毫米的线。

3）强弱电线分开。电源线与通信线不得穿入同一根线管内。电源线及插座与电视线及插座的水平间距不应小于500mm。

4）电阻合理。导线间和导线对地间电阻必须大于0.5MΩ。

5）卫生间防水。卫生间的布线一定要在防水工程施工之前做完。厨卫空间应安装防水插座，开关宜安装在门外开启侧的墙体上。电线一定要穿管，灯具要防爆。

6）高龄二手房重新布线。如果是高龄二手房，原来的建设标准低，用的都是铝线，一定要拆掉重新布线。

7）安全接地。不能用自来水管作为接地线。新建住宅楼一般都配置了可靠的接地线。而对于老式住宅，不少人就以自来水管作为接地线，这是不可靠的危险做法。

8）浴室应采用等电位联结。浴室环境潮湿，人即使触及50V以下的安全电压，也有遭电击的可能。等电位联结，就是把浴室内所有金属物体，包括金属毛巾架、铸铁浴缸、自来水管等，用接地线连成一体，并且可靠接地。

9）接地制式应与电源系统相符。电气设计前，必须先了解住宅电源来自何处，以及该电源的接地制式。接地保护措施应与电源系统一致。

10）每个回路应设置单独的接地。有些人认为接地线中的电流很小，几个回路合用一根接地线可节约费用。这是错误的。因为在正常工作时，接地线中的电流的确很小，但在发生短路故障时，接地线中流过的电流大大超过相线正常工作时的电流。另外，从可靠性考虑，一个回路一根接地线更可靠。

11）应配置漏电开关。当发生电气设备外壳带电时，接地装置的接地电阻再小，在故障未解除前，设备外壳对地电位是存在的，仍有电击可能。若采用漏电开关，只要漏电电流大于30mA，在0.1s时间内就可使电路断开。插座要有漏电保护，因为插座所接的电气设备，随时可能接触人体，因此要绝对安全。

12）有了漏电保护，也应有接地保护。任何一种电器产品，都有出现故障的可能，漏电开关也有出现故障的可能。有了接地保护，当漏电开关出现故障时，接地保护仍能起到保护作用。

（2）方便灵活。

1）照明、插座回路分开。如果插座回路的电气设备出现故障，仅此回路电源中断，不会影响照明回路的工作，便于对故障回路进行检修。若照明回路出现故障，可利用插座回路的电源，接上临时照明灯具。

2）对于整个线路来说，分支回路的数量也不应过少。以120平方米的家庭为例，最好设置12回路以上。一般情况下照明2~4路、2~3台空调各走1路，电热水器走1路，卫生间厨房单走2路，插座走3路，冰箱单走1路。如遇主人外出，其他电路都可以关闭，只保留1路冰箱的线路。一般80~100平方米的家庭回路6~9路，100~150平方米的家庭至少12路。这样做的好处是，一旦某一线路发生短路或其他问题时，停电的范围小，不会影响其他几路的正常工作。回路要按家庭区域划分。一般来说，分路的容量选择在1.5kW以下，单个用电器的功能在1kW以上的建议单列为一分回路（如空调、电热水器、取暖器灯大功率家用电器）。

3）开关设在方便的地方。门厅和客厅的开关应安装在主人回到家时，一开门就很容易够得着的地方。

4）住宅中插座数量不应过少。如果插座数量偏少，用户不得不乱拉电线加接插座板，造成不安全隐患。对插座的数量要有超前的考虑，尽量减少住户以后对接线板的使用。一般来说，一个房间内应不少于4个以上的插座。

5）开关的位置要顺手，并相对集中。还要设置足够的双联开关，方便控制。例如入口灯可以在卧室门口关闭。卧室里放床的位置确定后，就应在床的两边对称安装两个插座，以备主人使用床头灯和便携式电器等。

6）厨房和卫生间重点考虑。厨房的开关、插座要避免安装在煤气灶周围；除了为抽油烟机和冰箱各安装一个插座外，还应根据操作台位置预留出2个以上的插座，方便各类厨房家电的使用。卫生间要预留2个插座，以方便住户使用全自动马桶和洗衣机等家用清洁类电器。

（3）美观。灯具、开关、插座、安装牢固、位置正确，上沿标高一致，面板端正。开关面板的风格应与总的家装风格相一致。

（4）经济。线路的布置与走向要选最经济的路线。

11.1.3 气

1. 城市燃气分类

城市燃气主要有天然气、人工煤气、液化石油气。

（1）天然气。是存在于地下自然生成的一种可燃气体。为方便运输，天然气经过加工还可形成压缩天然气和液化天然气。

（2）人工煤气。是各种人工制造煤气的总称，煤和重油是它的原料，有以下几种：干馏煤气、气化煤气、重油制气。

（3）液化石油气。液化石油气的生产，主要从炼油厂在提炼石油的裂解过程中产生。

2. 室内燃气管道设计要点

《城镇燃气设计规范》（GB 50028—2006）规定在符合规范要求的前提下，室内燃气管道可以暗设。镀锌钢管可设在管槽、管道井和吊顶内，同时须加强通风，也要便于检修。可以把表前后的水平管装在厨房吊顶里，使用难燃材质。为增强吊顶内的通风，可在吊顶内靠外墙处，安装一台排气扇与灶具、热水器联动，既可保证暗设的安全性，又可加强排烟。

（1）管材管件的质量一定要符合规范要求。竣工图上必须标明管道的位置及标高，燃气公司、用户须各留一份备查。

（2）应整管铺设。中间不得有接头，在专用沟槽（不得在承重墙、柱和梁上）或套管内，管槽宽度为管外径加20mm，深度应保证覆盖层厚度大于10mm，覆盖层上涂有黄色安全色标（色浆）。槽顶应装有钢制保护盖，盖上也应有"燃气管道，注意安全"的标志，将来应考虑制造成型的专用沟槽。

（3）穿越处、沟槽出入口处设套管，注意有一定的弯曲半径。铺设在管道井内时，应有明显的标志并靠近外层；与其他管道特别是电线保持100mm以上的间距，保证绝缘。

（4）管道布置原则上应位于天花吊顶、地板或墙体内。暗设于墙体时管道高度宜在2.2m以上或0.2m以下，以及墙角等不易钉钉子的地方，并做到横平竖直，卫生间地板下不宜铺设管道。燃气灶

及热水器前留阀门，外露墙外，灶前阀位于灶具侧面，距灶台面垂直间距100mm以上，水平间距150～500 mm，热水器前阀位置在热水器下方150～300mm处。

（5）安全监控。GB 50028—2006和GBJ 50016—2014要求引入管处设快速切断阀，最好是电磁阀，与室内燃气泄漏报警、火灾报警系统联动使用，25层以上建筑设置燃气泄漏集中监控和压力控制室等。人工快速切断阀应设在易于操作且事故时不妨碍人流疏散的地方，并设置阀门井或阀门箱。

11.2 智能家居

是以住宅为平台，安装的智能家居系统，包括综合布线技术、网络通信技术、智能家电系统、自动控制技术、音视频技术等，实现更加安全、节能、智能、便利、艺术、舒适的家庭生活。

智能家居系统让大家轻松享受现代生活。出门在外，业主可以通过电话、电脑来远程遥控家居各智能系统。例如在回家的路上提前打开家中的空调和热水器；到家开门时，借助门磁或红外传感器，系统会自动打开过道灯；同时打开电子门锁，安防撤防；开启家中的照明灯具和窗帘。回到家里，使用遥控器您可以方便地控制房间内各种电器设备，可以通过智能化照明系统选择预设的灯光场景，读书时营造书房舒适的安静；卧室里营造浪漫的灯光氛围……这一切，主人都可以安坐在沙发上从容操作，一个控制器可以遥控家里的一切，比如拉窗帘，给浴池放水并自动加热调节水温，调整窗帘、灯光、音响的状态；厨房配有可视电话，您可以一边做饭，一边接打电话或查看门口的来访者；在公司上班时，家里的情况还可以显示在办公室的电脑或手机上，随时查看；门口机具有拍照留影功能，家中无人时如果有来访者，系统会拍下照片供您回来查询。业主甚至可以在外面查看自己的小孩是否在家写作业。而且，随着智能系统的不断完善，我们想象中的家中布满线网的景观不会再有了，只要将无线发射和接受系统安装在一个不起眼的角落，就可全部解决问题。

11.2.1 网络和电话

无线上网技术的应用使得家庭中的网络线成为一种替补。因为无线路由器和无线网卡的配合使用使电脑可以甩掉讨厌的网线。同样，无绳电话的普及，使电话布线也成为替补。但是为了可靠性和网速的需求，多数家庭仍然花费大量资金进行传统的网络和电话布线。

11.2.2 有线电视和数字电视

看电视是我国家庭生活中的重要内容，要看电视必须预先安排好电视信号线。按照中国当前的技术标准，采用的是有线电视模式。电视机必须接上预先安排好的有线电视插座才能观看。一般外线进户后，根据房间的多少，直接用一只（一分三或一分四）分配器经分配后接入各房

间。如果进户有两路线的话，建议一路直接接客厅，这样客厅电视机的清晰度会更好。另一路经分配器接各房间。总之，根据具体情况具体对待。另外布线应采用质量较好的双层屏蔽的宽频视频线。如果是数字电视还要为每个电视机的位置配置一条超五类的专线，以便传输互动型数字电视信号。如果有卫星电视或闭路电视，可以在入户接口处设置连接线。如果使用互动数字电视，则可以电脑网线整体设计。

11.2.3 灯光控制系统

现在，很多家庭采用智能开关系统，可以轻松制造各种完美的灯光氛围。就餐有就餐的最佳灯光氛围；读书有书房专有的安静氛围；卧室有卧室浪漫的灯光氛围，每一种氛围都会配置得恰到好处，而且节能节电。

11.2.4 智能家电

传统家用电器有空调、电冰箱、吸尘器、电饭煲、洗衣机等，新型家用电器有电磁炉、消毒碗柜、蒸炖煲等。家用电器的进步，关键在于采用了先进控制技术，从而使家用电器从一种机械式的用具变成一种具有智能的设备，智能家用电器体现了家用电器最新技术面貌。

智能家电产品分为两类：一是采用电子、机械等方面的先进技术和设备；二是模拟家庭中熟练操作者的经验进行模糊推理和模糊控制。例如，把电脑和数控技术相结合，开发出的数控冰箱、具有模糊逻辑思维功能的电饭煲、变频式空调、全自动洗衣机等。

未来智能家电主要将朝三个方向发展：多种智能化；自适应进化，网络化。多种智能化是家用电器模拟多种人的智能思维或智能活动的功能。自适应进化是家用电器能根据自身状态和外界环境自动优化工作方式和过程。网络化是通过家庭内部的网络系统使家用电器可以由用户实现远程控制，在家用电器之间也可以实现互操作。对家装设计而言要把智能家电系统与电脑网络系统通盘考虑，整体设计。

11.2.5 远程抄表

需要考虑对热能表、燃气表、水表、电表的数据采集、计量和传送，小区设有远程抄表功能的，要在专用设备处接入信号线，并为它们配备电源。

11.2.6 家庭安防系统

家庭安防系统由家庭报警主机和各种前端探测器组成。前端探测器可分为门磁、窗磁、煤气探测器、烟感探测器、红外探头、紧急按钮等。当有人非法入侵时将会触发相应的探测器，家庭报警主机会立即将报警信号传送至小区管理中心或用户指定的电话上，以便保安人员迅速处警。现在的一手房房产商大多配置了安防系统，家装时要注意要把这套系统保留下来，装修完成后重新调试，不必再重复配置新的家庭的安防系统了。

业主只要在此基础上增加家庭动态监控设备，就可以电脑网络统一设计。

11.3 空调

11.3.1 家用中央空调

1. 什么是家用中央空调

根据国家空调设计规范的设计参数和要求进行选型设计、安装的，用于家庭的空调系统。它是由室外主机、室内风机盘管及其连接的风道送出冷热风以达到室内空气调节目的的空调系统，其工作原理有两种：一种是由大型中央空调系统的设备演化而来的空调系统如小型风冷冷水机组，以小型风管机组为主机的产品；另一种是由分体壁挂空调设备演化而来的空调系统，如一拖多等。

2. 家用中央空调的类型

（1）小型风管机组。属集中中央空调系统。此系统由室外机组、室内风机盘管及盘管连接的送风管道组成。送风管道通向各个需要空气调节的房间，风道系统可安装流量调节阀、风口等配件，一台主机可控制多个不同房间并且可引入新风，有效改善室内空气品质。

（2）小型风冷冷水系统。此系统由室外机组、各个室内的末端装置（风机盘管等）和水管道系统、循环水泵等组成。冷冻水通过循环水泵送至不同区域连接不同形式的末端装置，通过末端装置送出冷热风，以调节室内温度。各个风机盘管均可独立控制，但其工程造价较高。

3. 家用中央空调的特点

家用中央空调的安装需要在装修前进行。安装好的家用中央空调系统没有明露的管线、孔洞，而且只有一个室外机，使建筑物外观有一个良好的效果。家庭中央空调吹出的风柔和、均匀，不直接吹人，使人有温馨、舒适的感觉，并可根据需要在厨房、卫生间安装空调，保持全部房间温度的均恒性，避免回各房间温度不均匀对人体产生的不适，提升居住生活水准。每个房间单独控制，合理分配冷量、风量，节省能源。

从使用功能上讲，一台家用中央空调相当于几台壁挂式机。由于中央空调可根据实际需要在各房间之间分配冷量、风量,总冷量可以选择较小,其用电量小于每个房间装一台空调的用电量之和,比分体空调省电。在部分房间使用空调时,其开机时间较短,电耗也和分体机差不多。

4. 用户选择家用中央空调的依据

(1)单供冷或冷热共供方案。如家居中没有独立的采暖系统,可将空调和采暖需求统一起来。热源可使用热泵、电热或热水。热水可由单独的家用壁挂锅炉(燃气或电热)产出。但冬天在北方个能独立使用热泵热源采暖。

(2)家居结构和装修设计。家用中央空调的安装必须与家居结构和装修设计完满地结合才能既发挥功效,又显高贵典雅、美观大方。

(3)其他功能。可加装自动联控节能装置,负离子空气清新机、换新风等。

(4)供电条件。要考虑供电电源(单相或三相)、电容量(电源线和电度表)的限制。

5. 家用中央空调功率大小如何确定

首先需要确定制冷量,它是空调器的主要规格指标。制冷量越大,制冷效果就越好。但空调是一种比较费电的产品,如果一味追求高速制冷,小房间买大空调,就会造成不必要的浪费;而过分考虑电费问题,又会带来"小马拉大车"的尴尬。所以在选择空调的功率时,一定要咨询专业人员。

在这个方面,家装设计师主要配合专业技术人员的设计要求。

11.3.2　普通家用空调

1. 家用空调的类型

(1)单冷型。用于只需要降温的地方,如冬季最低气温高于10°C的地区。

(2)冷暖型。适用于既要制冷,又要制热的地方,如北方地区。

(3)手动控制式。一般是采用在窗机、柜机上。

(4)有线遥控式。一般采用在分体、天花机、吊顶机上。

(5)变频。节约耗电量30%,温度基本衡定,但是价钱较一般空调贵。

2. 如何选用家用空调

(1)选用能效比高的空调。能效比是空调制冷量与制冷功率的比值。能效比越高说明该空调的能效水平越高,制热时亦相同。

(2)选用变频空调。变频空调压缩机电机转速可变,避免了压缩机的频繁启动,与定速空调相比节电30%,温度波动小,舒适性强。

(3)尽量采用直流变速空调。它比交流变频空调节电约10%。

(4)挑选交流变频或直流变速空调。应注意其制冷(制热)范围,范围越大节电能力越强。

(5)结合使用环境和使用条件选择高效节能空调。一般来说,每年使用期超过4个月,每天开机时间超过3小时以上时,变频空调高出常规空调的购买费用可在1~2年内收回。

11.4　环境

人的一生除了工作之外,绝大部分时间是在家里度过的,为了获得一个良好的休息环境,使人有充沛的精力投入到学习和工作之中去,就必须充分保证居室内舒适的环境。影响室内环境的主要因素有:居室的通风换气、采光日照、遮阳防尘、保暖调温、防噪隔声等。

11.4.1　通风

清新良好的流通空气能使人感觉到心情愉快。室内通风良好可以提升室内的嗅觉环境,各种不同的香味能使人产生不同的心理感受,并可以调节人们的情绪。

除此之外,通风还关系到温度调节和家庭卫生。住宅中的任何一个房间在温暖或炎热的季节需要通风,在寒冷或潮湿季节需要换气,这不仅可以增加人们的舒适感和愉悦轻松感,而且还可以减少疾病。组织通风要注意以下几点。

1. 根据不同功能组织通风

由于居室的功能不同,对于通风换气就有不同的要求,例如卧室、起居室、客厅和书房主要是夏季通风和冬季换气,厨房主要是排除烟气和油雾,卫生间主要是换气除味。

2. 根据卫生和安全要求组织通风

应根据房间的使用功能从卫生和安全的角度来考虑自然通风和换气。夏季,床不宜布置在有穿堂风的地方,若个得已必须布置仕此位置上,睡觉前一定要调整门窗角度,使人体不受穿堂风的影响。将床、组合柜、衣柜、书柜等家具布置在涡流区,避开穿堂风,而将气流流经区域作为人经常活动的场所。冬季,为减少病毒传播,房间要进行适当通风换气。对于装有火炉的房间及厨房,为防止煤气中毒以及火灾和各种烟气的污染,必须安装换气排烟设施。

3. 注意门窗的位置和开启方式

房间内通风换气,主要通过门窗、洞口的合理开启来进行。不同的开启条件将会产生不同的气流路线。根据这些气流路线可以进行房间的合理设计与布置,安排家具及家用设施,形成良好的睡眠区、学习区、会客区、休息区和就餐区等。

4. 注意合理利用家居

高大的家具及其他家用设施,不宜放在通风的干道上,以免影响通风换气及室内温度的调节。

11.4.2　隔声

应考虑尽量减少室外噪声的影响,保持良好的居住环境,同时,还要注意自己使用大音量设备时不能影响邻居的安静,见表11-2。

表11-2　　民用建筑室内允许噪声级dB(A)

建筑类别	房间名称	时间	较高标准	一般标准	最低值
住宅	卧室、书房(或卧室兼起居室)	白天	≤40	≤45	≤50
		夜间	≤30	≤35	≤40
	起居室	白天	≤45		≤50
		夜间	≤35		≤40

1. 床远离门窗

室外噪声主要是通过门、窗传入室内的,因此床应远离门窗安放。

2. 重视窗帘的作用

可在临街或室外噪声较大的门窗上装置双层门窗,也可用吸声性较好的厚重织物制作的门帘、窗帘,窗帘的尺寸要宽大,褶皱要多,大量的褶皱可以消耗噪声的能量,提高隔声能力。

3. 墙体隔声

用隔声性能较好的轻质隔墙或组合家具来分隔房间 。

4. 卧室的位子

为防止卫生间水箱噪声、电冰箱噪声、电梯楼道噪声等的影响,应将主卧室或床避开这些场所。

5. 音响设备

放置音响设备的位置应考虑不影响周围邻居为宜。如果对这方面要求较高,应充分考虑对房屋进行专业的隔声处理。

11.4.3　保温

在不设空调设备的房间内,各处的温、湿度及空气流速是各不相同的,在室内布置时,应考虑保暖调温措施。

1. 近窗处和近外门处一般不宜布置床类家具

夏季由于受太阳及室外辐射热的影响,窗口处和外门处温度较其他地方高,冬季由于渗透及导热系数大,其温度又低于室内其他区域。另外,门窗前易受飘雨和尘土的影响,在北方窗前常设暖气片。所以,近窗处和近外门处一般不宜布置家具和家用设施,此处尤其不宜放置床。

2. 选择合适的窗帘来调温

冬天用厚重的暖色窗帘,可以阻止冷空气进入,有助于保持室内温度;夏天用浅色的窗帘可以阻止热空气,减少热辐射,降低室内温度。窗帘的保温和降温效果可达到20℃。

3. 室内色彩能影响整个房间的气氛

室内墙壁颜色、家具颜色、织物颜色的协调搭配,不仅能使房间巧妙地组合成轻松、幽美的环境,而且能在人们的心理上起到保暖调温的作用,虽然这不是实际的温度升降。

小贴士

人体对室内的热工环境有比较明显的适应关系。

人体的正常体温在36.5℃左右,对于室内环境温度的舒适性要求随季节而发生变化。通常室内冬季的适应温度低于夏季的适应温度,冬季和夏季的室内适应温度分别为18℃和25℃左右。当环境温度低于或高于这些室温的适应温度时,人体的皮肤就要进行相应的吸热或放热。可通过增加或减少衣服来调节皮肤的舒适感。同时还可通过供暖或空调措施,调节室内的环境温度。

11.4.4　采光

居室的采光及日照条件一般视房间的朝向、楼层及遮挡情况而异,同时也取决于居室的窗与外门(与阳台相通)的位置和大小。在进行室内设计与家用设施的布置时应考虑:

1. 各房间的采光要求

起居室、会客室及书房或学习场所,应设在采光及日照条件较好的房间,卧室的采光与日照要求稍低。

2. 不要遮挡光线

在离门或窗较近的地方不宜放置高大家具及家用设施,以免挡住光线。

3. 动区和静区的位子

在起居兼卧室内,人经常活动的区域应布置在窗与外门的附近,而床则应放在离窗与外门较远的位置。

4. 顺手采光

在布置写字台、电脑桌等家具时，要根据天然光的入射方向保证左侧进光，以免挡光影响视力。

5. 避免褪色

家具、工艺美术陈设品、书画及图片等不应受阳光直接照射，以免褪色、变形。

6. 镜子不对光

带有大块镜子与玻璃的家具，不宜将镜面直接正对主要光线进入的方向，以免产生强烈的反光而影响人的日常活动。

11.4.5　遮阳

在布置室内时，常需要设置遮蔽物来挡光遮阳、防尘遮景，保持室内私密性，一般常采用窗帘、门帘与遮阳设施。

1. 纱门、纱窗

安装纱门、纱窗对遮阳防尘能起到一定作用。

2. 采用不同厚质及不透明的窗帘

当白天需遮蔽时，可在窗帘与窗子之间加设一层轻质薄窗帘，如纱、绸或网扣等，使室内保持足够的亮度。

3. 装置遮阳设施

为防止夏季特别是地处炎热地区的东向、西向和偏东向、偏西向的房子阳光直接射入室内，常用的遮阳设施有遮阳支架、遮阳罩、室内或室外遮阳竹帘、遮阳百叶帘等。

4. 居室的遮蔽

虽然能遮住阳光、防止灰尘，但射到遮蔽物上的辐射热也会直接散到室内，所以在加设遮蔽物时，要考虑到通风换气，使它既不要阻挡由窗进入的气流，又要排出遮阳产生的辐射热。

11.4.6　触觉

人体皮肤及四肢具有较灵敏的触觉，有许多感觉神经，能感知周围环境温度、湿度的变化。如温度高时，皮肤能出汗散热；室温低时，则皮肤受冷收缩。故在室内环境设计中，经常与人体接触的界面，可采用质地柔和的材料，以获得舒适温暖的感觉。如木质家具、木栏杆、木地板、木作装修界面，能给人一种温暖的触觉感受。布艺、真皮、软包等质感柔和的材料，由于触觉上的舒适感觉，也受到了多数用户广泛的欢迎。

11.5　环保健康

11.5.1　健康住宅的标准

世界卫生组织（WHO）定义的"健康住宅"是能使居住者在身体上、精神上和社会上完全处于良好状态的住宅，其标准有15条，归纳起来有9个方面。

1. 尽可能不使用有毒害的建筑装饰材料进行装修房屋

如含高挥发性有机物的涂料；含高甲醛等过敏性化学物质的胶合板、纤维板、胶粘剂；含放射性高的花岗石、大理石、陶瓷面砖、粉煤灰砖、煤矸石砖；含微细石棉纤维的石棉纤维水泥制品等。

2. 二氧化碳和粉尘浓度

室内二氧化碳浓度低于1000mg/L；粉尘浓度低于0.15 mg/m³。

3. 室内气温

保持在17~27℃；湿度全年保持在40%~70%。

4. 噪声级

小于50dB。

5. 日照

一天的日照要确保在3小时以上。

6. 设备

设有足够亮度的照明设备；设有良好换气设备，保持室内清新的空气。

7. 人均建筑面积

具有足够的人均建筑面积并确保私密性。

8. 抗自然灾害

具有足够的抗自然灾害的能力。

9. 关心老年人的和残疾人

住宅要便于护理老年人的和残疾人等。

11.5.2　家装中有哪些污染物

1. 甲醛

无色易溶、有强烈的刺激性气味，是制备酚醛树脂、脲醛树脂、三聚氰胺树脂、建筑人造板（胶合板、纤维板、刨花板）、胶粘剂（107胶、酚醛胶、脲醛胶）等的重要化工原料。居室内的甲醛主要由各种建筑人造板、木质复合地板、层压木质板家具和胶粘剂等挥发出来。当室内空气中甲醛浓度为0.1mg/m³时，就有异味和不适感，会刺激眼睛而引起流泪；浓度高于0.1mg/m³时，将引起咽喉不适、恶心、呕吐、咳嗽和肺气肿。

目前国家对密度板中的甲醛含量制定了严格标准，因此在选购时应注意材料的品牌、产地及检测报告。装修后的房间也必须充分通风换气，不能马上入住。

2. 挥发性有机物

主要包括卤代烃、芳香烃化合物等。其中苯、二甲苯、芳香烃化合物已被现代医学确认为对人体有害，并能导致癌的物质。它们广泛存在于建筑涂料、地面覆盖材料、墙面装饰材料、空调管道衬套材料及胶粘剂中，在施工过程中大量挥发，在使用过程中，缓慢释放，是室内挥发性有机物的主要来源之一。这些物质品种、类别很多，对人体的危害随品种、接触的深度而异。如溶剂型多彩涂料，在其油滴中，甲苯和二甲苯的含量约占20%～25%，而苯在居住环境中允许值是：在工作场所中为5mg/m^3，在居室中0.8mg/m^3以下为超标。因此，在装修房子，选择涂料装饰时，要注意选择其品种，使其有害物质的含量控制在健康、安全所允许的范围内。

3. 石棉

石棉是一种纤维结构的硅酸盐，在建材工业上，主要用作保温绝缘材料和某些建材制品，如石棉水泥制品的增强材料。

石棉对人的危害，直到20世纪80年代才引起人们的普遍关注。美国已把石棉列为重要的"毒性物质"，"国际癌症研究中心"已把石棉列为致癌物质。

用于内外墙装饰和室内吊顶的石棉纤维水泥制品，所含的微细石棉纤维（长度大于3μ，直径小于1μ），若被人吸入后轻者可能引起难以治愈的石棉肺病，重者会引起各种癌症，给患者带来极大的痛苦。为此，一些国家（如德国、法国、瑞典、新加坡等）已禁止生产和使用一切石棉制品。美国和加拿大已停止在国内生产石棉水泥制品。一些国家开展用石棉的代用纤维生产无石棉水泥制品，并已取得成功。我国也已有一些企业开始生产无石棉水泥板材。因此，在装饰装修房子时，在条件允许的情况下，选用无石棉水泥制品为佳。

4. 氡气

氡气是由土壤及岩石中的铀、镭、钍等放射性元素的衰变产物。氡气是一种无色、无味、具有放射性的气体。如果人长期生活在氡浓度过高的环境中，氡经过人的呼吸道沉积在肺部，尤其是气管、支气管内，并大量放出放射线，从而导致肺癌和其他呼吸道病症的产生。世界卫生组织已将氡气列为使人致癌的19种物质之一。

石材的放射性是大家关心的热点问题，为保障人民的身体健康，引导用户科学选用石材，我国已于2001年发布了强制性的行业标准《建筑材料放射性核素限量》（GB 6566—2010），对石材制品的放射性要正确对待，科学、合理地分类进行使用，既不要谈"放射"而色变，也不要麻痹大意。为更合理、科学地利用我国丰富的石材资源，用户购买石材产品时，要索要产品放射性合格证。

5. 二氧化硫

主要是由燃煤而引起。二氧化硫在大气中会氧化而形成硫酸盐气溶胶，毒性将增加10倍以上。它将会严重危害人的健康，导致咳嗽、喉痛、胸闷、头痛、眼睛刺激、呼吸困难，甚至呼吸功能衰竭。

11. 5. 3　家装污染的危害

居室装饰材料对人体健康至少有六个方面的危害：

（1）是"新居综合症"，居住者有眼、鼻、咽喉刺激、疲劳、头痛、皮肤刺激、呼吸困难等一系列症状。

（2）产生典型的神经行为功能损害，包括记忆力的损伤。

（3）刺激人的三叉神经感受器。

（4）引起呼吸道上的炎症反应。

（5）降低人体的抗病能力（免疫功能）。

（6）具有较明显的致突变性，证明有可能诱发人体肿瘤。

11. 5. 4　家装环保途径

1. 绿色环保设计

生态家居设计的原则有：协调共生、能源利用最优化、废物生产最小化、循环再生、持续自生。以下几个方面可加关注。

（1）利用外部环境中的因素。改变原来无视家居周围环境的做法，把家居的外部环境所起的效用放在重点考虑的地位，尽可能充分地利用自然环境中的资源和要素。

（2）挖掘新材料和新技术的潜力。随着科技的发展，建筑技术不断进步，新型建筑材料层出不穷，设计师们有了更多的选择。除了为艺术形象上的突破和创新提供了更为坚实的物质基础外，也为充分利用自然环境、节约能源、保护生态环境提供了可能。

（3）应用自然光。自然光线的引入，除了可以创造空间氛围外，还可以满足室内的照明，这样就可以减少人工照明。

（4）充分利用太阳能等可再生资源。太阳能、自然风能等都是取之不尽、用之不竭的能源，因此太阳和风对未来的家居设计也会产生很大的影响，尤其是家居自然通风系统的设计。这使人们对自然环保的家居设计有了新的理解：引进日光照明、自然通风、保温隔热、遮阳、充分预防眩光、合理运用太阳能、合理运用风能。

（5）注重自然通风。空调技术是建筑技术史上的一项重大进步，它使人类能主动地控制建筑微气候。但它也有其负面的影响。建筑大师弗兰克·劳埃德·赖特（Frank Loyd Wright）就不提倡使用空调，指出空调技术的弊端。空调所产生的恒温环境使得人体的抵抗力下降，引发各种"空调病"。空调在解决了建筑恒温问题的同时，又造成了污染等问题。因此，自然通风是当今生态设计普遍采用的一项比较成熟和廉价的技术措施。

（6）用自然要素改善环境的小气候。自然的要素与人有一种内在的和谐感。人不仅具有进行个人、家庭、社会活动的社会属性，更具有亲近阳光、空气、水、绿化等自然要素的自然属性。因此，"景观居室"成为时下流行的家居设计风格。"景观居室"不但改善了局部的小气候，而且不再有旧有的压抑感和紧张气氛，而令人愉悦舒心。

设计师推荐家居的"绿色设计"来缓解人们的紧张情绪，使人们的紧张心理得到调整，这是十分有益的举措。

常见的室内"绿色设计"的具体手法有：

（1）房间通透。通过建筑设计或改造尽可能使室内、室外通透，或打开部分墙面，使室内、室外一体化，创造出开敞的流动空间，让居住者更多地获得阳光、新鲜空气和景色。

（2）室内室外化。通过设计把室内做得如室外一般，把自然引进室内。

（3）田园味道。在设计风格上追求田园风味，通过设计营造农家田园的舒适气氛。

（4）绿化盆栽。在室内设计中运用自然造型艺术，多用室内绿化盆栽、盆景、水景、插花等室内造园手法。

（5）自然材质。在室内设计中强调自然色彩和自然材质的应用，让使用者感知自然材质，回归原始和自然。

（6）模拟自然。在室内环境创造中采用模拟大自然的声音效果、气味效果的手法。

（7）绘画手段。用绘画手段在室内创造绿化景观。

（8）保持层高。普通的家庭室内楼层高度，一般都在2.5~3米。为了使居住者在室内不感到压抑，在设计上，应尽可能保持较高的层高。

（9）色彩搭配。环保设计的另一个方面就是色彩的搭配和组合，恰当颜色选用和搭配可以起到健康和装饰的双重功效。

2. 使用绿色建材

一般来说，装饰材料中大部分无机材料是安全和无害的，如龙骨及配件、普通型材、地砖、玻璃等传统饰材，而有机材料中部分化学合成物则对人体有一定的危害，它们大多为多环芳烃，如苯、酚、蒽、醛等及其衍生物，具有浓重的刺激性气味，可导致人各种生理和心埋的病灾。

（1）墙面装饰材料的选择。家居墙面装饰尽量不大面积使用人造木板装饰，可将原墙面抹平后刷水性涂料，也可选用新一代无污染PVC环保型墙纸，还可以采用天然织物，如棉、麻、丝绸等作为基材的天然墙纸。

（2）地面材料的选择。地面材料的选择面较广，如地砖、天然石材、木地板、地毯等。地砖一般没有污染，但居室大面积采用天然石材时，应通过经检验确认石材不含放射性元素。选用复合地板或化纤地毯前，应仔细查看相应的产品说明书。若采用实木地板，应选购有机物散发率较低的地板胶粘剂。

（3）顶面材料的选择。居室的层高一般不高，可不做吊顶，将原天花板抹平后刷水性涂料或贴环保型墙纸。若局部或整体有吊顶，建议用轻钢龙骨纸面石膏板、硅钙板、埃特板等材料替代木龙骨夹板。

（4）软装饰材料的选择。窗帘、床罩、枕套、沙发布等软装饰材料，最好选择含棉麻成分较高的布料，并注意染料应无异味，稳定性强且不易褪色。

（5）木制品涂装材料的选择。木制品最常用的涂装材料是各类油漆，是众人皆知的居室污染源。不过，国内已有一些企业研制出环保型油漆，如雅爵、爱的牌装修漆、鸽牌金属漆等均不采用含苯稀释剂，刺激性气味较小，挥发较快，受到了用户的欢迎。

3. 绿色环保施工

在使用绿色环保建材的同时，在施工过程之中还要始终保持室内空气的畅通，及时散发有害气体，同时对丁建筑垃圾进行妥善分类处理，保证施工过程之中不会对施工人员健康和环境产生影响。

4. 其他注意事项

（1）不要轻信非专业性的广告宣传。对于厂家或商家的广告宣传，要多了解有关资料和细节，查阅有关书籍，货比三家，理智地进行分析比较。

（2）不要迷信名牌。产品的知名度高，并不一定代表其质量上乘，更不能表示其不含有害成分。

（3）选择正规企业的饰材产品。特别是通过ISO9000系列质量体系认证或中国十环标志产品质量认证的企业。

（4）了解他人对某种饰材产品的使用情况。通过了解他人对装饰材料的使用体会，可以切实了解材料的优劣。

（5）严格测量花岗岩和大理石的放射性值是否超标。如果要大量采用花岗石或大理石，最好先进行放射性值的检测，以免留下祸患。

5. 室内空气质量控制指标及检测要求

室内环境污染物浓度检测应在装修完工7天后或交付使用前，在用户自购家具未进入室内时进行。

室内环境污染物浓度检测点应距内墙面不小于0.5m、距楼地面高度0.8~1.5m。检测时，对采用集中空调的民用建筑工程，检测应在空调正常运转的条件下进行，对采用自然通风的民用建筑工程，检测应在对外门窗关闭1小时后进行。

室内环境污染物浓度的检测方法应按GB 50325—2010国家现行标准的规定，检测时应记录环境温度，检测状态应与正常通风状态一致。检测结果应符合表11-3的要求。

表11—3   室内环境污染物浓度限值

序号	污染物	浓度限值
1	甲醛（mg/m³）	≤0.08
2	苯（mg/m³）	≤0.09
3	总挥发性有机化合物TVOC（mg/m³）	≤0.5

参考文献

［1］［美］卢安·尼森 雷·福克纳 莎拉·福克纳. 美国室内设计. 陈明德，陈青，王勇，等译. 上海：上海人民美术出版社. 2004.

［2］李朝阳. 装修构造与施工图设计. 北京：中国建筑工业出版社. 2005.

［3］［美］安娜·卡赛宾. 居室第一印象[M]. 李艳萍 朱玉山译. 上海：上海人民美术出版社. 2004.

［4］［美］杰克·克莱文. 健康家居. 上海：上海人民美术出版社. 2004.

［5］刘超英，张玉明. 建筑装饰设计. 北京：中国电力出版社. 2004.

［6］［日］THE NOB. JAPAN INTERIOR INC. Tokyo. 82（8-12）.

［7］深圳市南海艺术设计有限公司. 装潢世界. 海口：海南出版公司（07-08）.

［8］武勇. 住宅平面设计指南及实例评析. 北京：机械工业出版社. 2005.

［9］高满如. 建筑配电与设计. 北京：中国电力出版社. 2003.

［10］时尚家居杂志社. 有故事的家/有表情的家/把家搬到郊外去. 北京：中国城市出版社. 2003.

［11］刘超英. 关于推行"全装修住宅"制度对各方利益影响的研究报告. 宁波工程学院院级软科学课题. 2003.

［12］孙利明. 方太、厨房、家. 上海：上海人民出版社. 2005.

［13］吴宗锦. 杰出室内设计精选. 台北：泉源出版社. 1980.

［14］叶国献. 建筑结构选型概论. 武汉：武汉理工大学出版社. 2003.

［15］于军，马浩东. 重组空间 扩充储藏. 瑞丽装修. 2005（4）.

［16］欧美居室装饰设计资料集编委会. 欧美居室装饰设计资料集. 哈尔滨：黑龙江科学技术出版社. 1992.

［17］刘超英. 既有住宅如何进行节能改造. 新型建筑材料，2006（1）.

［18］［日］Erica Brown. INTERIOR VIEWS Design at Its Best. 东京：株式会社 美术出版社. 1980.

［19］崔小波. 传统与现代同居家庭的Sexuality及其意义. 2002年《Sexuality研讨会》论文集. 中国人民大学性社会学研究所.

［20］全国一级建造师执业资格考试用书编写委员会. 装饰装修工程管理与实务. 北京：中国建筑工业出版社. 2004.

［21］刘加平. 建筑物理. 3版. 北京：中国建筑工业出版社. 2003.

［22］［英］查德·韦伯. 你的客户住在哪里. 哈佛商业评论，2005.

［23］［西］亚历杭德罗. 巴哈蒙. 小型公寓. 张宁译. 大连：大连理工出版社. 2003.

［24］魏亚娟，等. 客厅/卧室/工作室/儿童房/浴室规划书. 汕头：汕头大学出版社. 2004.